国家中等职业教育改革发展示范学校建设教材

工程计量与计价

邹桃花 主编

西南交通大学出版社
·成都·

图书在版编目（CIP）数据

工程计量与计价 / 邹桃花主编. —成都：西南交通大学出版社，2014.7（2018.1 重印）
国家中等职业教育改革发展示范学校建设教材
ISBN 978-7-5643-3169-6

Ⅰ. ①工… Ⅱ. ①邹… Ⅲ. ①建筑工程－计量－中等专业学校－教材②建筑工程－工程造价－中等专业学校－教材 Ⅳ. ①TU723.3

中国版本图书馆 CIP 数据核字（2014）第 142087 号

国家中等职业教育改革发展示范学校建设教材

工程计量与计价

邹桃花 主编

责 任 编 辑	张　波
助 理 编 辑	姜锡伟
封 面 设 计	墨创文化
	西南交通大学出版社
出 版 发 行	（四川省成都市二环路北一段 111 号 西南交通大学创新大厦 21 楼）
发行部电话	028-87600564　028-87600533
邮 政 编 码	610031
网　　　址	http://www.xnjdcbs.com
印　　　刷	成都中铁二局永经堂印务有限责任公司
成 品 尺 寸	185 mm × 260 mm
印　　　张	17
插　　　页	1
字　　　数	421 千字
版　　　次	2014 年 7 月第 1 版
印　　　次	2018 年 1 月第 2 次
书　　　号	ISBN 978-7-5643-3169-6
定　　　价	36.00 元

图书如有印装质量问题　本社负责退换
版权所有　盗版必究　举报电话：028-87600562

前 言

本书是按照我校铁道施工与养护专业"工程计量与计价"课程的教学大纲和课程标准要求编写的，是我校铁道施工与养护专业人才培养方案中，核心单项职业能力培训的专业拓展课程。

本书是参照中华人民共和国铁道部铁建设〔2006〕113文《铁路基本建设工程设计概（预）算编制办法》和中华人民共和国铁道部《铁路工程工程量清单计价指南（土建部分）》的体例，结合工程上的实际案例设置情境和任务编写而成的，力求简明、易懂，旨在使读者能马上结合实际案例对铁路桥梁工程进行计量与计价。

本书也可作为相关专业教学用书，教师可根据专业性质从中选择所需的教学内容。

本书由邹桃花担任主编，具体编写分工如下：情境一由杨国荣编写；情境二，情境七任务一由郭擎编写；情境三任务一、任务二，情境四，情境五，情境六任务一，情境七任务二由邹桃花编写；情境三任务三、情境六任务二由葛缘泽编写。

本书的编写采用校企合作、校企对接的模式进行，编写团队除了有我们这个专业的骨干教师之外，还邀请了企业专家参与编写和审稿，在此深表谢意。在编写过程中，编者参照了大量已出版的书籍和资料，在此一并感谢。

由于编者水平所限，且编写时间仓促，书中疏漏之处在所难免，恳请读者不吝赐教。

武汉铁路桥梁学校　编者

2014年3月

目 录

情境一　基本建设与工程造价的关系 ··· 1
　　任务一　认识基本建设 ··· 1
　　任务二　工程造价 ··· 10
　　任务三　工程造价与基本建设的关系 ··· 16

情境二　阅读运用工程定额 ··· 24
　　任务一　认识定额 ··· 24
　　任务二　预算定额的运用 ··· 38

情境三　工程量计算 ··· 46
　　任务一　工程计算原理和方法 ··· 46
　　任务二　桥梁工程下部结构工程量的计算 ··· 58
　　任务三　桥梁工程上部结构工程量的计算 ··· 63

情境四　桥梁工程造价的计算 ··· 72
　　任务一　桥梁工程下部结构工程造价的计算 ··· 72
　　任务二　桥梁工程工程造价的计算 ··· 98

情境五　铁路工程量清单计价 ··· 113
　　任务一　工程量清单计价的规定及清单子目综合单价的分析 ·························· 113
　　任务二　工程量清单报价实例 ··· 119

情境六　工程价款结算与成本控制 ··· 161
　　任务一　工程价款结算——验工计价 ··· 161
　　任务二　成本的控制 ··· 190

情境七　工程造价软件的介绍和运用 ··· 205
　　任务一　软件的介绍 ··· 205
　　任务二　铁路概预算软件运用 ··· 211

附录 ··· 260
　　附录一　桥墩身顶帽托盘定额 ··· 260
　　附录二　铁建设〔2006〕129号文《铁路工程建设材料基期价格》(2005年度)
　　　　　　(部分材料) ··· 262
　　附录三　铁建设〔2006〕129号文《铁路工程施工机械台班费用定额》(2005年度)
　　　　　　(部分机械) ··· 263
　　附录四　学生成绩评价表 ··· 264

参考文献 ··· 265

情境一 基本建设与工程造价的关系

学习目标：
1. 知道什么是基本建设，能明确地描述基本建设的内容，清楚基本建设的程序，能说出铁路基本建设工程的概（预）算费用的划分。
2. 能理解工程造价的含义、特点、计价特征，工程费用的组成、投资的构成。
3. 能描述工程造价的组合。

任务一 认识基本建设

1.1.1 任务介绍

1.1.1.1 任务导入

同学们是乘坐什么交通工具到学校来的？沿途看见了哪些建筑物或构筑物？有没有仔细观察它们的结构？它们都叫什么名字呢？与计量计价有什么关系呢？

1.1.1.2 案例分析

新建××铁路自××至××，本标段起止里程为 DK0+000～DK93+320，线路长度为 93.32 正线公里，该标段的概算总额是 339 896.04 万元。其中，拆迁及征地费用 27 930.18 万元；路基 79 146.70 万元，其中区间路基土石方 31 115.38 万元，站场土石方 4 112.10 万元，路基附属工程 43 919.22 万元；桥涵 33 084.58 万元，其中特大桥 3 661.33 万元，大桥 29 399.50 万元，涵洞 23.75 万元；隧道及明洞 32 545.68 万元，其中隧道 32 545.68 万元；轨道工程 32 768.79 万元，其中正线 32 768.79 万元；房屋 26 550.42 万元；其他运营生产设备及建筑物 12 003.22 万元，其中站场建筑设备 12 003.22 万元；大型临时设施和过渡工程 1 000.00 万元；基本预备费 9 780.49 万元；工程造价增涨预留费 5 000.00 万元；建设期投资贷款利息 10 055.91 万元；机车车辆购置费 50 000.00 万元；铺底流动资金 1 119.85 万元。根据这个案例结合图 1.1，我们来认识一下什么是基本建设，铁路基本建设包括什么，铁路基本建设固定资产的建筑物包括什么，基本建设要经过怎样的程序，铁路基本建设工程的概（预）算费用是怎样划分的？

解： 以案例中的铁路工程为例。

1. 铁路基本建设包括固定资产的建筑与安装，设备、工具和器具的购置和其他基本建设工作等。
2. 铁路基本建设固定资产的建筑物包括铁路（包括路基和轨道）、桥涵、隧道及明洞、通信、信号及信息、电力及电力牵引供电、房屋等和属于建筑工程范围内的管线敷设、设备基础、工作台等，以及拆迁工程。试根据上述定义认识图 1.1 中的各种建筑物。

路基

轨道

铁路桥梁

公路桥梁

隧道

涵洞

房屋

站场建筑

图 1.1

3. 铁路基本建设工程的概（预）算费用的划分见表 1.1。

表 1.1 总概（预）算表

名称	××铁路				编号			
编制范围	1 单元：DK0+000～DK93+320				概算总额		339 896.04 万元	
工程总量	93.32 正线公里				技术经济指标		3 661.64 万元/正线公里	
章别	费用类别	概算价值（万元）					技术经济指标（万元）	费用比例（％）
		Ⅰ 建筑工程费	Ⅱ 安装工程费	Ⅲ 设备购置费	Ⅳ 其他费	合计		
	第一部分　静态投资					273 720.28	2 933.14	80.53
一	拆迁及征地费用				27 930.18	27 930.18	299.29	8.17
二	路基	79 146.70				79 146.70	848.11	23.16
三	桥涵	33 084.58				33 084.58	354.52	9.68
四	隧道及明洞	32 545.68				32 545.68	348.75	9.52
五	轨道	32 768.79				32 768.79	351.15	9.59
六	通信、信号及信息							
七	电力及电力牵引供电							
八	房屋	26 550.42				26 550.42	284.51	7.77
九	其他运营生产设备及建筑物	12 003.22				12 003.22	128.62	3.51
十	大型临时设施和过渡工程	1 000.00				1 000.00	10.72	0.29
十一	其他费				20 718.27	20 718.27	222.01	6.06
	以上各章合计	217 099.39			48 648.45	265 747.84	2847.70	77.77
十二	基本预备费					7 972.44	85.43	2.34
	以上总计					273 720.28	2952.51	80.53
	第二部分　动态投资					15 055.91	161.34	4.41
十三	工程造价增涨预留费					5 000.00	53.58	1.46
十四	建设期投资贷款利息					10 055.91	107.76	2.94
	第三部分　机车车辆购置费					50 000.00	535.79	14.63
十五	机车车辆购置费					50 000.00	535.79	14.63
	第四部分　铺底流动资金					1 119.85	12.00	0.33
十六	铺底流动资金					1 119.85	12.00	0.33
	概（预）算总额					339 896.04	3 642.26	100.00

1.1.1.3 完成任务

通过图片认识基本建设固定资产的建筑物、基本建设的程序、铁路基本建设工程的概（预）算费用的划分。

1.1.2 知识链接

1. 基本建设的概念

基本建设是国民经济各个部门为了扩大再生产而进行的增加固定资产的建设工作，也就是指建造、购置和安装固定资产的活动以及与此有关的其他工作，如工厂、矿井、铁路、桥梁、港口、电站、医院、学校、住宅和商店等的新建、改建、扩建和恢复工程，以及机器设备、车辆等的购置与安装等工作。

（1）基本建设的含义：

① 基本建设是社会主义国家扩大再生产的重要方式，是我国进行四个现代化建设的物质基础。

② 基本建设是进行固定资产生产的一种工业活动，而不是消费活动。基本建设产品具有商品属性。

③ 基本建设是人们使用施工机具对建筑材料、设备进行建造、加工、安装，形成固定资产的生产活动。

④ 基本建设是按照一定程序进行固定资产投资的一种经营方式。

（2）基本建设的特点：

① 它是一种消耗大、周期长的经济活动，在建设期只投入不产出。

② 它是一项涉及多学科的经济技术活动，具有很强的综合性。

③ 建设单位（业主）要介入整个建设过程。从项目建设、立项及方案确定、工程发包、工程质量进度和投资控制、设计管理、竣工验收，直到投产达标，建设单位都要承担相应责任，这与其他商品"一手交钱，一手交货"的交易形式完全不同。

④ 建设项目空间的不变性。建设工程都固定在选定的地点，建成后一般不再移动。

⑤ 组织建设的复杂性。工程多数在露天作业，受季节、地址、气候影响，对建设条件、建设资源也要适时适量调配组织，因而使得组织规划建设工作非常复杂。

2. 基本建设的主要内容

（1）建筑安装工程，包括土木建筑、矿井开凿、水利工程建筑、生产、动力、运输、实验等各种需要安装的机械设备的装配，以及与设备相连的工作台等的装设工程。

（2）设备、工器具及生产用具的购置，即购置设备、工具、器具及实验设备等。

（3）其他基本建设工作，指上述内容以外的工作，如土地征用、建设用场地原有建构筑物拆迁、赔偿，建设单位设计、施工、投资管理、生产职工培训、生产准备等工作。

3. 基本建设程序

工程项目建设程序是指一项工程项目从设想、提出到决策，经过设计、施工直到投产使用的全部过程的各个阶段及各项主要工作之间必须遵循的先后顺序。按照工程项目发展的内在联系和发展过程，建设程序可分为以下 7 个阶段，如图 1.2 所示。

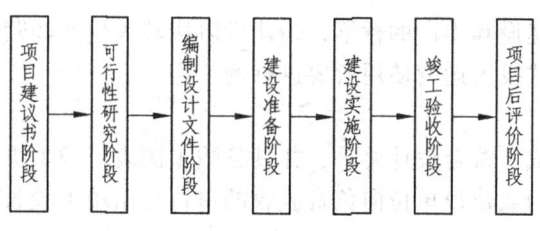

图 1.2　基本建设程序

（1）项目建议书阶段。

项目建议书阶段也称初步可行性研究阶段。项目建议书是项目法人向国家提出的要求建设某一工程项目的建议性文件，是对拟建项目轮廓的设想。其主要作用是对拟建项目进行初步说明，论述其建设的必要性、条件的可行性和获利的可能性，供基本建设管理部门选择并确定是否进行下一步工作。

（2）可行性研究阶段。

项目建议书经批准后，紧接着进行可行性研究。可行性研究是对建设项目在技术和经济上是否可行进行的科学分析和论证，是技术经济的深入论证阶段，为项目决策提供依据。

（3）编制设计文件阶段。

可行性研究报告批准后，建设单位可委托设计单位根据可行性研究报告的要求，编制设计文件。一般项目设计过程分两阶段进行，即初步设计和施工图设计。技术上比较复杂而又缺乏设计经验的项目，可以进行三阶段设计，即在初步设计后增加技术设计。

① 初步设计。初步设计是根据可行性研究报告的要求所做的具体实施方案，目的是阐明在指定的地点、时间和投资控制数额内，拟建项目在技术上的可行性和经济上的合理性，并通过对工程项目所做出的基本技术经济规定，编制项目总概算。

初步设计不得随意改变被批准的可行性研究报告所确定的建设规模、产品方案、工程标准、建设地址和总投资等控制指标。如果初步设计提出的总概算超过可行性研究报告总投资的 5%以上或其他主要指标需要变更时，应说明原因和计算依据，并报可行性研究报告原审批单位同意。

② 技术设计。技术设计根据初步设计和更详细的调查研究资料编制，进一步解决初步设计中的重大技术问题，如工艺流程、建筑结构、设备选型及数量确定等，以使建设项目的设计更具体、更完善，技术经济指标更好。

③ 施工图设计。它要完整地表现建筑物外形、内部空间分割、结构体系、构造状况以及建筑群的组成和周围环境的配合，具有详细的构造尺寸。它还包括各种运输、通信、管道系统、建筑设备的设计。在工艺方面，应具体确定各种设备的型号、规格及各种非标准设备的制造加工图。在施工图设计阶段（或施工准备阶段）应编制施工图预算。

（4）建设准备阶段。

建设准备阶段的主要工作内容包括：征地、拆迁和场地平整；完成施工用水、电、路等工程；组织准备、材料订货；准备必要的施工图纸；组织施工招标，择优选定施工单位。

（5）建设实施阶段。

工程项目经批准开工后，便进入了建设实施阶段。本阶段的主要任务是实现投资决策意图。在这一阶段，通过施工，在规定的工期、质量和价格范围内，按设计要求高效率地实现项目目标。

在实施阶段还要进行生产准备或使用准备。生产准备是项目投产前由建设单位进行的一项重要工作。它是衔接建设和生产的桥梁，是建设阶段转入生产经营的必要条件。使用准备是非生产性建设项目正式投入运营使用所要进行的工作。

（6）竣工验收阶段。

当工程项目全部完成，符合设计要求，并具备竣工图表、竣工决算、工程总结等必要文件资料时，项目主管部门或建设单位向负责验收的单位提出竣工验收申请报告。竣工验收合格后方可投入使用。

竣工验收是投资成果转入生产或服务的标志，对促进工程项目及进行投产、发挥投资效益及总结建设经验都具有重要意义。

（7）项目后评价阶段。

工程项目的后评价是工程项目竣工投产、生产运营一段时间后，对项目进行系统评价的一种技术经济活动。后评价内容主要包括：① 影响评价——对项目投产后各方面的影响进行评价；② 经济效益评价——对项目投资、国民经济效益、财务效益、技术进步和规模效益、可行性研究深度等进行评价；③ 过程评价——对项目的立项决策、设计施工、竣工投产、生产运营等全过程进行评价。

目前，我国开展的工程项目后评价一般按3个层次组织实施，即项目法人的自我评价、项目所在行业的评价和各级发展计划部门（或主要投资方）的评价。

4. 铁路基本建设工程的概（预）算费用

按不同工程和费用类别，铁路基本建设工程的概（预）算费用分为四个部分，共十六章34节。各项费用名称如下：

第一部分	静态投资		
第一章	拆迁及征地费用	第1节	拆迁及征地费用
第二章	路基	第2节	区间路基土石方
		第3节	站场土石方
		第4节	路基附属工程
第三章	桥涵	第5节	特大桥
		第6节	大桥
		第7节	中桥
		第8节	小桥
		第9节	涵洞
第四章	隧道及明洞	第10节	隧道
		第11节	明洞
第五章	轨道	第12节	正线
		第13节	站线
		第14节	线路有关工程
第六章	通信及信号	第15节	通信
		第16节	信号
		第17节	信息
第七章	电力及电力牵引供电	第18节	电力
		第19节	电力牵引供电

第八章	房屋	第20节	房屋
第九章	其他运营生产设备及建筑物	第21节	给排水
		第22节	机务
		第23节	车辆
		第24节	站场建筑设备
		第25节	工务
		第26节	其他建筑及设备
第十章	大型临时设施和过渡工程	第27节	大型临时设施和过渡
		第28节	工器具及生产家具购置费
第十一章	其他费用	第29节	其他费
第十二章	基本预备费	第30节	基本预备费
第二部分	动态投资		
第十三章	工程造价增长预留费	第31节	工程造价增长预留费
第十四章	建设期投资贷款利息	第32节	建设期投资贷款利息
第三部分	机车车辆购置		
第十五章	机车车辆购置费	第33节	机车车辆购置费
第四部分	铺底流动资金		
第十六章	铺底流动资金	第34节	铺底流动资金

1.1.3 任务实施

1. 根据图 1.3 认识基本建设固定资产的建筑物并说出其属于费用中的哪个章节。

（a）

（b）

（c）

（d）

（e）

（f）

图 1.3

2. 如果建设一条铁路线，要经过哪些基本建设程序？

3. 根据铁路基本建设工程的概（预）算费用划分，写出案例中新建××铁路自××至××中各项费用分别属于概（预）算费用表中的第几部分和第几章第几节？

1.1.4 课业评价

任务完成后，采用教师检查，学生自评、互评的方式，进行完成任务情况检查。应检查如下任务：
1. 认识铁路的基本建设固定资产的建筑物。
2. 基本建设要经过的程序。
3. 能写出铁路基本建设工程的概（预）算费用划分。

任务二　工程造价

1.2.1　任务介绍

1.2.1.1　任务导入

通过前面的学习，我们知道了什么是基本建设和铁路基本建设工程的概（预）算费用的划分，那由各项费用构成的工程造价具有什么样的特点和含义呢？铁路基本建设工程的概（预）算费用项目的组成和静态投资构成是怎样的呢？

1.2.1.2　案例分析

分析表 1.1 总造价中的静态投资的构成，清楚造价的特点和计价特征，该标段的概算总额是 339 896.04 万元，其中静态投资费用见表 1.2。

表 1.2　静态投资

名称	××铁路				编　号		
编制范围	1 单元：DK0+000～DK93+320				概算总额	339 896.04 万元	
工程总量	93.32 正线公里				技术经济指标	3 661.64 万元/正线公里	
章别	费用类别	概算价值（万元）				技术经济指标（万元）	费用比例（%）
		I 建筑工程费	II 安装工程费	III 设备购置费	IV 其他费	合计	
	第一部分　静态投资					273 720.28	2 933.14	80.53
一	拆迁及征地费用				27 930.18	27 930.18	299.29	8.17
二	路基	79 146.70				79 146.70	848.11	23.16
三	桥涵	33 084.58				33 084.58	354.52	9.68
四	隧道及明洞	32 545.68				32 545.68	348.75	9.52
五	轨道	32 768.79				32 768.79	351.15	9.59
六	通信、信号及信息							
七	电力及电力牵引供电							
八	房屋	26 550.42				26 550.42	284.51	7.77
九	其他运营生产设备及建筑物	12 003.22				12 003.22	128.62	3.51
十	大型临时设施和过渡工程	1 000.00				1 000.00	10.72	0.29
十一	其他费				20 718.27	20 718.27	222.01	6.06
	以上各章合计	217 099.39			48 648.45	265 747.84	2 847.70	77.77
十二	基本预备费					7 972.44	85.43	2.34
	以上总计					273 720.28	2 952.51	80.53

解：1. 该标段的概算总额是 339 896.04 万元，可见其具有大额性。

2. 作为静态投资构成，从表 1.2 中可知：路基工程、桥涵工程、隧道工程、轨道工程、房屋工程、其他运营生产设备及建筑物、大型临时设施和过渡工程的费用是Ⅰ类建筑工程费，而拆迁及征地费用是Ⅳ类其他费。

3. 技术经济指标＝合计/工程总量

　　费用比例＝(合计/概算总额)×100%

1.2.1.3　完成任务

清楚工程造价的概念和含义及特点，能分辨静态投资费用构成。

1.2.2　知识链接

1. 工程造价的概念

1996年，中国建设工程造价管理协会学术委员会对"工程造价"一词提出了界定意见，明确了两种不同的含义：其一，指建设项目的预期或实际全部开支的建设费用，即该工程项目从建设前期到竣工投产全过程所花费的费用总和；其二，指建设工程的承包价格。

显然，工程造价的第一种含义是从投资者或业主的角度定义的，它反映建设项目的全部工程投资费用。投资者为了获得投资项目的预期效益，就需要进行项目策划、决策及实施，直至竣工验收等一系列投资管理活动。工程造价的第二种含义是从承包商的角度来定义的，它反映的是工程这种特殊产品在市场中交易的价格，是指工程的产品价格。降低工程造价是投资者始终如一的追求。而承包商所关注的是利润，为此，他们追求的是较高的工程造价。

2. 工程造价的特点

（1）工程造价的大额性。

土木工程表现为实物形体庞大，投入人力、物力、设备众多，且施工周期长，因而造价高昂，动辄数百万元、数千万元乃至数亿元、数十亿元人民币，特大的工程项目造价可达数百亿元、数千亿元人民币。工程造价的大额性使它关系到有关各方面的重大经济利益，同时也会对宏观经济产生重大影响。这就决定了工程造价的特殊地位，也说明了造价管理的重要意义。

（2）工程造价的个别性、差异性。

任何一项工程都有其特定的用途、功能、规模。因此，对每一项工程的结构、造型、空间分割、设备配置等都有具体的要求，造就了每项工程的实物形态具有个别性，也就是项目具有一次性特点。建筑产品的个别性、建筑施工的一次性决定了工程造价的个别性、差异性。同时，每项工程所处地区、地段都不相同，也使这一特点得到强化。

（3）工程造价的动态性。

任何一项工程从决策到竣工交付使用，都有一个较长的建设期，而且由于不可预控因素的影响，在预计工期内，许多影响工程造价的动态因素，如工程设计变更，设备材料价格、工资标准、利率、汇率等变化，必然会影响到造价的变动。所以，工程造价在整个建设期中处于动态状况，直至竣工决算后才能最终确定工程的实际造价。

3. 工程造价的计价特征

（1）单件性。

建设工程都是固定在一定地点的，其结构、造型必须适应工程所在地的气候、地质、水文等自然客观条件，在建设这些不同的实物形态的工程时，必须采取不同的工艺、设备和建筑材料，因而所消耗物化劳动和活劳动也必定是不同的，再加上不同地区的社会发展不同，致使构成价格和费用的各种价值要素的差异，最终导致工程造价各不相同。任何两个建设项目其工程造价不可能是完全相同的，因此，对建设工程就不能像对工业产品那样，按品种、规格、质量成批量生产和定价，只能是单件性计价。也就是说，只能根据各个建设工程项目的具体设计资料和当地的实际情况单独计算工程造价。

（2）多次性。

建设工程一般规模大，建设期长，技术复杂，受建设所在地的自然条件影响大，消耗的人力、物力和资金巨大。为了满足建设各阶段的不同需要，相应地也要在不同阶段多次性计价，以保证工程造价确定与控制的科学性。多次性计价是一个由粗到细、逐步深化细化、直至确定实际造价的过程。

（3）组合性。

工程造价的计算是分部组合而成的。这一特征和建设项目的组合性有关。一个建设项目是一个工程综合体，这个综合体可以分解成许多有内在联系的独立和非独立工程。从计价和工程管理的角度来看，分部分项工程还可以分解。由此可以看出，建设项目的这种组合性决定了计价的过程是一个逐步组合的过程。这一特征在计算概算造价和预算造价时尤为明显，所以也反映到合同价和结算价中。其计算过程和计算顺序是：分部分项工程单价—单位工程造价—单项工程造价—建设项目总造价。

（4）方法的多样性。

由于工程造价具有多次计价的特点，每次计价中有不同的计价依据和精度要求，这就造成了计价方法有多样性特征。其中，计算和确定概（预）算造价的方法有调整系数法和地区单价法，计算和确定投资估算的方法有设备系数法、生产能力指数估算法等。不同的方法利弊不同，适应条件也不同，所以计价时要加以选择。

（5）依据的复杂性。

由于影响造价的因素多，其计价依据相对复杂、种类繁多，主要可分为7类：

① 计算设备数量和工程量依据，包括项目建议书、可行性研究报告、设计文件等。

② 计算人工、材料、机械等实物消耗量依据，包括投资估算指标、概算定额、预算定额等。

③ 计算工程要素的价格依据，包括人工单价、材料价格、材料运杂费、机械台班费等。

④ 计算设备单价依据，包括设备原价、设备运杂费等。

⑤ 计算施工措施费、特殊施工增加费、间接费和工程建设其他费用依据，主要是相关的费用定额、指标和政府的有关文件规定。

⑥ 政府规定的税金税率和规费费率。

⑦ 物价指数和工程造价指数。

依据的复杂性不仅使计算过程复杂，而且要求计价人员熟悉各类依据，并加以正确利用。

4. 铁路工程概（预）算费用项目组成

（1）铁路工程概（预）算费用项目组成（图1.4）。

（2）静态投资费用种类。

按投资构成划分，静态投资分属下列5种费用：

① 建筑工程费——Ⅰ类费用。

建筑工程费指路基、桥涵、隧道及明洞、轨道、通信、信号、信息、电力、电力牵引供电、房屋、给排水、机务、车辆、动车、站场、工务、其他建筑工程等和属于建筑工程范围的管线敷设、设备基础、工作台等，以及拆迁工程和应属于建筑工程费内容的费用。

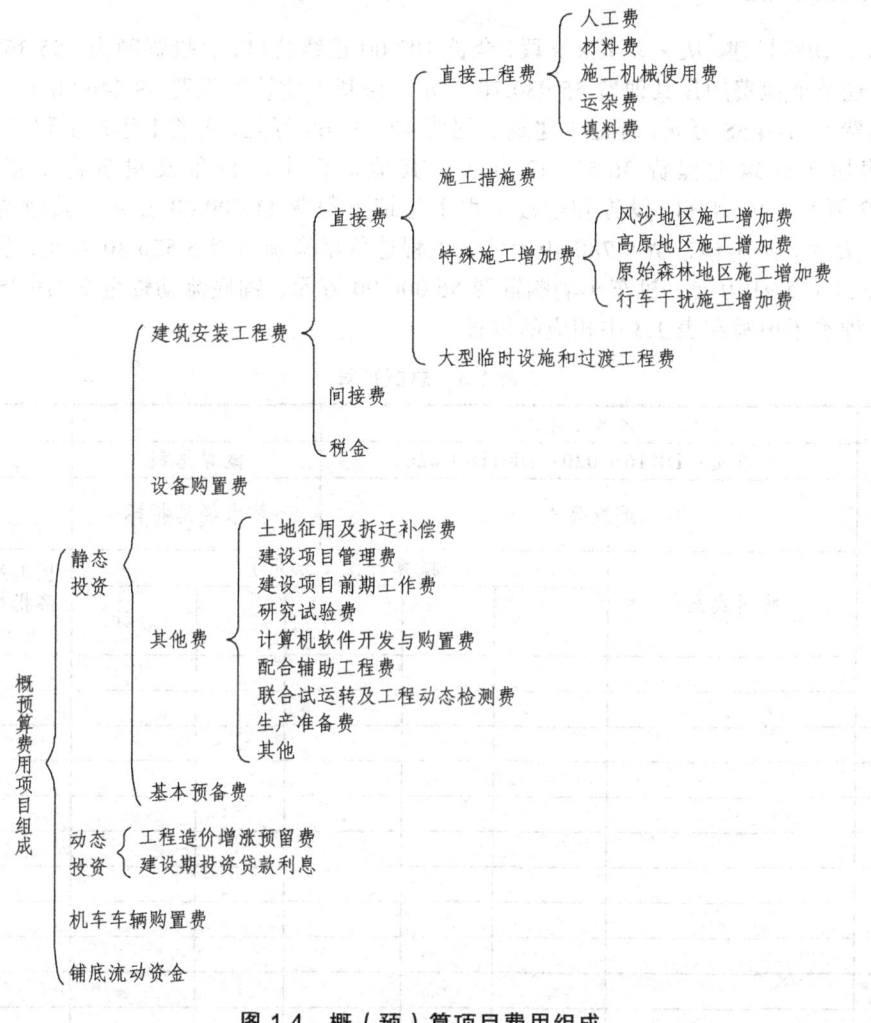

图1.4 概（预）算项目费用组成

② 安装工程费——Ⅱ类费用。

安装工程费指各种需要安装的机电设备的装配、装置工程，与设备相连的工作台、梯子的装设工程，附属于被安装设备的管线敷设，以及被安装设备的绝缘、刷油、保温和调整试验所需的费用。

③ 设备及工器具购置费——Ⅲ类费用。

设备及工器具购置费指一切需要安装与不需要安装的生产、动力、弱电、起重、运输等设备（包括备品备件）的购置费。

④ 其他费——Ⅳ类费用。

其他费指土地征用及拆迁补偿费、建设项目管理费、建设项目前期工作费、研究试验费、计算机软件开发与购置费、配合辅助工程费、联合试运转及工程动态检测费、生产准备费等。

⑤ 基本预备费。

基本预备费指设计概（预）算中难以预料的工程和费用。

1.2.3 任务实施

1. ××铁路扩建，从××至××段，全长 102.00 正线公里，总投资额为 455 367.26 万元。其中，拆迁及征地费用Ⅳ其他费 35 930.20 万元，路基Ⅰ建筑工程费 99 246.80 万元，桥涵Ⅰ建筑工程费 52 104.68 万元，隧道Ⅰ建筑工程费 42 590.68 万元，轨道Ⅰ建筑工程费 22 768.79 万元，房屋Ⅰ建筑工程费 36 550.42 万元，其他运营生产设备及建筑物Ⅰ建筑工程费 32 000.22 万元，大型临时设施和过渡工程Ⅰ建筑工程费 11 000.00 万元，其他费Ⅳ其他费 40 718.27 万元，基本预备费 9 780.49 万元，工程造价增涨预留费 5 520.80 万元，建设期投资贷款利息 11 155.91 万元，机车车辆购置费 56 000.00 万元，铺底流动资金 2 219.35 万元。请将以上各种费用填写在表 1.3 中相应的位置。

表 1.3 总概预算

名称	××线路					
编制范围	1单元：DK16+020～DK118+020		概算总额		万元	
工程总量	正线公里		技术经济指标		万元/正线公里	
章别	费用类别	概算价值（万元）			合计	技术经济指标（万元）	费用比例（%）

2. 根据任务实施 1 中的扩建铁路说说工程造价的特点和计价特征。

1.2.4 课业评价

任务完成后，采用教师检查，学生自评、互评的方式，进行完成任务情况检查。应检查如下任务：
1. 会根据实际案例填写表 1.3。
2. 能结合案例说明工程造价的特点及计价特征。

任务三　工程造价与基本建设的关系

1.3.1　任务介绍

1.3.1.1　任务导入

前面两个任务分别介绍了基本建设和工程造价的知识,那么这两者之间是什么样的关系呢?在进行基本建设的不同阶段,需要进行怎样的投资测算呢?一个基本建设项目工程造价是怎样组合构成的呢?

1.3.1.2　案例分析

1. 武汉天兴洲长江大桥是世界最大公铁两用桥,总投资约110.6亿元人民币,总工期4年半。天兴洲大桥全长4 657 m,整个工程包括大桥、长81 km的铁路引线和6.3 km的公路引线,以及新建的武汉火车站。2004年9月20日,中铁大桥局集团中标由湖北省、武汉市与铁道部[①]合作建设的新建武汉天兴洲公铁两用长江大桥正桥第1标段,中标价为18.320 402 03亿元。

解： 工程基本建设是需要耗用大量资金才能完成的建筑产品。在项目建设的各个阶段,都有相应的投资额测算与之对应,因而形成了投资估算、概算、施工图预算、施工预算、标底、报价、工程结算和竣工决算等8种测算方式。上述案例中出现的110.6亿元是武汉天兴洲长江大桥这个建设项目的总造价,而18.320 402 03亿元是大桥局对该桥正桥第1标段的投标报价,也是后来签订施工合同的合同价。

2. 写出××铁路线1标段造价组合,结合图1.5写出以明挖基础为例的分项工程。

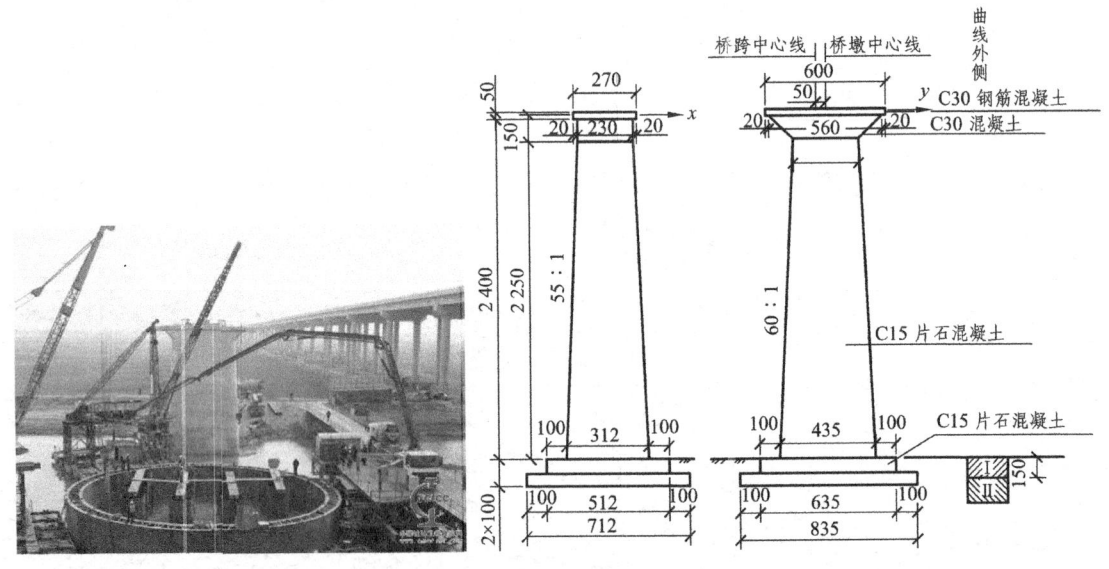

图1.5　桥墩实体和立面图

[①] 根据第十二届全国人民代表大会第一次会议审议的《国务院关于提请审议国务院机构改革和智能转变方案》的议案,铁道部实行铁路政企分开。将铁道部拟定铁路发展规划和政策的行政职责划入交通运输部;组建国家铁路局,由交通运输部管理,承担铁道部的其他行政职责;组建中国铁路总公司,承担铁道部的企业职责;不再保留铁道部。

按照组成基本建设项目各部分的功能划分,通常将基本建设项目划分为建设项目、单项工程、单位工程、分部工程、分项工程。工程造价的计算是分部组合而成的(表1.4)。

表1.4 桥梁工程(明挖基础)的造价组合

建设项目	单项工程	单位工程		分部工程		分项工程
××铁路	1标段	路基				
		桥涵	Ⅰ.建筑工程费	1号特大桥		
				基础(明挖)	混凝土	基坑开挖
						基础混凝土灌注
						基坑回填
					钢筋	无(可不写)
					混凝土冷却管	无(可不写)
				墩台		
				梁		
				支座		
				桥面系		
				附属工程		
				基础施工辅助设施		
			Ⅱ.安装工程费			
		隧道				
		轨道				
		⋮				
	2标段					
	3标段					

解: 上述案例中××铁路是一个建设项目,将其划分为1标段、2标段、3标段3个单项工程,然后以桥涵的1号特大桥(建筑工程费)这个单位工程为例划分基础、墩台、梁、支座、桥面系、附属工程、基础施工辅助设施7个分部工程,以分部工程明挖基础(混凝土)为例划分成基坑开挖、基础混凝土灌注和基坑回填3个分项工程。之所以要把××铁路逐层划分至分部分项工程,是因为一个建设项目是一个工程综合体,通常在计价时,首先要对工程建设项目进行分解,然后按构成进行分项计算再组合。

1.3.1.3 完成任务

能懂投资进程与投资额预测的关系和基本建设项目划分。

1.3.2 知识链接

1. 工程造价与基本建设程序之间的关系

建设项目的多次性计价特点决定了工程造价不是固定、唯一的,而是随着工程的进行,逐步深化、逐步细化、逐步接近实际造价的。工程造价与基本建设过程之间的关系如图1.6所示。

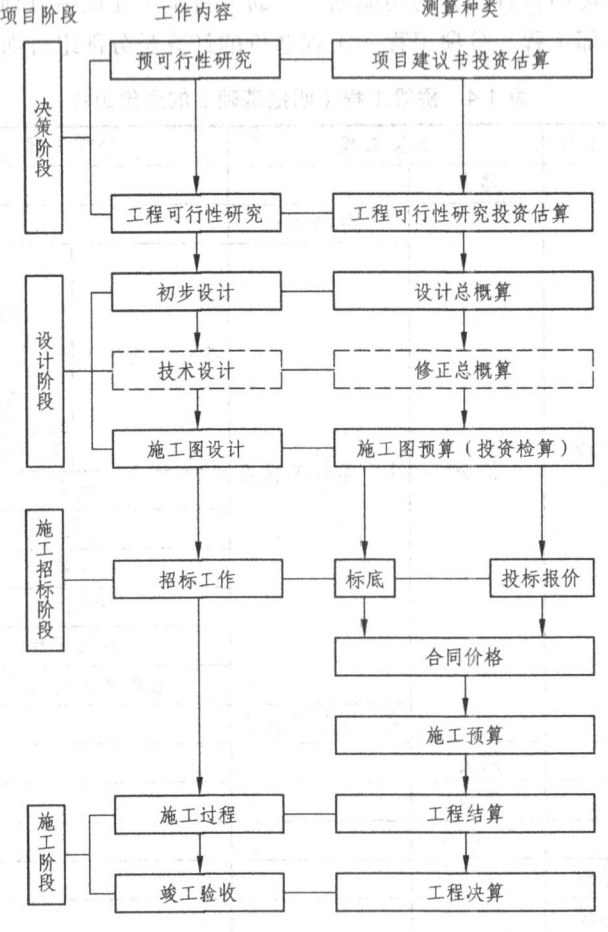

图 1.6 投资进程与投资额预测关系图

(1) 投资估算。

投资估算是指在工程项目决策过程中,建设单位向国家计划部门申请建设项目立项或国家、建设主体对拟建项目进行决策,确定建设项目在规划、项目建议书等不同阶段的投资总额而编制的造价文件。通常是采用投资估算指标、类似工程的造价资料等对投资需要量进行估算。

(2) 设计概算。

设计概算是初步设计文件的重要组成部分。经批准的设计概算是确定建设项目总造价、编制固定资产投资计划、签订建设项目承包合同和贷款合同的依据,也是控制建设项目贷款和施工图预算以及考核设计经济合理性的依据。

设计概算较投资估算准确,但受投资估算的控制。设计概算文件包括建设项目总概算、单项工程综合概算和单位工程概算。

(3) 修正概算。

在采用三阶段设计的技术设计阶段,根据技术设计的要求编制修正概算文件。它对设计总概算进行修正调整,比概算造价准确,但受概算造价控制。

（4）施工图预算。

施工图预算是在施工图设计阶段，根据已批准的施工图，在施工方案（或施工组织设计）已确定的前提下，按照一定的工程量计算规则和预算编制办法编制的工程造价文件，它是施工图设计文件的重要组成部分。经承发包双方共同确认、管理部门审查批准的施工图预算是签订建筑安装工程承包合同、办理建筑安装工程价款结算的依据。

（5）施工预算。

施工预算是指在施工前，在施工图预算的控制下，施工单位根据施工图计算的分项工程量、施工定额、施工组织设计或分部分项工程施工过程的设计及其他有关技术资料，通过工料分析，计算和确定完成一个工程项目或一个单位工程或其中的分部分项工程所需的人工、材料、机械台班消耗量及其他相应费用的经济文件。施工单位通过编制施工预算，可进一步分析施工所需的人工、材料、机械台班消耗的数量和费用，以便采取有效措施，使施工的计划成本低于工程预算成本，确保施工单位获得良好的经济效益。

（6）标底。

实行招标的工程项目，一般由招标单位按发包工程的工程内容（通常由工程量清单来明确）、设计文件、合同条件以及技术规范和有关定额等资料对发包的工程再进行一次总投资额的测算，测算值就是标底。标底是一项重要的投资额测算，是评标的一个基本依据，也是衡量投标人报价水平高低的基本指标，在招投标工作中起着关键作用。

（7）报价。

报价是由投标单位根据招标文件及有关定额（有时往往是投标单位根据自身的施工经验与管理水平所制定的企业定额），并根据招标项目所在地区的自然、社会和经济条件及施工组织方案、投标单位的自身条件，计算完成招标工程所需各项费用的经济文件。报价是投标文件最重要的组成部分，是投标工作的关键和核心，也是决定能否中标的主要依据。报价过高，中标率就会降低；报价过低，尽管中标率增大，但可能无利可图，甚至承担工程亏本的风险。因此，能否准确计算和合理确定工程报价，是施工企业在投标竞争中能否获胜的前提条件。中标单位的报价，将直接成为工程承包合同价的主要基础，并对将来的施工过程起着严格的制约作用。承包单位和业主均不能随意更改报价。

（8）合同价。

合同价是承发包双方根据市场行情共同认可的成交价格，但并不等于实际工程造价。对于一些施工周期较短的小型建设项目，合同价往往就是建设项目最终的实际价格；对于施工周期长、建设规模大的工程，由于施工过程中诸如重大设计变更、材料价格变动等情况难以事先预料，所以合同价还不是建设项目的最终实际价格。

按计价方式不同，建设工程合同有不同类型，对于不同类型的合同，其合同价的内涵也有所不同。

（9）结算价。

在合同实施阶段，对于实际发生的工程量增减、设备材料价差等影响工程造价的因素，按合同规定的调整范围及调整方法对合同进行必要的调整，确定结算价。结算价是某结算工程的实际价格。

结算一般有定期结算、阶段结算和竣工结算等方式。

（10）竣工决算。

在工程项目竣工交付使用时，由建设单位编制竣工决算，反映建设项目的实际造价和建成交付使用的资产情况。它是最终确定的实际工程造价，是建设投资管理的重要环节，是财产交接、考核交付使用财产和登记新增财产价值的依据。

估算、概算、预算、标底、报价和结算以及决算都是以价值形态贯穿整个投资过程中，从申请建设项目，确定和控制基本建设投资额，进行基建经济管理和施工单位进行经济核算，到最后以决算形成企（事）业单位的固定资产，构成了一个有机的整体，缺一不可。因此，在一定意义上说，它们是基本建设投资活动的血液，也是联结参与项目建设活动各经济实体的纽带。申报项目要编制投资估算，设计要编概算和施工图预算（投资检算），招标要编标底，投标要编报价，施工前要编施工预算，施工过程中要进行结算，施工完成要编决算，并且一般还要求决算不能超过预算，预算不能超过概算，概算则不能超出估算所容许的幅度范围，合同价不能偏离报价与标底太多，而报价（指中标价）则不能超出标底规定幅度范围，并且标底不允许超概算。总之，各种测算环环相扣，紧密联系，共同对投资额进行有效控制。

2. 工程造价在基本建设中的作用

建设项目从提出到建成投产均应遵循项目建议书、可行性研究、初步设计、施工图设计、施工、竣工验收等程序，项目建成投产后，对建设项目要求进行后评价。在不同的程序中，由于设计深度要求不同，工程造价编制的深度与设计深度相适应。其目的是达到节约投资及控制投资的作用。

（1）预可行性研究阶段（项目建议书阶段）：按估算指标及投资估算编制办法编制预可研投资估算，经有权部门批准作为拟建项目列入国家中长期计划和开展前期工作的控制造价。

（2）可行性研究阶段：按概算指标及投资估算编制办法，编制国家计划控制造价，也是建设项目经济效益分析和财务评价的重要依据。

（3）初步设计概算：按概算定额（铁道部规定站前工程按预算定额，站后工程按概算定额）及概（预）算编制办法编制初步设计概算，经有权部门批准，即为建设项目工程造价的最高限额。但初步设计概算不能超过可行性研究投资估算的10%，若超过10%应重新报原批准可行性研究部门重新批准。对采用新技术的重大工程，应增加技术设计阶段，其造价控制在经审批的初步设计概算内。当前铁路建设工程基本上采用初步设计进行招投标，因此它又是签订承发包施工合同的主要依据之一。

（4）施工图预算或施工图投资验算：除铁道部外，其他行业基本上按施工图设计进行招投标。由设计单位按预算定额及预算编制办法编制的施工图预算，是编制"标底"的主要依据。铁路工程，由设计单位以工程承发包合同为依据结合施工图与初步设计的差异进行施工图投资验算，作为工程投资决算的依据。

（5）施工预算：施工企业根据施工图工程量（清单工程量），结合施工单位实施性施工组织设计，按企业内部定额及其取费办法进行编制，是企业内部控制投资和成本核算的主要依据。

3. 工程造价的组合

由于建设项目的复杂性，为了更真实地反映建设项目的工程造价，应按工程构造特点进行分部组合计价。

（1）建设项目的分解。

① 建设项目。

凡是按照一个总体设计进行建设的各个单项工程总体即是一个建设项目。一个建设项目按照工程特点可进一步进行分解，如图 1.7 所示。

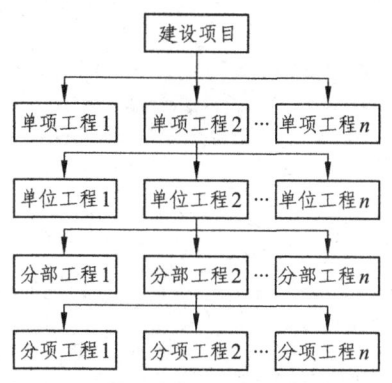

图 1.7　建设项目分解

② 单项工程。

单项工程是基本建设项目的组成部分，它具有独立的设计文件，竣工后可以独立发挥生产能力或效益。如铁路建设中的隧道工程、独立的桥梁工程等都是单项工程。

③ 单位工程。

单位工程是单项工程的组成部分，它具有单独的设计文件和独立的施工条件，并可以单独作为施工对象。如一条铁路或一条公路上的线路工程、桥梁工程等都是单位工程。施工承包商一般是以单位工程为对象与业主签订施工合同的。

④ 分部工程。

分部工程是单位工程的组成部分，一般是按照单位工程的各个部位划分的具有独立作用的工程。如桥梁按照基础部分、下部结构、上部结构等进行划分，道路按照路基工程、路面工程等划分。

⑤ 分项工程。

分项工程是分部工程的组成部分，它是按照分部工程的不同结构、不同材料和不同施工方法等因素划分的，是没有独立存在意义的工程。

（2）工程造价的组合。

与以上工程构成的方式相适应，建设工程具有分部组合计价的特点。计价时，首先要对工程建设项目进行分解，然后按构成进行分项计算再组合，如图 1.8 所示。

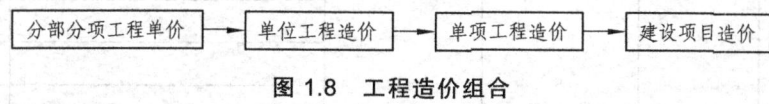

图 1.8　工程造价组合

1.3.3　任务实施

1. 假设在座的各位同学未来 20 年后为母校共捐赠 8 000 万元建设一座图书馆，请同学们结合投资进程与投资额预测关系写出各个阶段需要编制的造价文件。

2. 根据案例分析2填写××铁路1标段1号特大桥的分部工程墩台的分项工程的组合（表1.5）。

表1.5 桥梁工程（桥墩）的造价组合

建设项目	单项工程	单位工程	分部工程	分项工程

1.3.4 课业评价

任务完成后,采用教师检查,学生自评、互评的方式,进行完成任务情况检查。应检查如下任务:
1. 写出各个阶段需要编制怎样的造价文件。
2. 填写桥墩台分项工程组合。

情境二　阅读运用工程定额

学习目标：

1. 能知道什么是定额、定额的用途。
2. 能知道定额的特性。
3. 能够清楚定额的作用。
4. 能够明白定额的分类和组成。
5. 能够阅读并运用定额，能直接套用定额和间接套用定额，能计算人工、材料、机械数量和基价。

任务一　认识定额

2.1.1　任务介绍

2.1.1.1　任务导入

某挖掘机挖 100 m³ 普通土，所需人工 0.88 工日，工费 15.67 元，材料费 0 元；机械设备：履带式液压单斗挖掘机 0.295 台班，履带式推土机（功率≤75 kW）0.074 台班，机械使用费 154.66 元。这些数量限额，是怎么来的呢？是根据定额来的，那什么是定额呢？定额的用途和作用有哪些？

2.1.1.2　案例分析

认识定额并说出它的含义（表 2.1）。

表 2.1　墩台基础混凝土

工作内容：1. 混凝土，包括模板安拆，混凝土拌制、浇筑、振捣及养护。
　　　　　2. 片石混凝土，包括模板安拆，片石选、修、清理、摆放，混凝土拌制、浇筑、振捣及养护。

单位：10 m³

电算代号	定额编号		QY-337	QY-339	QY-342
	项目	单位	C15 片石混凝土	C20 非泵送	C25 泵送
2	人工	工日	21.19	19.61	12.63
	混凝土	m³	(8.67)	(10.20)	(10.20)
1010002	普通水泥 32.5 级	kg	2 349.57	3 162.00	4 345.20
1230006	片石	m³	2.22	—	—
1240014	碎石 40 以内	m³	7.54	8.87	7.75
1260022	中粗砂	m³	5.12	5.61	5.81
2810023	组合钢模板	kg	4.89	4.89	4.89
2810024	组合钢支撑	kg	1.93	1.93	1.93
2810025	组合钢配件	kg	1.50	1.50	1.50
8999006	其他材料费	元	16.49	16.41	16.41
8999006	水	t	7.55	7.20	7.50

续表

电算代号	定额编号		QY-337	QY-339	QY-342
	项目	单位	C15 片石混凝土	C20 非泵送	C25 泵送
9102102	汽车起重机≤8 t	台班	0.280	0.250	0.020
9104203	混凝土泵≤30 m³/h	台班	—	—	0.100
9104002	混凝土搅拌机≤400 L	台班	0.280	0.320	0.320
9199999	其他机械使用费	元	7.90	9.30	9.30
	重量	t	24.987	24.498	24.287
	基价		1 642.14	1 817.05	1 889.37
其中	人工费	元	508.56	470.64	303.12
	材料费		983.32	1 203.71	1485.63
	机械使用费		150.26	142.70	100.62

1. 根据定额的概念，写出定额 QY-337 的含义。

解：完成 10 m³ C15 片石混凝土墩台基础所规定的人工、机械、材料、资金等消耗量的标准如下：

人工：   21.19 工日

材料： 普通水泥 32.5 级   2 349.57 kg

　　　　片石   2.22 m³

　　　　碎石 40 以内   7.54 m³

　　　　中粗砂   5.12 m³

　　　　组合钢模板   4.89 kg

　　　　组合钢支撑   1.93 kg

　　　　组合钢配件   1.50 kg

　　　　其他材料费   16.49 元

　　　　水   7.55 t

机械： 汽车起重机≤8 t   0.280 台班

　　　　混凝土搅拌机≤400 L   0.280 台班

　　　　其他机械使用费   7.90 元

基价   1642.14 元

其中：人工费   508.56 元

　　　材料费   983.32 元

　　　机械使用费   150.26 元

2. 按生产要素分类，写出 QY-339 劳动定额的时间定额、产量定额。

QY-339 劳动定额的时间定额的表现形式是 19.61 工日/10 m³。

时间定额的意义是完成 10 m³ C20 非泵送墩台基础混凝土所必需的工作时间，为 19.61 工日。

QY-339 劳动定额的产量定额的表现形式是 10 m³/(19.61 工日) = 0.510 m³/工日。

产量定额的意义是每工日可完成 C20 非泵送墩台基础混凝土 0.510 m³。

3. 按生产要素分类，写出 QY-339 的材料消耗定额。

《铁路工程预算定额》（桥涵工程）第二章第八节 QY-339 表中规定，现浇 C20 非泵送墩台混凝土，每完成 10 m³ 实体需要消耗 10.2 m³ 的 C20 混凝土混合料，其中多出的 0.2 m³ 为施工中不可避免的损耗。所以 C20 混凝土材料的损耗率为 $\frac{0.2}{10} \times 100\% = 2\%$。

计算混凝土材料消耗量如下：

普通水泥 32.5 级消耗量 = (1 + 2%)×310 kg/m³×10 m³ = 3 162.00 kg

中(粗)砂消耗量 = (1 + 2%)×0.55 m³/m³×10 m³ = 5.61 m³

4 cm 碎石消耗量 = (1 + 2%)×0.87 m³/m³×10 m³ = 8.87 m³

完成 10 m³ 实体混凝土还需消耗其他材料，它们的消耗量分别为：普通水泥 32.5 级 3 162 kg，碎石 40 以内 8.87 m³，中(粗)砂 5.61 m³，组合钢模板 4.89 kg，组合钢支撑 1.93 kg，组合钢配件 1.50 kg，其他材料费 16.41 元，水 7.20 t，汽车起重机 0.250 台班，混凝土搅拌机 0.320 台班，其他机械使用费 9.30 元。

4. 写出 QY-337 机械中的汽车起重机≤8 t 的时间定额和产量定额。

QY-337（C15 片石混凝土墩台基础）中汽车起重机≤8 t 时间定额的表现形式为 0.280 台班/10 m³。

汽车起重机≤8 t 机械的时间定额的意义是完成 10 m³ C15 片石混凝土墩台基础所必须消耗的汽车起重机≤8 t 为 0.280 台班。

汽车起重机≤8 t 产量定额的表现形式为 10 m³/0.280 台班=35.714 m³/台班。

汽车起重机≤8 t 产量定额的意义是汽车起重机≤8 t 每台班可以完成 35.714 m³ C15 片石混凝土墩台基础。

5. 根据表 2.2，填写 QY-337 的单价分析表，计算人工费、材料费、机械使用费和基价（表 2.3）。

表 2.2 人工材料的基期单价

电算代号	工料机名称	单位	单价（元）/单位重
2	人工	工日	24.00
1010002	普通水泥 32.5 级	kg	0.26/0.001000 t
1230006	片石	m³	15.00/1.800000 t
1260002	中粗砂	m³	16.51/1.430000 t
1240014	碎石 40 以内	m³	26.00/1.500000 t
2810023	组合钢模板	kg	4.46/0.001000 t
2810024	组合钢支撑	kg	4.46/0.001000 t
2810025	组合钢配件	kg	5.85/0.001000 t
8999006	水	t	0.38
9102102	汽车起重机≤8 t	台班	418.55
9104002	混凝土搅拌机≤400 L	台班	89.89

表 2.3 单价分析表

工程类别		××大桥			单价编号		QY-337	
工作细目		C15 片石混凝土墩台基础			计算单位		10 m³	
编号	电算代号	费用名称	单位	数量	单价	合价2	单位重6	合重（t）3
一		人工费	元			508.56		
	2	人工	工日	21.19	24.00	508.56		
二		材料费	元			983.32		
	1010002	普通水泥 32.5 级	kg	2349.57	0.26	610.89	0.001 000	2.350
	1230006	片石	m³	2.22	15.00	33.30	1.800 000	3.996
	1240014	碎石 40 以内	m³	7.54	26.00	196.04	1.500 000	11.310
	1260022	中粗砂	m³	5.12	16.51	84.53	1.430 000	7.322
	2810023	组合钢模板	kg	4.89	4.46	21.81	0.001 000	0.005
	2810024	组合钢支撑	kg	1.93	4.46	8.61	0.001 000	0.002
	2810025	组合钢配件	kg	1.50	5.85	8.78	0.001 000	0.002
	8999002	其他材料费	元	16.49	1.00	16.49		
	8999006	水	t	7.55	0.38	2.87		
三		机械费	元			150.26		
	9102102	汽车起重机≤8 t	台班	0.28	418.55	117.19		
	9104002	混凝土搅拌机≤400 L	台班	0.28	89.89	25.17		
	9199999	其他机械使用费	元	7.9	1.00	7.90		
合计		基价	元			1642.14		24.987

2.1.1.3 完成任务

能写出定额的含义、劳动定额（机械台班使用定额）的两种表现形式、材料消耗定额的组成，会填写单价分析表。

2.1.2 知识链接

1. 定额的概念

定额，顾名思义就是规定的标准额度或限额。工程定额所要研究的是在建筑工程施工过程中，完成一件合格产品所消耗各种因素的数量标准，即在正常的施工条件下（指生产过程按生产工艺和质量验收规范操作，施工条件完善，劳动组织合理，机械运转正常，材料供应及时），完成质量合格单位产品所规定的人工、机械、材料、资金等消耗量的标准。同时，在定额中不仅规定了所需的数量，还规定了相应的工作内容和要达到的质量标准以及安全要求。

2. 定额的特性

定额是依据国家一定时期的管理体制和管理制度，根据不同定额的用途和使用范围，由指定的机构按照一定的程序制定，并按照规定的程序审批和颁发执行。定额是主观的产物，但是，它应正确地反映工程建设和各种资源消耗之间的客观规律。

定额具有以下特性：

（1）法令性。

不得擅自修改定额的内容和水平。铁路工程主要采用铁道部颁布的定额，它同样具有法令性。在定额的贯彻执行中，主管部门要对使用单位进行必要的监督，以维护定额的严肃性和真实性。

（2）相对的稳定性和时效性。

一定时期的定额反映一定时期的施工机械化、施工管理、劳动者素质，以及生产工艺、材料等的水平和人、财、物的消耗水平，因此在一定时期内定额需要保持相对稳定。但随着技术条件、管理条件的改变，如新技术、新工艺、新管理方法被普遍采用，这时需修订或编制新的定额。当颁发并执行新的定额时，旧的定额就无效了，所以定额在一定时期内是有效的。

（3）科学性。

科学性表现在定额是在遵循客观规律，以实事求是的态度、科学的方法，依据技术测定和统计分析等资料，在总结广大工人生产经验的基础上，经过综合分析研究后确定的。在制定定额过程中，吸取了已经成熟推广的先进技术、先进操作方法及新型材料的经验，使定额水平符合技术先进、经济合理、操作可行的要求。

（4）实践性（群众性）。

实践性体现在定额的制定和执行都具有广泛的群众基础。广大群众是测定编制定额的参加者，又是定额的执行者。定额测定不管采用哪种方法，都是按照工人、技术人员和专职定额人员三结合的方式进行的。定额水平的高低，反映了建筑安装工人的生产能力和创造水平。有水平的定额能够把群众的长远利益和眼前利益、劳动利益和工作质量相结合，把国家、企业和劳动者个人三者利益结合起来，从而有利于调动广大职工的积极性，提高劳动生产率，降低工程成本。

（5）针对性。

针对性主要指不同的工程使用不同的定额，即做什么工程，用什么定额，一种工序对应一项定额，不能乱套定额；必须严格按照定额的项目、工作内容、质量标准、安全要求执行定额。

3. 定额的作用

定额随着科学管理的产生而产生，随着管理科学的发展而发展。它是企业科学化管理的产物，也是科学管理企业的基础和必备条件。在基本建设工程施工过程中，要完成某项工程或某一结构构件的生产，必须消耗一定的人力、物力和财力。套用多少才算合理，一般均以定额为标准。因此，定额在基本建设中应用很广，在企业的生产经营活动中起着重要的作用。

（1）它是编制各种计划和施工组织设计的依据。

（2）它是编制建设项目概（预）算、确定工程造价的依据。

（3）它是评定设计方案的基础资料。

（4）它是企业推行经济责任制、开展经济核算、贯彻各尽所能、按劳分配和降低工程成本的依据。

总之，实行定额的最终目的，是在建筑安装活动中调动职工生产积极性，提高工人劳动生产率，挖掘一切潜力，力求用最少的人力、物力和财力生产出符合社会需要的建筑产品，获得好的经济效益。

4. 定额的分类

铁路工程定额的形式与内容，是由铁路施工企业的施工生产需要决定的。因此，定额的分类也是多样化的。下面分别介绍按各种分类法进行分类的定额。

（1）按生产要素分类。

定额按生产要素分有劳动定额、材料消耗定额和机械台班使用定额。这是最基本的分类法，它直接反映出生产某种单位合格产品所必须具备的因素。

劳动定额与机械台班定额又可分为时间定额与产量定额。

① 劳动定额。

a. 劳动定额的概念。

劳动定额亦称人工定额、工时定额或工日定额。它是指在正常的施工技术和组织条件下，完成单位合格产品所必需的劳动消耗标准。这个标准是国家和企业对工人在单位时间内完成产品的数量和质量的综合要求。

b. 劳动定额的表现形式。

劳动定额的表现形式可分为时间定额或产量定额两种。

• 时间定额。

它是指在一定的生产技术和生产组织条件下，某工种、某种技术等级的工人班组或个人，完成单位合格产品所必需的工作时间。定额中的时间包括工人的有效工作时间（准备与结束时间、基本工作时间、辅助工作时间），不可避免的中断时间和工人必需的休息时间。

时间定额以工日为单位，每个工日工作时间按现行制度规定为 8 h，其计算方法如下：

$$时间定额 = (工作人数 \times 工作时间)/工作时间内完成的产品数量$$
$$= 劳动时间/工作时间内完成的产品数量$$
$$= 1/每工产量$$

式中，工作人数单位为人工，简称工或人；工作时间单位为秒、分、时、日；产品数量的单位用单位产品的计量单位，如 m^2、m^3、$10 \ m^2$、$1\ 000\ m^3$ 等。

• 产量定额。

它是指在一定的生产技术和生产组织条件下，某工种、某种技术等级的工人班组或个人，在单位时间内（工日）完成合格产品的数量。

其计算方法如下：

$$定额产量 = 工作时间内完成的合格产品数量/(工作人数 \times 工作时间)$$

• 时间定额与产量定额的关系。

从上述看出，时间定额与产量定额互为倒数。它们的关系如下：

$$时间定额 \times 产量定额 = 1$$

或

$$时间定额 = 1/产量定额$$
$$产量定额 = 1/时间定额$$

所以，知道了时间定额或产量定额其中之一，就可求出另一个。例如：在 LY-1 人力挖松土中，时间定额为 3.96 工日/100 m^3，则产量定额为 1/(3.96 工日/100 m^3) = 25.25 m^3/工日。

c. 劳动定额作用。

• 是计划管理的重要基础；

• 是贯彻按劳分配原则和推行经济责任制的依据；

- 是衡量工人劳动生产率的主要尺度;
- 是确定定员标准和合理组织生产的依据;
- 是企业进行经济核算的重要基础;
- 是编制施工定额、预算定额、概算定额的基础。

② 材料消耗定额。

a. 材料消耗定额的概念。

材料消耗定额是指在合理和节约使用材料的条件下,完成质量合格的单位产品或单位工程量所必须消耗的一定规格的材料、半成品或构配件等的数量标准。所谓合格产品或工程量是指质量、规格等方面要符合国家标准、部颁标准或省、自治区、直辖市的标准。

b. 材料消耗定额组成。

材料消耗定额由两大部分组成,一部分是直接用于产品生产或工程施工的材料,称为"材料净用量";另一部分是在操作过程中不可避免地产生的废料和施工现场因运输、装卸中不可避免的工艺性材料损耗,称为"材料损耗量"。材料的净用量是生产某产品或完成某一施工过程的有效消耗量。材料的损耗量,不包括可以避免的浪费和损失的材料,这是非有效消耗量。二者之和称为材料消耗总量。

材料损耗量用材料损耗率来表示。材料损耗率,是指材料的损耗量与材料净用量的比值。它可用下式表示:

$$材料损耗率 = 材料损耗量/材料净用量 \times 100\%$$

材料损耗率确定后,材料消耗定额可用下式表示:

$$材料消耗定额 = 材料净用量 + 材料损耗量$$

或

$$材料消耗定额 = 材料净用量 \times (1 + 材料损耗率)$$

例如,浇筑混凝土构件,所需混凝土材料在搅拌、运输、浇筑过程中产生不可避免的零星损耗,以及振动体积变得密实,凝固后体积发生收缩等,因此,每立方米混凝土产品实际需耗用 1.01～1.02 m³ 的混凝土材料。

c. 材料损耗量。

- 材料损耗分类。

运输损耗,指材料在运输过程中所发生的自然损耗。这种从生产厂或供料基地运输到工地料库所发生的损耗不包括在材料消耗定额中,应列入材料采购保管费内。

保管损耗,指材料在保管过程中所发生的自然损耗。这种损耗也不包括在材料消耗定额中,应列入材料采购保管费内。

施工损耗,指在施工过程中,现场搬运、堆存及施工操作中不可避免的材料损耗以及残余材料和废料损耗等,这些损耗应包括在材料消耗定额内。

- 材料损耗量。

施工过程中材料损耗一般用损耗率表示。材料损耗率有两种计算方法:

$$材料损耗量 k_{总} = \frac{材料损耗量 D_s}{材料总消耗量 D_z} \times 100\%$$

$$材料损耗量 k_{净} = \frac{材料损耗量 D_s}{材料总消耗量 D_j} \times 100\%$$

因此,材料损耗量也有两种计算方法:

$$D_s = D_z \times k_{总}$$
$$D_s = D_j \times k_{净}$$

两种计算方法的损耗量相等。

实际上，$k_{总}$和$k_{净}$相差甚微，可以认为$k_{总} = k_{净} = k$，则k称为材料损耗率。

根据《铁路工程基本定额》第八章"混凝土及水泥砂浆配合比用料表"中的每立方米泵送混凝土配合比用料表，按

$$材料消耗量 = 材料净用量 \times (1 + 材料损耗率)$$

d. 材料消耗定额的表现形式。

• 材料产品定额。

材料产品定额是指用一定规格的原料，在合理的操作条件下获得的标准产品的数量。

• 材料周转定额。

在工程中，有些材料不是一次性使用，而是周转使用的，如模板、支架等，这些材料统称为周转性材料。其用量是按正常周转次数分摊于定额之中的。因此，材料周转定额是指周转性材料在施工中合理周转使用的次数或用量的定额。

e. 材料消耗定额的作用。

材料消耗定额不仅是实行经济核算、保证材料合理使用的有效措施，而且是确定材料需用量，编制材料计划的基础，同时也是定包或组织限额领料、考核和分析材料利用情况的依据。

③ 机械台班使用定额。

a. 机械台班使用定额的概念。

机械台班使用定额是指在一定生产技术组织条件下，由技术熟练的人操纵机械，完成单位合格产品所必须使用的机械台班数量标准。

b. 机械台班使用定额的表示形式。

按其表现形式，它可分为机械时间定额和机械产量定额两种。

• 机械时间定额是指在合理劳动组织和合理使用机械正常施工的条件下，完成单位合格产品所必须消耗的机械工作时间。机械时间定额一般以台班（或台时）/产品或工程的计量单位表示，如台班/m^3、台班/$10\ m^3$、台班/km等。

• 机械产量定额（也称机械台班产量定额）是指在合理劳动组织和合理使用机械正常施工条件下，某种机械设备在单位时间（台班或台时）内应完成质量合格的产品数量或工程量。机械产量定额的计量单位，以产品或工程的计量单位/台班（或台时）表示。例如，挖掘机挖土产量定额的计量单位为m^3/台班或m^3/台时。

• 机械时间定额与机械产量定额两者的关系。

机械时间定额与机械产量定额两者互为倒数，即

$$机械时间定额 \times 机械产量定额 = 1$$

c. 机械使用定额的作用。

机械使用定额既是对工人班组签发施工任务书、下达施工任务，实行计件奖励的依据；也是编制机械需用量计划和作业计划、考核机械效率、核定企业机械调度和维修计划的依据；同时也是编制预算定额的资料。

（2）按编制程序和用途分类。

按编制程序和用途,定额可分为工序定额、施工定额、预算定额、概算定额、概算指标、估算指标。

概算定额(亦称扩大结构定额和综合预算定额)确定的是一定计量单位的扩大分部工程、结构构件或扩大分项工程的人工、材料和机械台班消耗数量及其基价费用标准。

概算定额是以预算定额为基础,适当地将预算定额中分部分项工程或结构构件中有关的几个项目,综合扩大成一个项目。例如,在预算定额中分单项列出了石砌基础、涵身及出入口、钢筋混凝土盖板、沉降缝、防水层等的单项分部工程的定额,比较单一而详细。而概算定额只是列出浆砌片石基础、浆砌片石端翼墙和制安钢筋混凝土盖板三大项扩大分部工程定额,并在后两项中将沉降缝、防水层、黏土保护层包括进去,所以概算定额工作内容较预算定额宽,综合性强。

概算定额的结构和形式与预算定额基本一样。

概算指标是以整个建筑或整个分部工程为单位而规定的人工、材料和机械台班消耗指标及其基数费用标准。它是在预算定额和概算定额的基础上编制的,它比概算定额更综合,对进行原则性方案的经济比较更加方便,如知道盖板涵的孔径、长度就可算出人工、材料和机械台班的需要量,同时也可算出工程费。用概算指标编制概算更简便,但精确度就要差些。

(3)按编制单位及适用范围分类。

按编制单位及适用范围,定额可分为全国统一定额、地区统一定额、企业定额。

其中,企业定额是指企业根据其实际情况自行编制、审查、批准颁发并在本企业贯彻执行的定额。

(4)按专业不同分类。

按专业不同,定额可分为建筑工程定额、安装工程定额、专业专用定额(如公路工程定额、水运工程定额、铁路工程定额等)。

(5)铁路工程概(预)算定额的采用。

① 基本规定。

根据不同设计阶段,各类工程(其中路基、桥涵、隧道、轨道及站场简称"站前"工程,其余简称"站后"工程)的设计深度,以及铁路工程定额体系的划分,具体定额的采用原则按以下规定执行。

a. 初步设计概算:采用预算定额,"站后"工程可采用概算定额。

b. 施工图预算、施工图投资检算:采用预算定额。

② 独立建设项目的大型旅客站房的房屋工程及地方铁路中的房屋工程可采用工程所在地的地区统一定额(含费用定额)。

③ 对于没有定额的特殊工程及尚未实践的新技术工程,设计单位应在调查分析的基础上补充单价分析,并随设计文件一并送审。

5. 定额的组成结构

现行的《铁路工程概算定额》(以下简称《概算定额》)和《铁路工程预算定额》(以下简称《预算定额》)其组成部分主要有以下几方面:

(1)定额的颁发文件。

定额的颁发文件是指刊印在《概算定额》《预算定额》前部,由政府主管部门(铁道部)

颁发的关于定额执行日期、定额性质、适用范围及负责解释的部门等法令性文件。

（2）总说明。

总说明综合阐述定额的编制原则、指导思想、编制依据和适用范围，以及涉及定额使用方面的全面性规定和解释，是各章说明的总纲，具有统管全局的作用。

（3）目录。

目录位于总说明之后，目录简明扼要地反映定额的全部内容及相应的页号，对查用定额起索引作用。

（4）章（节）说明。

章（节）说明主要讲述本章（节）的工程内容、工程量的计算方法和规定、计算单位及尺寸的起讫范围，以及计算的附表等。它是正确引用定额的基础。

（5）定额项目表。

各工程项目中，分部工程按章编排；章以下分为若干分项工程，以节号第一节、第二节……排列；在分项工程中又按工程结构、材料类别分为许多项目，用序号（一）、（二）……排列；在项目中，还可按不同的土壤、岩石、结构规格、材料类别再细分为若干子目，如人力挖土按不同土质分为松土、普通土、硬土三个子目。定额表是各类定额的主要组成部分，是定额各指标数额的具体体现。《概算定额》和《预算定额》的表格形式基本相同，其主要内容如下（表2.1）：

① 工程内容。

工程内容位于定额表的左上方。工程内容主要说明本定额表所包括的主要操作内容。查定额时，必须将实际发生的操作内容与表中的工程内容相对照，若不一致时，应按照章（节）说明中的规定进行调整。

② 定额单位。

定额单位位于定额表的右上方，如表2.1所示，单位为 $10 m^3$。定额单位是合格产品的计量单位，实际的工程数量应是定额单位的倍数。

③ 代号。

当采用电算方法来编制工程概（预）算时，可引用表中代号作为工、料、机名称的识别符，位于定额表中第一列。

④ 项目。

项目是定额表中第2列的内容，如表2.1中的人工、普通水泥32.5级、片石、中粗砂……项目是本定额表中工程所需的人工、材料、机具、费用的名称和规格。

⑤ 计量单位。

它位于表2.1第三列，表示各种资源消耗量的单位。

⑥ 定额值。

定额值就是定额表中各种资源消耗量的数值。其中括号内的数值表示基价中未包括其价值。

⑦ 定额基价。

基价是指一定计量单位的分部分项工程或结构构件基期的人工费、材料费、机械费之和。基价也就是指在定额编制时，以某一年为基期年，以该年某一地区（如北京）工、料、机单价为基础计算的完成定额计量单位的合格产品所需要的人工费、材料费、机械费的合计价值。如表 2.1 所示，QY-337 的基价是 1 642.14 元。

定额使用一定时期后，由定额编制单位发行更新的"基价表"配合原定额使用，以确保定额的相对稳定性。如铁路工程定额（2004—2006）中，基期计费依据和标准如下：

　　a. 人工费：执行铁道部《铁路工程基本建设工程设计概算编制办法》（铁建设〔2006〕113 号，以下简称 113 号文）概算综合工费。

　　b. 材料费：执行铁建设〔2006〕129 号文发布的《铁路工程建设材料基期价格》（2005 年度）（以下简称"129 号基期材料"）。

　　c. 机械使用费：执行铁建设〔2006〕129 号文发布的《铁路工程施工机械台班费用定额》（2005 年度）（以下简称"129 号台班定额"）。

　　d. 水电单价：执行 115 号文，水 0.38 元/t，电 0.55 元/(kW·h)。

　　⑧ 定额材料重量。

子目栏中"重量"说明的是完成某一定额计量单位合格产品所需要的全部建筑安装材料重量，但不包括水和施工机械的动力消耗（油耗及燃料）的重量，以"吨"为计量单位。定额中消耗的材料包括主要材料和辅助材料，其中主要材料重量用于计算主要材料运杂费。

定额项目表是规定完成某一定额单位的合格产品所需的人工、材料、机械消耗量指标、计量单位、基价、定额重量及附注的表格，如表 2.1 所示。

因此，编制概预算时，首先应阅读预算定额的总说明、章说明，对定额的编制依据、适用范围包含的主要工程内容，以及其他有关问题的说明和使用方法等应熟记、通晓，同时，对常用的子项、人工、材料、机械的计量单位等都应有一个全面的了解，从而达到正确、快速使用定额编制预算文件的目的。

2.1.3　任务实施

1. 根据定额的概念，写出定额 QY-339 的含义。

解：

2. 按生产要素分类写出 QY-337 劳动定额的时间定额、产量定额和各自的含义。

3. 按生产要素分类结合 39 页混凝土配合比写出 QY-342 混凝土组成材料的消耗定额。

4. 写出 QY-342 的机械时间、产量定额和含义。

5. 根据表 2.3，填写某大桥的基础混凝土 QY-339 的单价分析表（表 2.4），计算人工费、材料费、机械使用费和基价。单价见附录二、三。

表 2.4 单价分析表

工程类别								
工作细目					单价编号			
编号	电算代号	费用名称	单位	数量	计算单位			
					单价	合价2	单位重6	合重（t）3

2.1.4 课业评价

任务完成后，采用教师检查，学生自评、互评的方式，进行完成任务情况检查。应检查如下任务：

1. 根据定额的概念，写出定额 QY-339 的含义。
2. 按生产要素分类写出 QY-337 劳动定额的时间定额、产量定额和各自的含义。
3. 按生产要素分类写出 QY-342 的混凝土组成材料的消耗定额。
4. 写出 QY-342 的机械时间、产量定额和含义。
5. 根据表 2.3，填写某大桥的基础混凝土 QY-339 的单价分析表，计算人工费、材料费、机械使用费和基价。

任务二 预算定额的运用

2.2.1 任务介绍

2.2.1.1 任务导入

预算定额由哪些内容组成？如何正确地使用预算定额？直接套用定额的方法是什么？间接套用定额的方法是什么？

2.2.1.2 案例分析

1. 直接套用预算定额

计算片石砌筑且砂浆强度等级是 M5 的涵洞基础的工、料、机数量。假设根据图纸计算得涵洞基础的工程数量为 100 m³。

解：查《铁路工程预算定额》桥涵工程分册第三章（涵洞工程）第一节（石砌基础）中片石砌筑，砂浆强度等级是 M5，即定额编号为 QY-810，如表 2.5 所示。

表 2.5 石 砌 基 础

工作内容：选、修、洗石，砂浆制作、安砌及养护。 单位：10 m³

电算代号	定额编号 项 目	单位	QY-810 片石砌筑 砂浆强度等级 M5	QY-811 片石砌筑 砂浆强度等级 M10
3	人工	工日	12.47	12.47
52	普通水泥 32.5 级	kg	821.70	996.60
353	中粗砂	m³	4.32	4.19
297	片石	m³	11.70	11.70
18951	其他材料费	元	3.63	3.63
18952	水	m³	4.33	4.33
19531	灰浆搅拌机≤400 L	台班	0.13	0.13
	重 量	t	28.060	28.049
	基 价	元	725.84	769.18
其中	人工费	元	253.76	253.76
	材料费	元	465.74	509.08
	机械使用费	元	6.34	6.34

由表 2.5 可知该分项工程的定额单位为 10 m³。所以 100 m³ = 100/10 个定额单位，即 10 个定额单位。

片石砌筑涵洞基础（砂浆强度等级是 M5）的工、料、机消耗量为：

人工：12.47×10 = 124.70 工日

普通水泥 32.5 级：821.7×10 = 8 217.00 kg

中粗砂：4.32×10 = 43.20 m³
片石：11.70×10 = 117.00 m³
其他材料费：3.63×10 = 36.30 元
水：4.33×10 = 43.30 t
灰浆搅拌机：0.13×10 = 1.30 台班

2. 间接套用预算定额

当设计的规格、品种与定额不相符时，定额需换算后才能使用。

《铁路工程预算定额》桥涵工程分册第一章QY-342，定额单位为10 m³的墩台基础C25混凝土，考虑工地搬运及操作损耗量等实际需10.2 m³混凝土，所用普通水泥32.5级 4 345.2 kg，中粗砂5.81 m³，碎石粒径40以内7.75 m³，预算定额基价1 889.37元。设计要求墩台基础混凝土为C30，计算此预算定额基价。

解：在《基本定额》中查得1 m³ C25、C30混凝土所消耗普通水泥、中粗砂、碎石的量见表2.6。

表2.6 每立方米泵送混凝土配合比用料表

混凝土强度等级	32.5级水泥（kg）	中粗砂（m³）	粒径40以内碎石（m³）
C25	426	0.57	0.76
C30	490	0.51	0.77

查材料预算价格知，普通水泥32.5级为0.26元/kg，中粗砂16.51元/m³，碎石粒径40以内26.00元/m³。

换算后墩台基础10 m³ C20混凝土预算定额基价
= 1 889.37 − (0.26×4 345.2 + 16.51×5.81 + 26.00×7.75) + (0.26×490×10.2 + 16.51×0.51×10.2 + 26.00×0.77×10.2)
= 2 052 元

或 换算后墩台基础10 m³ C30混凝土预算定额基价
= 1 889.37 + (490 − 426)×10.2×0.26 + (0.51 − 0.57)×10.2×16.51 + (0.77 − 0.76)×10.2×26.00
= 2 052 元

2.2.2.3 完成任务

能够对定额进行直接套用和间接套用。

2.2.2 知识链接

1. 预算定额使用

（1）正确使用定额注意事项。

铁路工程定额系专业性全国统一定额，它用于国家、地方及工矿企业标准轨距的铁路工程建设。要使定额在基本建设中发挥作用，除定额本身先进合理外，还必须正确应用定额，决不可忽视。正确使用定额必须注意以下方面：

① 首先要学习和理解定额的总说明和分部工程说明及附注、附录、附表的规定。这

是定额的核心部分，因为它指出了定额编制的指导思想、原则、依据、适用范围、使用方法、调整换算、已考虑和未考虑的因素，以及其他有关问题。如在铁路工程预算定额（桥涵工程）综合说明中规定基坑开挖数量以天然密实体积计算，填筑数量以压实体积计算。

② 掌握分部分项工程定额所包括的工作内容和计量单位。在使用定额前，必须弄清一个工程由哪些工作项目组成，每个项目的工作内容是否与定额的工作内容一致，定额的计量单位是否采用扩大计量单位，如 $10\ m^3$、$100\ m^3$ 等。例如，沉井基础由沉井制造（下段、上段）、沉井下沉（人力开挖、卷扬机出土、卷扬机配抓土斗挖土出土）、沉井封底（水中灌注、排水灌注）、沉井填充（混凝土、片石混凝土、砂）、沉井井盖（有模板、无模板）等工作项目组成，当每个项目的工作内容与定额包含的工作内容一致时，才能直接使用相应定额。

③ 弄清定额项目表中各子目栏工作条目的名称、内容和步距划分。然后以定额的计量单位为标准，将该工程各个项目按定额子目栏的工作条目逐项列出，做到完整齐全，不重不漏。

例如，在铁路路基工程预算定额中，推土机推运土是按≤60 kW、≤75 kW、≤90 kW、≤105 kW、≤135 kW、≤165 kW 推土机推运松土、普通土、硬土，运距≤20 m，增运 10 m 划分的。施工土方工程应按使用推土机功率、土质、运距列项。

④ 了解定额项目表中人工、材料、机械台班名称、耗用量、单价和计量单位。

⑤ 熟悉工程量计算规定及适用范围。按规定和适用范围计算工程数量，有利于统一口径。

例如，土石方工程定额的单位均为施工方，石方开挖分为"槽外石方""槽内石方"两种，其划分办法是按通过横断面地面线的最低点画一水平线，水平线以上部分为槽外石方，以下部分为槽内石方。槽内石方适用于单线铁路路堑石方开挖或类似于单线路堑断面的沟渠，如为双线路堑或站场石方，不论断面形状如何，均按槽外石方定额办理。

在计算工作数量时，工作条目与定额条目要对口，计量单位要一致，以保证正确使用定额，避免计算错误。

⑥ 对于分项工程的内容，应通过深入施工现场和工作实践，理解其实际含意，只有对定额内容了解透彻了，在确定工程条目，套用、换算定额或编制补充定额时，才会快而准确。

（2）定额查用方法。

建设工程是一个庞大的系统工程，与之对应的定额也是一个内容繁多、复杂多变的定额。因此，查用定额的工作不仅量大，而且要十分细致。

为了能够正确地运用定额，首先，必须反复学习定额，熟练地掌握定额，在查用方法上应按如下步骤进行：

① 确定定额种类。

工程定额按基建程序的不同阶段，已形成一套完整的定额系统，如《概算定额》《预算定额》《施工定额》等。在查用定额时，应根据运用定额的目的，确定所用定额的种类，即是查《概算定额》，还是查《预算定额》。

② 确定定额序号。

确定定额序号，首先应根据概、预算项目表依次按目、节确定欲查定额的项目名称，再据此在定额目录中找到其所在的页次，从而确定定额的序号。

③ 阅读说明。

在查到定额序号后，应详细阅读总说明、章、节说明，并核对定额表左上方的"工程内容"及表下方的"注"，目的是：

a. 检查所确定的定额表号是否有误。如"浆砌块石护拱"与"浆砌块石边坡"虽然都是"浆砌块石"工程，但前者为"桥涵工程"，后者为"防护工程"。

b. 确定定额值。在确认定额表号无误后，根据上述各种"说明"及"工作内容""注"的要求，看定额值是否需要调整。若不需调整，就直接抄录。此时查用定额的工作结束。若需调整还应做下一步工作。

④ 定额抽换。

当设计内容或实际工作内容与定额表中规定的内容不完全相符时，应根据"说明"及"注"的规定调整定额值，即定额抽换。在抽换前应再仔细阅读总说明和章、节说明与注解，确定是否需要抽换，以及怎样抽换。

重复上述步骤即可查用下一工程内容的定额值。

2. 直接套用预算定额

当分项工程的设计要求与预算定额条件完全相符时，可直接套用定额（即直接查找定额）。这种情况是编制施工图预算中的大多数情况。套用时应注意以下几点：

（1）正确选用定额条目。根据设计图纸要求及说明，选择与工作项目内容相符的定额条目，并对其工作内容、技术特点和施工方法仔细核对，做到内容不漏、不重、不错。

（2）核对计量单位。条目选定后，核对并调整所列工程项目的计量单位，使之与定额条目的计量单位相一致。

（3）明确定额中的用语、符号及定额表中数据的意义，区分"以内""以外"和"以上""以下"的含义。

（4）注意定额的换算。当工程设计与定额内容部分不相符，而定额允许换算时，要先对套用的定额进行必要的换算后才能使用。

3. 预算定额换算（或称定额抽换）

当设计要求与定额内容不完全相符时则不能直接套用定额，应在定额规定的范围内根据不同情况加以换算。

（1）设计的规格、品种与定额不相符的换算。

当设计要求的规格、品种与定额规定不同时，须先换算使用量，再按其单价换算价值。

由此看来，预、概算定额的换算实际上是预、概算价格的换算。

① 砂浆或混凝土强度等级，设计与规定不符时，应根据砂浆或混凝土设计强度等级在《铁路工程预算定额》第十三册《铁路工程预算基本定额》（简称《基本定额》）"混凝土及水泥砂浆用料表"中，查出应换入的用料数，并考虑工地搬运及操作损耗量等。或在《铁路工程预算定额》中，查与设计强度等级相同项目的混凝土及水泥砂浆的用料数（已考虑了损耗量等）。应换出的用料数为定额表中的数量，然后进行换算。

② 砂浆或混凝土的骨料粒径，当设计与定额规定不符时，须按砂浆或混凝土强度等级调

整水泥用量。例如，铁路工程概预算定额中，混凝土、钢筋混凝土、浆砌石及砂浆的水泥用量，是按中粗砂编制的，如实际使用细砂时，应按基本定额调整水泥用量。

③ 钢筋混凝土定额中的钢筋数量、规格，当设计与定额规定不符，使实际钢筋含量与定额中钢筋含量相差超过±5%时，应先按设计要求调整定额钢筋数量，再用钢筋制作及绑扎定额调整定额工日、有关材料、机械台班数，并用定额单价计算其价值。不是设计原因造成不符而增加的钢筋费用，如钢筋由粗代细、螺纹钢筋代替圆钢铁或型号改变，不能编入定额价值内。

（2）运距换算。

① 运距超过定额项目表中子项目基本运距。

② 运距超过定额项目表中工作内容规定的运距。

③ 当载重运输上、下坡时，应根据坡度在定额总说明中查出折算系数，然后乘以斜距离为实际运距（亦称折算水平距离）。用轻轨斗（平）车、标准大平车运输遇曲线时，应根据曲线半径在《铁路路基工程劳动定额标准》中查折算系数。

（3）断面换算。

定额中确定的构件断面，是根据选择有代表性的不同设计标准，经分析、研究、综合、权计算确定的，称为定额断面。当实际设计断面与定额断面不符时，应按定额规定进行换算。例如，劳部发〔1993〕284号《铁路隧道工程劳动定额标准》规定，当实际开挖断面与定额开挖断面不一致，且相差在±5%以上时，各工序的时间定额标准应乘以实际断面/定额断面的系数。

（4）厚度和宽度换算。

如防护层的厚度（沥青混凝土、沥青砂浆的厚度）、抹灰层厚度、道砟桥面人行道宽，有的定额表中划分为基本厚度或宽度和增减厚度或宽度定额，但设计厚度或宽度与定额不符时，可按设计要求和增减定额对基本厚度或宽度的定额基价进行调整换算。

（5）系数换算。

当实际施工条件与定额规定不符时，应按定额规定的系数进行调整。

例如，路基土方工程和石方工程中汽车增运定额仅适用于10 km及以内运输，超过10 km部分应乘以0.85的系数。再如编制铁路隧道工程预算，若采用路基、桥涵及其他洞外工程定额用于洞内时，人工定额应乘以1.257的系数。铁路隧道工程预算定额，洞内涌水量按10 m³/h制订时，台班量按表2.7系数调整。

表2.7 调 整 系 数

涌水量（10 m³/h）	≤10	≤15	≤20	>20
调整系数	1.00	1.20	1.35	另外分析计算

（6）体积换算。

《基本定额》路基分册说明中规定路基开挖、运输数量以天然密实体积计算，填筑数量以压实体积计算，因此在路基土石方调配与套用定额时需要进行天然密实体积与压实体积的换算，换算系数如表2.8所示。表2.8为路基土石方以填方压实体积为工程量，采用天然密实方为计量单位定额时的换算系数。

表 2.8 路基土石方的换算系数

铁路等级	岩土类别	土方			石方
		松土	普通土	硬土	
设计速度 200 km/h 及以上铁路	区间	1.258	1.156	1.115	0.941
	站场	1.230	1.130	1.090	0.920
设计速度 160 km/h 及以下Ⅰ级铁路	区间	1.225	1.133	1.092	0.921
	站场	1.198	1.108	1.068	0.900
Ⅱ级及以下铁路	区间	1.125	1.064	1.023	0.859
	站场	1.100	1.040	1.000	0.840

该系数已经包括了因机械施工需要两侧超填的土石方数量。计算工程数量一律以净设计断面为准。需注意的是除填石路基采用石方的系数外，以石带土的填方工程也应采用石方的系数，因而使用定额时需进行详细的土石方调配并区分填料的性质。

总之，定额换算，必须在定额规定的条件下进行。如果定额规定不允许换算时，不得强调本部门的特点，任意进行换算。例如，在定额总说明中规定，周转性的材料、模板、支撑、脚手杆、脚手板和挡土板等的数量，按其正常周转次数，已摊入定额内，不得因实际周转次数不同调整定额消耗量。又如，定额中各项目的施工机械种类、规格型号系按一般情况综合选定，如施工中实际采用的种类、规格与定额不一致时，除定额另有说明者外，均不得换算。

2.2.3 任务实施

1. 直接套用预算定额

计算某中桥的 C15 片石混凝土桥墩基础 350 m³ 的工、料、机数量及基价。

解：

2. 间接套用预算定额

计算某大桥的 C30 非泵送混凝土墩台基础 600 m³ 工、料、机数量及基价。表 2.9 所列为每立方米非泵送混凝土配合比用料。

表 2.9 每立方米非泵送混凝土配合比用料

混凝土强度等级	32.5 级水泥（kg）	中粗砂（m³）	粒径 40 以内碎石（m³）	水（m³）
C25	386	0.51	0.85	0.19
C30	442	0.46	0.85	0.19

解：

2.2.4 课业评价

任务完成后，采用教师检查，学生自评、互评的方式，进行完成任务情况检查。应检查如下任务：

1. 直接套用计算某中桥的 C15 片石混凝土桥墩基础 350 m³ 的工、料、机数量及基价。
2. 间接套用计算某大桥的 C30 非泵送混凝土墩台基础 600 m³ 工、料、机数量及基价。

情境三 工程量计算

学习目标：

1. 知道工程量计算的含义、工程数量计算的依据、工程数量计算的原则。

2. 能明白工程数量计算的基础是设计图纸，工程数量的计算有三个角度，即设计图纸、工程量清单和定额。

3. 能够清楚计算口径、计算单位、工程量计算规则必须与工程量清单计价指南或预算定额一致。

4. 能运用工程数量计算原则和规则熟练地计算桥梁工程的下部结构和上部结构的工程数量。

5. 能读懂工程量清单表，并能说出子目的含义和内容。

任务一 工程计算原理和方法

3.1.1 任务介绍

3.1.1.1 任务导入

同学们还记得学工程制图的时候是怎样计算图纸上的构造物的数量的吗？做工程造价的数量跟它有什么样的关系呢？

3.1.1.2 案例分析

工程数量的计算从造价来看是有三个角度的。

1. 设计图纸中的工程数量

某一梁桥，其标准跨径为 20 m，梁长为 19.96 m，中板梁的横断面构造如图 3.1 所示。

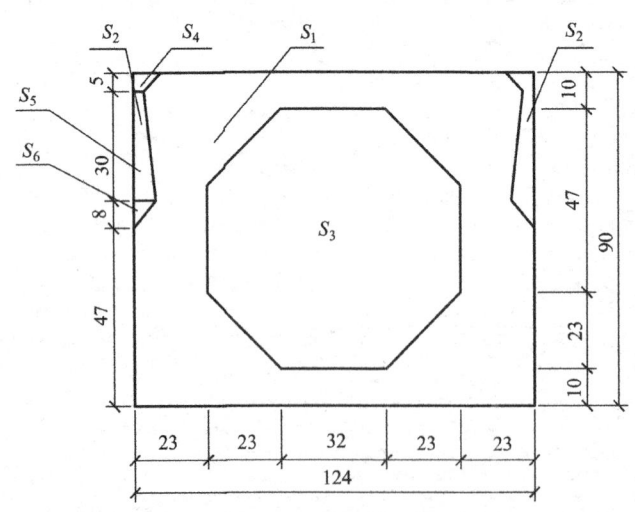

图 3.1 空心板中板构造（尺寸单位：cm）

图纸上显示一块 C50 中板的混凝土数量：12.96 m³。中板梁的混凝土数量按照设计图示尺寸计算体积。

（1）中板横截面的面积计算如下：

① 据图 3.1 所示，S_1 为整个中板横截面的面积，S_2 为该板湿接缝的面积，S_3 为该板空心的面积。则整个中板横截面的面积 $= S_1 - S_2 - S_3$。

② $S_4 = (0.1 + 0.05) \times 0.05/2 = 0.004$ m²

$S_5 = (0.1 + 0.05) \times 0.3/2 = 0.024$ m²

$S_6 = 0.1 \times 0.08/2 = 0.004$ m²

$S_2 = S_4 + S_5 + S_6 = 0.004 + 0.024 + 0.004 = 0.032$ m²

$S_3 = (0.24 + 0.7) \times 0.23 + 0.32 \times 0.7 = 0.44$ m²

$S_1 - S_2 - S_3 = 1.24 \times 0.9 - 0.032 - 0.44 = 0.64$ m²（精确位见知识链接）

（2）一块中板的混凝土量为：

$V = 0.64 \times 19.96 = 12.96$ m³

2. 工程量清单中的工程数量

某铁路特大桥为预应力混凝土 24 m T 梁，1 245.50 延长米，单线，50 孔，梁的工程量清单数量如表 3.1。

表 3.1　工程量清单

编码	节号	名称	计量单位	工程数量
0305	5	特大桥（××座）	延长米	1 245.50
030502		二、一般特大桥（××座）	延长米	1 245.50
030502J		Ⅰ．建筑工程费	延长米	1 245.50
030502J04		（四）制架（钢筋）预应力混凝土 24 m T 梁	孔	50
030502J0401		1．预制	孔	50
030502J0402		2．架设	孔	50

3. 定额工程数量计算原则

根据不同工程类别的规定计算。

钢筋（预应力）混凝土梁，按照设计图示梁的体积计算，定额中未含梁下支座及地基处理，需要时应根据设计采用的施工方法按有关定额另计。架设按设计图示孔计算。

表 3.1 中预制（钢筋）预应力混凝土 24 m T 梁按照设计图示梁的体积计算，见图 3.4，每片梁的体积为 39.08 m³，50 孔单线桥 24 m T 梁的体积为 $50 \times 2 \times 39.08 = 3\,908.00$ m³。

根据表 3.1，预应力混凝土简支 T 梁架设按照设计图示数量计算，以孔为单位。

3.1.1.3　完成任务

根据给出的实例会写出图纸上的设计工程数量、清单的工程数量、定额的工程数量。

3.1.2 知识链接

3.1.2.1 工程数量计算的规定

1. 工程量计算的概念

工程量计算就是以计量单位或自然计量单位表示的各分项工程或结构构件数量的过程。

工程量计算是编制土木工程施工图预算和工程量清单的基础工作，是预算文件和工程量清单的重要组成部分。工程量又是施工企业编制施工计划、组织劳动力和供应材料、机具的重要依据。同时，工程量也是基本建设管理职能部门（如计划和统计部门）工作的重要内容之一。因此，正确计算工程量对建设单位和施工企业加强管理，对正确确定工程造价都具有重要的现实意义。

2. 工程量计算依据

（1）经审定的施工设计图纸及设计说明。

在取得施工图和设计说明等资料后，必须全面、细致地熟悉和核对有关图纸和资料，检查图纸是否齐全、正确。经过审核、修正后的施工图才能作为计算工程量的依据。

（2）工程量清单计价指南、工程定额。

《铁路工程工程量计量规则》和《铁路工程预算定额》中比较详细地规定了各个分部分项工程量的计算规则和计算方法。计算工程量时必须严格按照工程适用的规定计量单位、计算规则和方法进行，否则，将可能出现计算结果的数据和单位等的不一致。

（3）按经审定的施工组织设计、施工技术措施方案和施工现场情况计算工程量时，还必须参照施工组织设计或施工技术措施方案进行。例如，计算土方工程量仅仅依据施工图是不够的，因为施工图上并未标明实际施工场地土壤的类别以及施工中是否采取放坡或是否用挡土板的方式进行。对这类问题就需要借助于施工组织设计或者施工技术措施予以解决。计算工程量中有时还要结合施工现场的实际情况进行。

（4）经确定的其他有关技术经济文件。

（5）确定工程数量。

从编制概（预）算的角度考虑，工程量可以划分为两类：主体工程工程量和辅助工程工程量。主体工程是指铁路构造物本身，即：路基、轨道、桥梁、涵洞以及隧道工程。主体工程工程量是设计人员在完成设计图纸的同时进行计算的，编制人员则按照定额的要求从设计图表中摘取计价工程量。辅助工程是指为了保证主体工程的形成和质量，施工中必须采取的措施或修建的一些临时工程。这部分工程一般在施工完成后，也随之拆除或消失。辅助工程的工程数量，主要依靠概（预）算编制人员的工作经验、施工组织设计及工程实际情况来确定。

3. 计算工程量应遵循的原则

（1）工程量计算所用原始数据必须以设计图纸为基础。

（2）计算口径（工程子目所包括的工作内容）必须与相关的工程量清单计价指南或预算定额相一致。现行预算定额的项目一般是按分项工程进行设置的，包括的工程内容较为单一，据此规定了相应的工程量计算规则。工程量清单项目的划分，一般以一个"综合实体"进行设置，每一清单项目包括多个分项工程内容，据此规定的工程量计算规则与预算定额的计算规则有所区别。

（3）计算单位必须与工程量清单计价指南或预算定额相一致。

（4）工程量计算规则必须与工程量清单计价指南或预算定额一致。

（5）工程量计算的准确度。

工程量的数字计算要准确，一般应精确到小数点后3位，汇总时其准确度取值要达到：

① 计量单位为"m^3""m^2""m"的取2位，第3位四舍五入。

② 计量单位为"km"的，轨道工程取5位，第6位四舍五入；其他工程取3位，第4位四舍五入。

③ 计量单位为"t"的取3位，第4位四舍五入。

④ 计量单位为"个、处、组、座或其他可以明示的自然计量单位"时，取整。

3.1.2.2 工程量清单指南中的工程数量计算规则

1. 铁路桥涵——第三章 桥涵工程

桥涵工程是构成铁路建筑物的关键工程之一，它与路基、隧道和轨道及站场建筑设备工程一道构成铁路的站前工程，是保证铁路列车安全、正常运行的必要条件。在一条铁路线的各项建筑物工程中，桥涵工程占有相当大的比重，特别是在地形复杂的山区地段更显突出。如成昆线全长1 083 km，有大、中、小桥991座，总延长米106 062，平均每千米0.92座、98延长米；共有涵洞2 263座，平均每千米2.1座。从建筑费用看，成昆铁路桥涵建筑费用占铁路全长建筑费用的20%。

（1）桥的分类。

铁路桥涵根据设计标准，按桥的总长度分类，可分为：特大桥——桥长500 m以上；大桥——桥长100 m以上至500 m（含）；中桥——桥长20 m以上至100 m（含）；小桥——桥长20 m及以下。

（2）桥梁长度，梁式桥系按桥台（挡砟）前墙之间的长度计算；拱桥系按拱上侧墙与桥台侧墙间两伸缩缝外端之间的长度计算；框架式桥系按框架顺跨度方向外侧间的长度计算。

（3）单线、双线、多线桥应分别编列。由于目前铁路建设标准不断提高，桥梁的比重越来越大，对于一般的特大桥不再要求按每一座单独编列。

（4）改建桥梁增加了拆除、更换、加固等清单子目。

（5）框架桥分为明挖和顶进。在此按施工方法划分是因为两种方法没有可替代性。按框架桥身及附属、基础、地基处理分设子目。等级公路两端的引道及排水泵房列入第十一章配合辅助工程项下。

（6）编制单元的划分。

在桥梁工程的概（预）算编制中，除特大桥、深水和技术复杂的大、中桥、高桥（墩高在50 m以上）需单独编制概（预）算外，其余均按以上分类，以建设项目或承建范围或招标段划分单元编制概（预）算。

（7）工程量清单计量规则由编码、节号、名称、计量单位、子目划分特征、工程量计算规则和工程（工作）内容组成。工程量清单由十一章29节组成，详见"工程量清单投标报价汇总表"。编码费用类别和新建、改建以英文字母编码：建筑工程费——J，安装工程费——A，其他费——Q，新建——X，改建——G。其余编码采用每2位阿拉伯数字为1组，前4位分别表示章号、节号，如第一章第1节为0101，第三章第5节为0305，依次类推。后面各组按主从属关系顺序编排。名称包括各章节名称和费用名称，子目划分特征为"综合"的子目名称一般是指形成工程实体的名称。

以特大桥单线为例，铁路工程工程量清单计价指南中对一般特大桥的工程项目和工程数量计算规则的规定如表 3.2 所列。

表 3.2 《铁路工程工程量清单计价指南（土建部分）》（一般特大桥部分内容）

编码	节号	名称	计量单位	子目划分特征	工程量计算规则	工程（工作）内容	附注
0305	5	特大桥（××座）	延长米				
030502		二、一般特大桥（××座）	延长米				
030502J		Ⅰ．建筑工程费	延长米				
030502J01		（一）基础	圬工方				
030502J0101		1．明挖	圬工方				
030502J010101		（1）混凝土	圬工方	综合	按设计图示圬工尺寸计算，不含回填圬工数量	1．基坑挖填；2．脚手架及支架搭拆；3．模板制安拆；4．预埋件制安；5．混凝土浇筑	
030502J010102		（2）钢筋	吨	综合	按设计图示长度计算重量	钢筋制安	
030502J010103		（3）混凝土冷却管	吨	综合	按设计图示长度计算重量	钢管制安	
030502J02		（二）墩台	圬工方				
030502J0201		1．混凝土	圬工方	综合	按设计图示圬工尺寸计算	1．脚手架及支架搭拆；2．模板制安拆；3．预埋件制安；4．混凝土浇筑；5．防水层铺设	
030502J0202		2．钢筋	吨	综合	按设计图示长度计算重量，含护面钢筋的重量	钢筋制安	
030502J0203		3．浆砌石	圬工方	综合	按设计图示砌体尺寸计算	1．脚手架及支架搭拆；2．砌体砌筑，镶面；3．防水层铺设	
030502J04		（四）制架（钢筋）预应力混凝土T梁	孔				
030502J0401		1．预制	孔	单线双线跨度梁高速度	按设计图示数量计算	1．模板制安拆；2．脚手架搭拆；3．钢筋及预埋件制安；4．混凝土浇筑；5．锚具安装，制孔，预应力钢筋（钢丝、钢绞线）制安及张拉，压浆，封锚；6．支座垫板安装，泄水管及盖制安；7．防护层、垫层、防水层铺设；8．场内起落及移位存放	
030502J0402		2．架设	孔	单线双线跨度梁高速度	按设计图示数量计算	1．架设：桥头线路加固，走行轨铺拆，倒梁、喂梁、吊梁、落梁、就位，盖板制安，横隔板连接，锚栓孔灌浆，梁端伸缩缝制安。2．横向联结湿接缝：（1）模板制安拆，脚手架搭拆；（2）钢筋及预埋件制安；（3）锚具安装，制孔，预应力钢筋（钢丝、钢绞线）制安及张拉，压浆、封锚；（4）混凝土浇筑	

续表

| \multicolumn{7}{c}{03 第三章　桥涵} |
编码	节号	名称	计量单位	子目划分特征	工程量计算规则	工程（工作）内容	附注
030502J0403		3. 现浇	孔	单线双线跨度梁高速度	按设计图示数量计算	1. 模板制安拆；2. 脚手架及支架搭拆（含地基处理和堆载预压）；3. 钢筋及预埋件制安；4. 支座垫板安设，泄水管及盖制安；5. 混凝土浇筑；6. 锚具安装，制孔，预应力钢筋（钢丝、钢绞线）制安及张拉、压浆、封锚；7. 防护层、垫层、防水层铺设；8. 落梁就位；9. 盖板制安；10. 梁端伸缩缝制安	含横向联结。不分固定支架法、造桥机法等施工方法
030502J05		（五）购架（钢筋）预应力混凝土T梁	孔	单线双线跨度梁高速度	按设计图示数量计算	1. 架设：桥头线路加固，走行轨铺拆，倒梁、喂梁、吊梁、落梁、就位，盖板制安，横隔板连接，锚栓孔灌浆，梁端伸缩缝制安。2. 横向联结湿接缝：（1）模板制安拆，脚手架搭拆；（2）钢筋及预埋件制安；（3）锚具安装，制孔，预应力钢筋（钢丝、钢绞线）制安及张拉、压浆、封锚；（4）混凝土浇筑	

2. 桥梁工程

桥梁工程分为上部结构、下部结构、附属结构。下部工程应按桥梁基础和墩台分别计算工程量。

桥梁基础又分为明挖基础、桩基础、管柱和沉井基础等。

（1）下部结构。

① 桥梁基础有"水上"字样的清单子目是指设计采用船舶等水上专用设备方可施工的子目。水上基础如设计采用栈桥、栈桥加平台或筑堤等方法施工时，应对相应定额子目调整后使用。河滩、水中筑岛施工按"陆上"施工考虑。

② 挖孔桩、钻孔桩、沉入桩、管柱应按桩径（管径）设置子目，以桩（柱）的长度（承台底至桩底或柱底的长度，凿除的桩（柱）头和埋入承台的部分不单独计量）计量，沉井按钢筋混凝土沉井和钢沉井设置子目，其他圬工子目按混凝土、砌体、钢筋、混凝土冷却管设置子目。

③ 墩台按混凝土、砌体、钢筋设置子目。混凝土、砌体均按设计图示圬工、砌体尺寸计算，钢筋按设计图示长度计算重量。

（2）上部结构。

① 预应力混凝土简支箱梁划分为预制、架设、现浇3类。每类要求按单线、双线、跨度、速度设置子目。先简支后连续的按简支梁计量。

②（钢筋）预应力混凝土 T 形梁划分为制架和购架，制架项下设置了预制、架设、现浇 3 项。每项又要求按单线、双线、跨度、梁高、速度设置子目。

注意：预制是指承包人在建设项目就近设厂制梁，与其对应的大型临时设施为制梁厂；购架是指架设从桥梁厂直接购买的成品梁，与其对应的大型临时设施为存梁厂（一般仅为 T 形梁）。现浇不再分固定支架法还是造桥机（包括移动支架、移动模架等）法。

③ 梁（包括混凝土梁和钢梁）的运输费用是指从工地预制厂或桥梁厂运至架设工地的费用，计入架设清单子目中。

④ 预应力混凝土连续梁设置了混凝土、预应力筋、普通钢筋 3 个细目，并且不分悬浇、造桥机、顶推、预制后分段拼接、固定支架现浇等施工方法。

⑤ 刚构连续梁与桥墩的分界：桥墩顶部变坡点（0 号块底）以上属梁部，以下属桥墩。

⑥ 制架梁辅助设施包括枕木垛、支架、支墩、膺架、顶推导梁、平衡梁、滑道、钢桁梁架设用吊索塔架、架设钢管拱的旋转架设转盘等。

⑦ 斜拉桥部分仅指承台以上部分索塔和斜拉索支承的梁部，且不包括桥面系。基础、承台和桥面按相应的清单子目计量。

⑧ 钢管（箱）系杆拱（含提篮拱）设置了钢管拱肋、钢箱拱肋、拱肋内混凝土、钢梁、预应力混凝土梁、系杆、吊杆、桥面板 8 项。其中，预应力混凝土梁、吊杆、桥面板下又进一步细分。基础、承台、墩台身和桥面系按相应的清单子目计量。

⑨ 道岔梁设置了混凝土、预应力筋、普通钢筋 3 个子目。其他特殊梁设置了混凝土、预应力筋、普通钢筋、钢材 4 个子目。报价不分现浇还是预制后再架设。

⑩ 支座单独设置了清单子目。分金属支座、板式橡胶支座和盆式橡胶支座。

其中，盆式橡胶支座的计量单位为"个"，按设计承载力不同划分子目，其他金属支座的计量单位为"t"，主要是考虑到按孔计量有时不便操作。如盆式橡胶支座，同样是一双线孔，有的梁型设置 4 个支座，有的特殊梁型设置 8 个支座，按"个"计量较好。

⑪ 桥面系分为混凝土梁桥面系和钢梁桥面系 2 项，以设计桥长"延长米"综合计量。钢-混凝土结合梁和钢管（箱）系杆拱的桥面系按混凝土梁桥面系计量。桥面系内容包括围栏、吊篮、防护网、避车台、检查梯、铁镫、护栅、通信、信号、电力支架、挡砟墙、竖墙、防撞墙、挡砟块、遮板、栏杆、人行道板及纵向盖板、与桥梁工程同步施工的光（电）缆防护、电缆槽及盖板、护轮轨（不含轨枕）、地震区防止落梁设施等。

（3）附属及其他工程。

① 附属工程包括锥体填筑及护坡、不设置路堤与桥台过渡段的桥台后缺口填筑、桥头搭板、改河、改沟、改渠、导流设施、消能设施、挑水坝、河床加固及河岸防护、地下洞穴处理、桥上永久照明、安全警示标志、保护标志等，不包括由于防洪需要所发生的相关工程（指由于修建本工程而发生，但引起的费用直接拨付给当地水利部门的部分）。

② 本章的洞穴处理，钻孔与注浆、灌砂配套使用，适用于通过钻孔进行的注浆、灌砂处理；填土、填袋装土、填石（片石）及填石（片石）混凝土等清单子目，适用于对洞穴挖开后的填筑处理；钻孔填筑子目仅适用于对钻孔通过洞穴时，需对洞穴进行的填筑处理。

（4）清单工程量中基础施工辅助设施包括筑岛，筑堤坝、土、石围堰、木板桩、钢板桩围堰，混凝土、钢筋混凝土围堰，双壁钢围堰，吊箱围堰，套箱围堰，围堰下水滑道，水上工作平台等。由于难于将基础施工辅助设施分别摊入桩（柱）基和承台，因此将其单独设置清单子目。

（5）清单工程量中复杂桥与一般桥的区分，基础施工有"水上"作业、上部有斜拉桥、钢管（箱）系杆拱等特殊结构的为复杂桥。

3. 涵洞

涵洞分为圆管涵、拱涵、盖板箱涵、矩形涵、框架涵、肋板涵、倒虹吸管和渡槽八种。

按涵洞的类型，分别以涵身及附属、明挖基础（含承台）及地基处理计算工程数量。

（1）各类涵洞的涵身及附属按不同孔数、不同孔径以计量单位"横延米"综合计量。

（2）圆涵、矩形涵（孔径≤3 m）、框架涵（孔径＞3 m）按施工方法分为明挖和顶进（在此分施工方法是限于客观条件无法随意选择）。

（3）考虑到涵洞地基处理在施工过程中经常发生变化，如果整个涵洞按横延米综合计量，一旦变更设计，很难处理原设计与变更设计交叉的费用。如原设计采用简单换填进行地基处理，施工中发现简单换填不能满足承载力要求，需改为桩基处理，采用桩基后，原来换填的内容就应扣除，但由于报价是按横延米为计量单位综合计算的，造成处理上的困难。本次明挖施工的涵洞均按涵身及附属、明挖基础（含承台）、地基处理三部分分别设置子目。发生变更设计直接按对应的子目计量即可。

（4）涵洞的上下游铺砌及顺沟、顺渠、顺路（仅为非等级公路）系指为保证涵洞两端上下游通畅，避免对环境产生不利影响而需向铁路用地界以外延伸部分的工程，与涵洞主体分列，单独计量，但不适用于其他章节的涵洞工程。等级公路两端的引道及排水泵站列入第十一章配合辅助工程项下。

（5）涵洞两端的等级公路引道不在第三章第9节中计量，列入第十一章配合辅助工程项下。

（6）涵洞改建按涵洞接长、局部加固、拆除等情况设置子目。

3.1.2.3　定额要求的工程数量计算规则

1. 桥梁工程

（1）下部结构。

① 挖基及抽水。

a. 基坑开挖数量以天然密实体积计算，填筑数量以压实体积计算。

b. 基坑开挖的工程量按基坑设计容积计算。

c. 挡土板支护的工程量按所支挡的基坑开挖数量计算。

d. 基坑回填数量 = 基坑开挖数量 − 基础（承台）圬工数量。

e. 基坑深度一般按坑的原地面中心标高、路堑地段按路基成型断面路肩设计标高至坑底的标高计算。

f. 井点降水定额的井点降水设备，一级井点降水所需的设备为一套，当需要采用多级井点降水时，每增加一级井点降水，增加一套井点降水设备。使用24 h为一天。

g. 基坑抽水工程量为地下水位以下的湿处开挖数量。已含开挖、基础浇（砌）筑及至混凝土终凝期间的抽水。

h. 抽静水定额仅适用于排除水塘、水坑等的积水。工程量按设计抽水量计算。

② 围堰与筑岛。

a. 土坝、草袋及塑料编织袋围堰的工程量，长度按围堰中心长度，高度按设计的施工水位加 0.5 m 计算，不包括围堰内填心数量，需填心时，按筑岛填心定额另计。

　　b. 钢围堰浮运的工程量按设计确定所需的浮运重量计算。

　　c. 钢围堰拼装的工程量按设计的围堰身重量计算，不包括工作平台的重量。

　　d. 双壁钢围堰在水中下沉的工程量按围堰外缘所包围的断面面积乘以施工设计水位至原河床面中心标高的高度计算。

　　e. 双壁钢围堰在覆盖层下沉的工程量按围堰外缘所包围的断面面积乘以河床面中心标高至围堰刃脚基底中心标高的高度计算。

　　f. 钢围堰拆除的工程量按施工组织设计确定的拆除数量计算。

　　g. 双壁钢围堰基底清理的工程量按围堰刃脚外缘所包围的断面面积计算。

　　h. 拼装船组拼拆除的工程量按设计使用次数计算。

　　i. 双壁钢围堰下沉设备制安拆的工程量按设计使用墩数计算。

　　③ 定位船、导向船及锚碇设备。

　　锚碇的工程量按施工组织设计确定的数量计算。

　　④ 钻孔桩及挖孔桩。

　　a. 钻孔桩钻孔深度，陆上以地面标高、水上以河床面标高、筑岛施工以筑岛平面标高、路堑地段以路基设计成型断面路肩标高至桩尖设计标高计算。当采用管柱作为钻孔护筒时，钻孔深度应扣除管柱入土深度。

　　b. 钻孔桩桩身混凝土工程量按承台底至桩底的长度乘以设计桩径断面面积计算，不得将扩孔因素计入工程量。

　　c. 水中钻孔工作平台的工程量，一般钻孔工作平台按承台尺寸每边各加 2.5 m 计算面积，钢围堰钻孔工作平台按围堰外缘尺寸每边加 1 m 计算面积。

　　d. 钢护筒和钢导向护筒的工程量按设计重量计算，包括加劲肋及连接部件的重量，不包括固定架的重量。

　　e. 钻孔用泥浆和钻渣外运工程量按钻孔体积计算，计算公式为：

$$v = 0.25\pi D^2 H \ (\text{m}^3)$$

式中　　D——设计桩径（m）；

　　　　H——钻孔深度（m）。

　　f. 挖孔桩开挖工程量按护壁外缘包围的断面面积乘以设计孔深计算。

　　g. 挖孔桩桩身混凝土工程量按承台底至桩底的长度乘以设计桩径断面面积计算，不包括护壁混凝土的数量。护壁混凝土按相应定额另计。

　　⑤ 钢筋混凝土方桩与管桩。

　　a. 钢筋混凝土方桩预制与沉入的工程量按承台底至桩尖的长度乘以桩断面面积计算。

　　b. 钢筋（预应力）混凝土管桩的工程量按承台底至桩尖的长度计算。

　　c. 钢管桩制作的工程量按设计重量计算。

　　d. 钢管桩沉入的工程量按承台底至桩尖的长度计算。

　　⑥ 管柱。

　　a. 管柱下沉定额中未含管柱的数量。预制管柱的工程量按承台底至桩底的长度计算。

　　b. 管柱下沉的工程量按设计的入土深度计算。

⑦ 沉井。

a. 沉井陆上下沉的工程量按沉井外缘所包围的断面面积乘以原地面或筑岛平面中心标高至沉井刃脚基底中心标高的高度计算。

b. 浮运钢沉井在水中下沉的工程量按钢沉井外缘所包围的断面面积乘以设计施工水位至原河床面中心标高的深度计算。

c. 浮运钢沉井在覆盖层下沉的工程量按钢沉井外缘所包围的断面面积乘以河床面至沉井刃脚基底中心标高的高度计算。

d. 沉井基底清理的工程量按沉井刃脚外缘所包围的断面积计算。

⑧ 其他规定。

a. 各类砌体的体积,按砌体设计尺寸以实体体积计算。

b. 混凝土的体积,按混凝土设计尺寸以实体体积计算,不扣除混凝土中钢筋(钢丝、钢绞线)、预埋件和预留压浆孔道所占的体积。

c. 钢筋的重量按钢筋设计长度计算。不得将搭接长度等计入工程数量。

d. 预应力混凝土结构的预应力钢筋(钢丝、钢绞线)的重量按结构内设计长度部分计算。不得将张拉等施工所需的预留长度部分和锚具重量计入工程数量。

e. 各种桩基如需试桩,其数量由设计确定。

⑨ 墩台高度为基础顶面或承台顶面至墩台帽、盖梁顶或 0 号块底的高度。斜拉桥索塔定额分为下塔柱、斜腿、上塔柱、锚固区及横梁。下塔柱为塔座顶至下斜腿底;斜腿为下塔柱顶至下横梁底;上塔柱为下横梁顶至锚固区底。

索塔定额按水上施工编制,若塔墩在岸边或陆上,则取消定额中的船舶数量,混凝土按陆上浇筑调整。

劲性钢骨架的工程量按设计钢结构重量计算,不包括钢筋的重量。

(2)上部结构。

① 钢筋(预应力)混凝土梁,按照设计图示梁的体积计算,定额中未含梁下支座及地基处理,需要时应根据设计采用的施工方法按有关定额另计。架设按设计图示孔计算。

a. 混凝土的体积,按混凝土设计尺寸以实体体积计算,不扣除混凝土中钢筋(钢丝、钢绞线)、预埋件和预留压浆孔道所占的体积。

b. 钢筋的重量按钢筋设计长度(含架立钢筋、定位钢筋和搭接钢筋)乘以理论单位重量计算。不得将焊接、接头套筒、垫块等材料计入工程数量。

c. 预应力混凝土结构的预应力钢筋(钢丝、钢绞线)的重量按结构内设计长度或两端锚具之间的预应力筋长度计算。不得将张拉等施工所预留长度部分和锚具的重量计入工程数量。

d. 梁体钢筋制安定额未含梁体预埋钢件,其费用以预埋钢件设计数量按相应定额另计。

e. 钢筋(预应力)混凝土梁架设定额中未含梁和支座的数量及支座的费用安装,梁和支座的费用应按有关规定或定额另计。

f. 预应力混凝土简支梁后张法纵向预应力筋制安定额是橡胶棒制孔编制的,当设计采用波纹管制孔时,波纹管的费用按设计数量另计。钢梁的工程量按设计杆件和节点板的重量计算,不包括附属钢结构、检修设备走行轨和支座、高强度螺栓的重量。

② 钢梁的工程量按设计杆件和节点板的重量计算,不包括附属钢结构、检修设备走行轨和支座、高强度螺栓的重量。

③ 钢管拱。

a. 钢管拱的工程量按设计重量计算，不包括支座和钢管拱内混凝土的重量。

b. 系杆的工程量按设计重量计算，不包括锚具、保护层（套）的重量。

④ 钢斜拉桥。

a. 斜拉索的工程量按设计斜拉索重量计算，不包括锚具、锚板、锚箱、防腐料、缠包带的重量。

b. 斜拉索张拉的工程量按设计数量计算，每根索为一根次。

c. 斜拉索调索的工程量按设计要求计算，每根调整一次算一次。

d. 斜拉桥钢梁的工程量按设计杆件和节点板的重量计算，包括锚箱重量，不包括附属钢结构、检修设备走行轨和支座、高强度螺栓的重量。

⑤ 桥面。

a. 公路桥面排水管路的工程量按自公路路面至钢梁底的直线长度计算。

b. 人行道板及栏杆的工程量按设计的人行道板铺设长度计算。

c. 护轮轨的工程量按设计铺设长度计算，不包括弯轨和梭头的长度。弯轨和梭头按相应定额另计。

d. 梳形板的工程量按设计的铸钢梳形板及与之连接的钢料重量之和计算。

（3）附属及其他工程。

① 防水层、防护层（玻璃纤维混凝土除外）和伸缩缝的工程量按设计敷设面积计算。

② 使用满堂式支架搭拆定额时，满堂支架的工程量按以下公式计算：

满堂支架空间体积 = 梁底至地面的平均高度×[梁的跨度（L_p）– 1.2 m]×（桥面宽 + 1.5 m）

2. 涵洞——既有线顶进桥涵工程

（1）顶进框架式桥涵身重量包括钢筋混凝土桥涵身和钢刃脚的重量。

（2）顶进的工程量按设计顶程计算，即为被顶进的结构重心移动的距离。

（3）接缝处隔板与钢插销的工程量按桥身外沿周长计算。

3.1.3 任务实施

某一般特大桥上部结构为 24 m T 梁，如图 3.4，共 20 孔，桥全长为 481.2 延长米，施工方法为先预支再架设。

1. 写出图 3.4 中 24 m T 梁的设计图示工程数量。

2. 按照工程量清单的计算规则填写工程量清单（表 3.3）。

3. 写出 24 m T 梁的定额规定的工程数量。

表 3.3 工程量清单

编　码	节号	名　　称	计量单位	工程数量

3.1.4　课业评价

任务完成后，采用教师检查，学生自评、互评的方式，进行完成任务情况检查。应检查如下任务：

1. 写出图中 24 m T 梁的设计图示工程数量。
2. 按照工程量清单的计算规则填写工程量清单。
3. 写出 24 m T 梁的定额规定的工程数量。

任务二　桥梁工程下部结构工程量的计算

3.2.1　任务介绍

3.2.1.1　任务导入

桥梁的下部结构包括哪些？基础有哪些类型？什么是桥墩和桥台？明挖基础的立面图是怎样的？下部结构的工程数量是怎样计算的呢？

3.2.1.2　案例分析

某新建铁路复杂沙河特大桥，桥跨结构为等跨 $L = 24$ m 道砟桥面预应力混凝土梁，梁全长 24.6 m，梁缝 0.1 m，轨底至梁底高度为 2.6 m，轨底至支承垫石高度为 3.0 m。摇轴支座，支座全高 0.4 m，支座中心至支承垫石顶面为 0.325 m。每孔梁重 1 583.5 kN（包括支座重）。梁上采用道砟桥面钢筋混凝土轨枕及双侧有 1.05 m 宽人行道。假设桥全长为 899.70 延长米，在河南境内。

桥墩尺寸及所用建筑材料：桥墩尺寸见图 3.2，图示尺寸以厘米计，顶帽采用 C30 钢筋混凝土，托盘采用 C30 混凝土，墩身及基础采用 C15 片石混凝土。计算基础、桥墩的圬工工程量。土质情况：第 1 层砂黏土，第 2 层黏土。

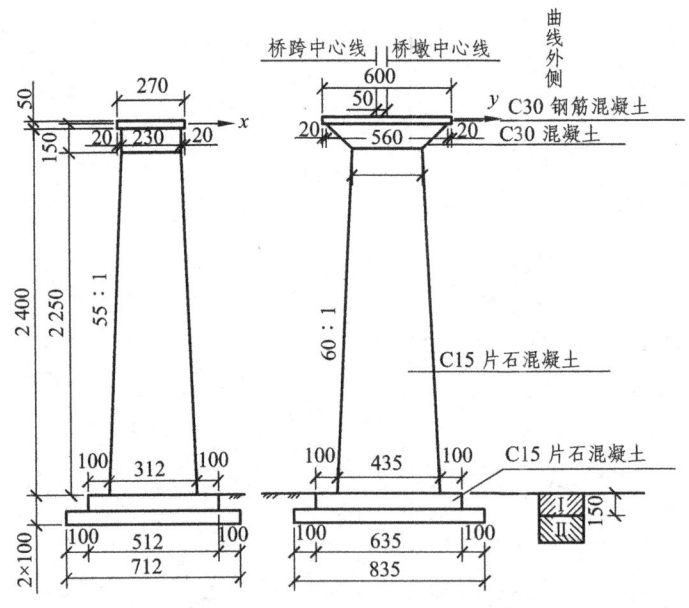

图 3.2　矩形桥墩（尺寸单位：cm）

解：1. 填写工程量清单

根据铁建设〔2007〕108 号《铁路工程工程量清单计价指南（土建部分）》中第 3 章第 5 节特大桥新建一般特大桥的清单内容填写工程量清单（表 3.4）。

表 3.4 工程量清单

03 第 3 章 桥涵				
编码	节号	名 称	计量单位	工程数量
0305	5	特大桥	延长米	
030502		二、一般特大桥（××座）	延长米	
030502J		Ⅰ．建筑工程费	延长米	
030502J01		（一）基础	圬工方	
030502J0101		1．明挖	圬工方	
030502J010101		（1）混凝土	圬工方	

2．定额工程量计算

（1）明挖基础。

计算明挖基础的工程数量时应注意：

① 基坑开挖工程量的计算，先由设计图上的地质资料确定土方、石方的开挖数量，是否需要支挡，再按地下水位确定有水、无水的比例，然后根据基坑开挖分别计算坑深 3 m 以内、3～6 m 及 6 m 以上的工程数量。基础一般开挖呈上大下小的倒棱柱体，其体积计算公式为：

$$V = \frac{h}{3}\left(A + A_1 + \sqrt{AA_1}\right)$$

式中　h——基坑的平均开挖深度（m）；

　　　A、A_1——基坑底和顶面面积（m^2）。

基坑抽水开挖，应分别以弱水流（流量≤15 m^3/h）、中水流（流量 16～40 m^3/h）、强水流（流量＞40 m^3/h）计算，超过强水流的应按施工组织安排，计算基坑抽水下的土石方开挖量。

② 当基础处于水中开挖时，应设置围堰，围堰的类型、工程量应以施工组织设计为依据计算。

③ 基坑回填数量＝基坑开挖数量－基础（承台）圬工数量。

④ 挡土板支护的工程量按所支挡的基坑数量计算。基坑开挖断面如图 3.3 所示。

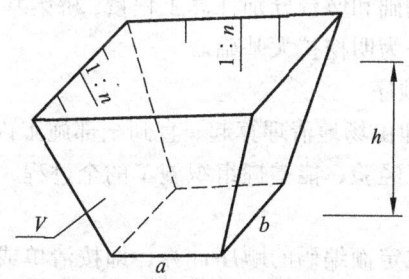

图 3.3　基坑开挖断面图

本例中 $n = 0.75$，$h = 2$ m，$a = 8.35$ m，$b = 7.12$ m，无水无支护。

挖基 3 m 以内无水：

$$V_1 = abh + n(a+b)h^2 + 4n^2h^3/3$$
$$= 8.35 \times 7.12 \times 2 + 0.75 \times (8.35 + 7.12) \times 2^2 + 4 \times 0.75^2 \times 2^3/3 = 171.314 \text{ m}^3$$

（2）C15 片石混凝土基础。

$$V_2 = 1.00 \times (5.12 \times 6.35 + 7.12 \times 8.35) = 91.96 \text{ m}^3$$

（3）基坑回填。

$$V_3 = V_1 - V_2 = 171.34 - 91.96 = 79.35 \text{ m}^3$$

最终的工程量清单如表 3.5 所示。

表 3.5 工程量清单（以案例一个墩为例）

清单 第三章				
编码	节号	名 称	计量单位	工程数量
0305	5	特大桥	延长米	899.70
030502		二、一般特大桥（1 座）	延长米	899.70
030502J		Ⅰ.建筑工程费	延长米	899.70
030502J01		（一）基础	圬工方	91.96
030502J0101		1. 明挖	圬工方	91.96
030502J010101		（1）混凝土	圬工方	91.96
		基坑开挖，挖基 3 m 以内无水无支护	m³	131.31
		C15 片石混凝土灌注	m³	91.96
		基坑回填	m³	79.35

3.2.1.3 完成任务

填写案例的墩台清单表，计算案例的墩身、顶帽、托盘的混凝土定额工程数量并填写工程量清单。

3.2.2 知识链接

桥梁下部工程应按桥梁基础和墩台分别计算工程量，桥梁基础又分为明挖基础、桩基础、管柱和沉井基础等，以上任务为明挖扩大基础。

1. 计算工程量的方法和顺序

（1）按施工顺序计算，即由场地清理算起，直到全部施工内容结束止。用这种方法计算工程量，要求具有一定的施工经验，能掌握组织施工的全过程，并且要求对定额及图纸内容要十分熟悉，否则容易漏项。

（2）按工程量清单编码或定额编码的顺序计算，即按清单或定额的章节、子目次序，由前到后，逐项对照计算。

要求首先熟悉图纸，要有很好的工程设计基础知识。使用这种方法要注意，工程图纸是按使用要求设计的，有些设计采用了新工艺、新材料，或有些零星项目可能没有相应的清单编码或定额编码，在计算工程量时应单列出来，不能因缺项而漏掉。

（3）按图纸顺序计算，即由路线施工图到结构施工图，由前到后依次计算。用这种方法计算工程量，要求对定额的章节内容要很熟，否则容易出现项目间的混淆及漏项。

在计算工程量时，要参考路线施工图及结构施工图纸的设计总说明、每张图纸的说明及选用标准图集的总说明和分项说明等，因为很多项目的做法及工程量来自此处。此外，在计算每项工程的同时，要准确而详细地填写"工程量清单"或"工程量计算表"中的各项内容，尤其要填写各项目名称、项目特征。如对于钢筋混凝土工程，要填写现浇、预制、断面形式和尺寸等字样；对于砌筑工程，要填写砌体类型、厚度和砂浆强度等级等字样，以此类推，目的是为报价或选套定额项目提供方便，加快编制速度。

2. 铁路工程量清单计价指南中内容

铁建设〔2007〕108号《铁路工程工程量清单计价指南（土建部分）》中第3章第5节特大桥新建复杂特大桥的编码、节号、名称、计量单位、子目的划分特征、工程量计算规则和工作内容见表3.2。

3.2.3 任务实施

1. 仿照案例分析中的基础，结合铁建设〔2007〕108号《铁路工程工程量清单计价指南（土建部分）》中第三章第5节特大桥新建一般特大桥的清单内容填写墩台的工程量清单（表3.6）。

表3.6 工程量清单（以案例一个墩为例）

清单 第三章				
编码	节号	名　称	计量单位	工程数量
0305	5	特大桥	延长米	899.70
030502		二、一般特大桥（1座）	延长米	899.70
030502J		Ⅰ.建筑工程费	延长米	899.70
030502J01		（一）基础	圬工方	91.96
030502J0101		1.明挖	圬工方	91.96
030502J010101		（1）混凝土	圬工方	91.96
		基坑开挖	m^3	131.31
		混凝土灌注	m^3	91.96
		基坑回填	m^3	79.35

2. 计算墩身、顶帽、托盘的定额工程数量。

（1）C15片石混凝土墩身。

（2）C20混凝土托盘。

（3）C30钢筋混凝土顶帽。

钢筋计算略，假设为11.159 t。

3. 清单工程量。

墩台混凝土：

钢筋：

4. 根据以上结果填写表3.7。

表3.7 工程量清单（以案例一个墩为例）

编码	节号	名　称	计量单位	工程数量
\multicolumn{5}{c}{清单　第3章}				
0305	5	特大桥	延长米	899.70
030502		二、一般特大桥（1座）	延长米	899.70
030502J		Ⅰ.建筑工程费	延长米	899.70
030502J01		（一）基础	圬工方	91.96
030502J0101		1. 明挖	圬工方	91.96
030502J010101		（1）混凝土	圬工方	91.96
		基坑开挖	m³	131.31
		混凝土灌注	m³	91.96
		基坑回填	m³	79.35

3.2.4 课业评价

任务完成后，采用教师检查，学生自评、互评的方式，进行完成任务情况检查。应检查如下任务：

1. 墩台的工程量清单表。

2. 计算墩身、顶帽、托盘的定额工程数量。

（1）C15片石混凝土墩身。（2）C30混凝土托盘。（3）C30钢筋混凝土顶帽。

3. 清单工程量。

（1）墩台混凝土。（2）钢筋。

4. 根据以上结果填写表3.7。

任务三 桥梁工程上部结构工程量的计算

3.3.1 任务介绍

3.3.1.1 任务导入

铁路桥梁上部结构是桥梁工程造价的重要组成部分。桥梁上部结构类型较多，结构复杂，制造难度大，架设方法多，工艺复杂，施工辅助结构量大，梁拱架设的大型设备繁杂，使工程造价的计算和成本控制较为困难。本任务将以铁路简支梁桥为例，介绍铁路桥梁上部结构的工程计量和计价办法和实例。

桥梁上部结构应包括梁、拱、索体及支座等，在上部结构工程量的计量前，应该掌握梁、拱、索体及支座的结构、类型的选用，梁、拱结构的制造和架设的方法，熟练阅读结构施工设计图，了解施工及验收规范，熟悉上部结构工程量计量方法，准确进行工程量的计算。

3.3.1.2 案例分析

本节仍采用任务二案例，即某新建铁路沙河特大桥，铁路单线，全桥结构为简支 24 m 等跨，共计 36 跨，每孔两片梁，全桥计算长度为 $(24.6 + 0.1) \times 36 + 0.1 + 5.20 \times 2 = 899.70$ 延长米，道砟桥面，钢筋混凝土标准轨枕。钢制盆式橡胶支座，每孔 4 个，支座全高 0.4 m，支座中心至支承垫石顶面为 0.325 m。双侧有 1.05 m 宽人行道，钢制三角支架，预制钢筋混凝土人行道板。全桥采用梁场预制，运梁车由梁场运输至架桥机前，运输距离约 2.3 km；采用单梁 200 t 架桥机连续架设。

24 m 道砟桥面预应力钢筋混凝土铁路简支 T 梁，设计跨度 $L = 24$ m，结构详见图《谷桥施（05）2201-Ⅱ-05、13》（图 3.4、图 3.5），梁全长 24.6 m，梁缝 0.1 m，两边桥台长分别为 5.20 m 轨底至梁底高度为 2.6 m，轨底至支承垫石高度为 3.0 m。每孔梁自重 204.84 t。单片梁 C55 混凝土 39.08 m³，7Φ5 预应力钢绞线 7 束 1.53 t；锚具 14 套；钢筋共计 5.627 t；桥面防水面积 50.34 m²。

解： 本例工程量的计算，根据《谷桥施（05）2201-Ⅱ-05、13》（图 3.4、图 3.5）全套图中关于梁体结构部分的图、设计说明、图内的工程量表等。图纸内能够统计的主要材料类型、数量有混凝土、不同种类的钢筋、预应力钢筋及锚具等。主要材料的工程量计算如下：

1. 工程量清单数量

根据铁建设〔2007〕108 号《铁路工程工程量清单计价指南（土建部分）》中第 3 章第 5 节特大桥新建一般特大桥的清单内容填写工程量清单（表 3.8）。以任务介绍为例计算，梁的计量分为预制、架桥机架设两个步骤。

表 3.8 工程量清单表

编 码	节号	名 称	计量单位	数量
03050101J04		4. 制架（钢筋）预应力混凝土 T 梁	孔	36
03050101J0401		（1）预制	孔	36
03050101J0402		（2）架设	孔	36

2. 定额工程量数量

以梁为例计算如下：

（1）24 m 预应力钢筋混凝土后张梁的梁体混凝土计算：

24 m 预应力混凝土后张简支梁（每孔 2 片梁）工程数量统计，根据《谷桥施（05）2201-Ⅱ-05、13》（图 3.4、图 3.5）系列图纸的设计尺寸，按照梁的横截面面积×分段长度＝计算的工程数量，由于 T 梁的截面变化，为了准确计算出梁的混凝土体积，根据截面的变化，进行分段计算。

截面 1：面积 $S_1 = 0.25 \times 0.2+(0.15 + 0.23)/2 \times 0.69 + 0.32 \times (0.23 + 0.34)/2 + 2.2 \times 0.24 + 0.83 \times (0.27 + 0.34)/2 + 2 \times (0.3 + 0.62)/2 \times 0.32 = 1.479 \text{ m}^2$

截面 2：面积 $S_2 = 0.25 \times 0.2 + (0.23 + 0.150)/2 \times 0.96 + (0.23 + 0.31)/2 \times 0.22 + 0.44 \times 2.2 + (0.27 + 0.34)/2 \times 0.83 + 2 \times 0.22 \times (0.8 + 1.02)/2 = 1.996 \text{ m}^2$

每片梁体体积：$V_1 = [(10.3 \times 1.479 + (1.479 + 1.996)/2 \times 0.412 + 1.996 \times 1.588] \times 2 = 36.708 \text{ m}^3$

横隔板的体积：$V_2 = 2.372 \text{ m}^3$

每片梁的混凝土体积：$V = V_1 + V_2 = 36.708 + 2.372 = 39.08 \text{ m}^3$

本桥 36 跨 72 片梁合计混凝土体积：$39.08 \text{ m}^3 \times 72 = 2\,813.76 \text{ m}^3$

（2）24 m 钢筋混凝土梁钢筋数量：

钢筋量的计算：按照图纸上的设计长度尺寸及弯钩长度之和，乘以钢筋的单位长度的重量。相同类型的钢筋合并统计（表 3.9）。

表 3.9　24 m 钢筋混凝土梁钢筋数量计算

型号	直径	每根长（mm）	数量	总长（m）	每米重（kg/m）	总重（kg）
A1	⏀12	4 520	247	1116.44	0.888	991.399
A2	⏀12	1 772	16	28.352	0.888	25.177
A3	⏀12	1 472	74	108.928	0.888	96.728
A4	⏀12	472	80	37.76	0.888	33.531
A4′	⏀12	912	64	58.368	0.888	51.831
A5	⏀12	12 505	4	50.02	0.888	44.418
A8	⏀12	12 505	32	400.16	0.888	355.342
A9	⏀12	1 977	28	55.356	0.888	49.156
A12	⏀12	721	24	17.304	0.888	15.366
A12′	⏀12	450	18	8.1	0.888	7.1928
A33	⏀12	554	6	3.324	0.888	2.952
A34	⏀12	1 214	6	7.284	0.888	6.468
A35	⏀12	739	6	4.434	0.888	3.937
A36	⏀12	525	6	3.15	0.888	2.797
A38	⏀12	560	54	30.24	0.888	26.853
A39	⏀12	810	36	29.16	0.888	25.894
C1-1	⏀12	4 707	1	4.707	0.888	4.180

续表

型号	直径	每根长（mm）	数量	总长（m）	每米重（kg/m）	总重（kg）
C1-2	⌀12	4 698	1	4.698	0.888	4.172
C1-3	⌀12	4 634	9	41.706	0.888	37.035
C1-4	⌀12	4 609	9	41.481	0.888	36.835
C2	⌀12	1 776	1	1.776	0.888	1.577
C3	⌀12	1 718	1	1.718	0.888	1.526
C4	⌀12	1 662	1	1.662	0.888	1.476
C5-1	⌀12	802	30	24.06	0.888	21.365
C6	⌀12	1 185	36	42.66	0.888	37.882
C7	⌀12	1 260	4	5.04	0.888	4.476
C8	⌀12	1 378	1	1.378	0.888	1.224
C9	⌀12	1 356	1	1.356	0.888	1.204
C10	⌀12	1 334	1	1.334	0.888	1.185
C11	⌀12	2 151	2	4.302	0.888	3.820
C12	⌀12	2 105	2	4.21	0.888	3.738
C13	⌀12	2 054	2	4.108	0.888	3.648
C14	⌀12	2 003	2	4.006	0.888	3.557
C15	⌀12	2 172	2	4.344	0.888	3.857
C16	⌀12	2 112	2	4.224	0.888	3.751
C17	⌀12	2 054	2	4.108	0.888	3.648
C18	⌀12	1 952	4	7.808	0.888	6.934
C19	⌀12	1 922	4	7.688	0.888	6.827
C20	⌀12	1 232	2	2.464	0.888	2.188
C21	⌀12	1 452	6	8.712	0.888	7.736
C30	⌀12	1 054	40	42.16	0.888	37.438
C31	⌀12	1 050	16	16.8	0.888	14.918
C32	⌀12	824	32	26.368	0.888	23.415
A13	⌀12	856	8	6.848	0.888	6.081
A14	⌀12	904	8	7.232	0.888	6.422
A14'	⌀12	912	4	3.648	0.888	3.239
A15	⌀12	319	8	2.552	0.888	2.266
HRB335B12 合计				2 293.538		2 036.662
A10	φ8	3 433	8	27.464	0.395	10.848
A11	φ8	2 950	4	11.8	0.395	4.661
A16	φ8	2 437	103	251.011	0.395	99.149
A17	φ8	1 937	54	104.598	0.395	41.316
A18	φ8	2 355	40	94.2	0.395	37.209

续表

型号	直径	每根长（mm）	数量	总长（m）	每米重（kg/m）	总重量（kg）
A19	φ8	1 853	18	33.354	0.395	13.175
A20	φ8	2 395	32	76.64	0.395	30.273
A21	φ8	1 895	16	30.32	0.395	11.976
A22	φ8	3 428	10	34.28	0.395	13.541
A23	φ8	2 928	8	23.424	0.395	9.252
A24-I	φ8	2 779	32	88.928	0.395	35.127
A25-I	φ8	2 260	16	36.16	0.395	14.283
A26-I	φ8	3 259	20	65.18	0.395	25.746
A27-I	φ8	2 752	10	27.52	0.395	10.870
A28-1	φ8	3 088	2	6.176	0.395	2.440
A29	φ8	2 588	2	5.176	0.395	2.045
A28-2	φ8	3 106	2	6.212	0.395	2.454
A32	φ8	3 287	6	19.722	0.395	7.790
A37	φ8	270	160	43.2	0.395	17.064
C22	φ8	337	12	4.044	0.395	1.597
C23	φ8	365	30	10.95	0.395	4.325
C24	φ8	400	8	3.2	0.395	1.264
C25	φ8	637	8	5.096	0.395	2.013
C26	φ8	665	6	3.99	0.395	1.576
C27	φ8	700	8	5.6	0.395	2.212
C28	φ8	781	8	6.248	0.395	2.468
C29	φ8	765	6	4.59	0.395	1.813
C33	φ8	396	6	2.376	0.395	0.939
Q235φ8 合计				1 031.459		407.426
A7	φ10	1 2465	26	324.09	0.617	199.964
Q235φ10 合计				324.09		199.964
合 计					HRB335	2 293.538
					Q235	607.390

（3）预应力钢绞线工程量。

按照"24 m 直线边梁预应力钢筋图"，进行预应力钢筋长度的计算。该单片梁有 7 孔预应力钢绞线，其编号为 N1～N5，其工程量计算见表 3.10。

表 3.10 预应力钢绞线计算表

编号	孔数	类型	计算长度	合计重量（kg）
N1	2	8-7Φ5	$16\times(L_1+1\,400) = 16\times(24\,346+1\,400) = 411\,936$ mm	454.365
N2	2	8-7Φ5	$16\times(L_2+1\,400) = 16\times(24\,372+1\,400) = 412\,352$ mm	454.824
N3	1	8-7Φ5	$8\times(L_3+1\,400) = 8\times(24\,428+1\,400) = 206\,624$ mm	227.286
N4	1	7-7Φ5	$7\times(L_4+1\,400) = 7\times(24\,448+1\,400) = 180\,936$ mm	199.030
N5	1	7-7Φ5	$7\times(L_5+1\,400) = 7\times(24\,456+1\,400) = 180\,992$ mm	199.091
		总 合	$= 1\,392\,840$ mm	1 534.596

表3.10内的预应力钢绞线长度为定额计算要求的长度，定额内的计算长度应为工作长度与锚固长度之和。

锚固长度根据不同的锚具而不同，本梁采用预应力钢绞线，锚固计算长度按1 400 mm计算。

3.3.1.3 完成任务

工程量清单的填写，计算图纸中梁体混凝土量、钢筋量、预应力钢筋量的计算。

3.3.2 知识链接

1. 上部结构的工程数量

上部结构应按梁（包括支座）、桥面系和桥上设备分别计算工程量。混凝土梁以孔为单位，并按跨度和直曲线不同分别计列；钢梁现阶段均为桥梁厂供应，故按价购计列，以吨为单位，在预算定额的拼装、架设条目中均不含此项费用。桥面系包括人行道栏杆、步行板、护轮轨、弯轨、挡砟块等。桥上设备包括围栏、吊篮、检查梯、避车台、通信支架、电缆槽等。

2. 预应力钢筋混凝土梁的定额工程量计算及清单计算规则

（1）定额工程量计算规则。

工程计量的主要依据有：该桥的施工设计图，定额计量规则，相应的规范和法规条例等。

① 钢筋工程量的计算。

钢筋工程量的计算首先应熟读钢筋结构图，了解每根钢筋的作用、钢筋的类型、直径以及同型号钢筋的数量。看结构和图内钢筋表对照，计算出每根钢筋的设计长度。钢筋长度＝构件图示尺寸－保护层总厚度＋两端弯钩长度＋（图纸注明的搭接长度、弯起钢筋斜长的增加值）。钢筋的重量按钢筋设计长度（含架立钢筋、定位钢筋和搭接钢筋）乘以理论单位重计算。不得将焊接、接头套筒、垫块等材料计入工程数量。

② 预应力钢筋的计算。

计算预应力钢绞线、预应力精轧螺纹粗钢筋及配套锚具钢丝的工程量时要包括工作长度和锚固长度两个部分，为两者重量之和。锚固长度应根据锚具类型确定。锥形锚、预应力钢筋螺栓锚、镦头锚的锚具的消耗量已包括在制作、张拉定额内。预应力混凝土结构的预应力钢筋（钢丝、钢绞线）的重量按结构内设计长度或两端锚具之间的预应力筋长度计算。不得将张拉等施工所预留长度部分和锚具的重量计入工程数量。先张法预应力钢筋按构件外形尺寸计算长度，后张法预应力钢筋按设计图规定的预应力钢筋预留孔道长度，并区分不同的锚具模型，分别按下列规定计算：

a. 低合金钢筋两端采用螺杆锚具时，预应力的钢筋按预留孔道长度减去0.354 m，螺杆另行计算。

b. 低合金钢筋或钢绞线采用 JM、XM、QM 型锚具孔道长度在 20 m 以内时，预应力钢筋长度增加 1 m；孔道长度在 20 m 以上时预应力钢筋长度增加 1.8 m 计算。

c. 碳素钢丝采用锥形锚具，孔道长在 20 m 以内时，预应力钢筋长度增加 1 m；孔道长在 20 m 以上时，预应力钢筋长度增加 1.8 m。

d. 碳素钢丝两端采用镦粗头时，预应力钢丝长度增加 0.35 m 计算等。

③ 梁体工程量计算。

预制梁的工程量为梁体的实际体积（不包括空心部分的体积），但预应力工程量为梁的预制体积与梁端头封锚混凝土的数量之和。混凝土的体积，按混凝土设计尺寸以实体体积计算，不扣除混凝土中钢筋（钢丝、钢绞线）、预埋件和预留压浆孔道所占的体积。

（2）梁的清单工程量计算。

上部结构中梁的清单工程量分为几种情况，本例为制、架（钢筋）预应力混凝土 T 梁，以孔计算。

3. 工程量清单数量

根据铁建设〔2007〕108 号《铁路工程工程量清单计价指南（土建部分）》中第三章第 5 节特大桥的清单条目，一般特大桥的预应力钢筋混凝土 T 梁的工程量清单见表 3.11，实际的采用根据施工方法和选择。

表 3.11 铁路工程工程量清单计价指南（土建部分）

03 第三章 桥涵							
编码	节号	名称	计量单位	子目划分特征	工程计量规则	工程内容	备注
030502J04		（四）制架（钢筋）预应力混凝土 T 梁	孔				
030502J0401		1. 预制	孔	单线双线跨度梁高速度	按设计图示数量计算	1. 模板制安拆；2. 脚手架搭拆；3. 钢筋及预埋件制安；4. 混凝土浇筑；5. 锚具安装，制孔，预应力钢筋（钢丝、钢绞线）制安及张拉，压浆，封锚；6. 支座垫板安设，泄水管及盖板制安；7. 防护层、垫层、防水层铺设；8. 场内起落及移位存放	
03050101J0402		（2）架设	孔	单线双线跨度梁高速度	按设计图示数量计算	1. 架设：桥头线路加固，走行轨铺拆，倒梁、喂梁、吊梁、落梁、就位，盖板制安，横隔板连接，锚栓孔灌浆，梁端伸缩缝制安。2. 横向联结湿接缝：（1）模板制安拆，脚手架搭拆；（2）钢筋及预埋件制安；（3）锚具安装，制孔，预应力钢筋（钢丝、钢绞线）制安及张拉，压浆，封锚；（4）混凝土浇筑	

续表

编码	节号	名　称	计量单位	子目划分特征	工程计量规则	工程内容	备注
		03　第三章　桥涵					
030502J0403		3. 现浇	孔	单线双线跨度梁高速度	按设计图示数量计算	1.模板制安拆；2.脚手架及支架搭拆（含地基处理和堆载预压）；3.钢筋及预埋件制安；4.支座垫板安设，泄水管及盖制安；5.混凝土浇筑；6.锚具安装，制孔，预应力钢筋（钢丝、钢绞线）制安及张拉，压浆、封锚；7.防护层、垫层、防水层铺设；8.落梁就位；9.盖板制安；10.梁端伸缩缝制安	含横向联结。不分固定支架法、造桥机法等施工方法
030502J05		（五）购架（钢筋）预应力混凝土T梁	孔	单线双线跨度梁高速度	按设计图示数量计算	1.架设：桥头线路加固，走行轨铺拆，倒梁、喂梁、吊梁、落梁、就位，盖板制安，横隔板连接，锚栓孔灌浆，梁端伸缩缝制安。2.横向联结湿接缝：（1）横板制安拆，脚手架搭拆；（2）钢筋及预埋件制安；（3）锚具安装，制孔，预应力钢筋（钢丝、钢绞线）制安及张拉，压浆、封锚；（4）混凝土浇筑	

3.3.3　任务实施

1. 结合案例、图纸（图3.4），填写梁的工程量清单（表3.12）。

表3.12　工程量清单

清单　第三章桥涵				
编码	节号	名称	计量单位	工程数量

2. 钢筋、预应力钢绞线、梁体混凝土量定额工程量。

（1）根据《谷桥施（05）2201-Ⅱ-05、13》图纸（图 3.4、图 3.5），计算图中 A1、A10、C1、C10 钢筋工程数量。

（2）根据《谷桥施（05）2201-Ⅱ-05、13》图纸（图 3.4、图 3.5），计算图中 N1、N6 预应力筋工程量。

（3）计算 24 m 预应力钢筋混凝土后张梁的梁体混凝土。

3.3.4 课业评价

任务完成后，采用教师检查，学生自评、互评的方式，进行完成任务情况检查。应检查如下任务：

1. 钢筋混凝土梁的工程量清单。
2. 计算梁内钢筋、钢绞线的定额工程数量。

情境四　桥梁工程造价的计算

学习目标：

1. 熟读工程量清单，能根据工程量清单中的子目的工作内容填写单项概（预）算表中的分项工程，能够正确地查找定额。
2. 能运用概预算费用的组成知识，熟知直接费、间接费、税金等相关费用。
3. 能熟悉单项概预算中各种费用的规定并会计算。
4. 能够根据计算程序进行桥梁工程下部结构的工程造价计算。
5. 能看懂特大桥的造价文件。

任务一　桥梁工程下部结构工程造价的计算

4.1.1　任务介绍

4.1.1.1　任务导入

我们已经学会了从三个角度计算桥梁工程的数量了，那建设一个桥到底要花多少钱呢？如何进行桥梁工程的造价计算呢？我们从下部结构中的基础算起。

4.1.1.2　案例分析

计算情境三任务二案例中的桥墩基础的工程造价。桥墩尺寸见图4.1，图示尺寸以厘米计，顶帽采用C30钢筋混凝土，托盘采用C30混凝土，墩身及基础采用C15片石混凝土。计算基础、桥墩的圬工工程量。土质情况：第1层砂黏土，第2层黏土。

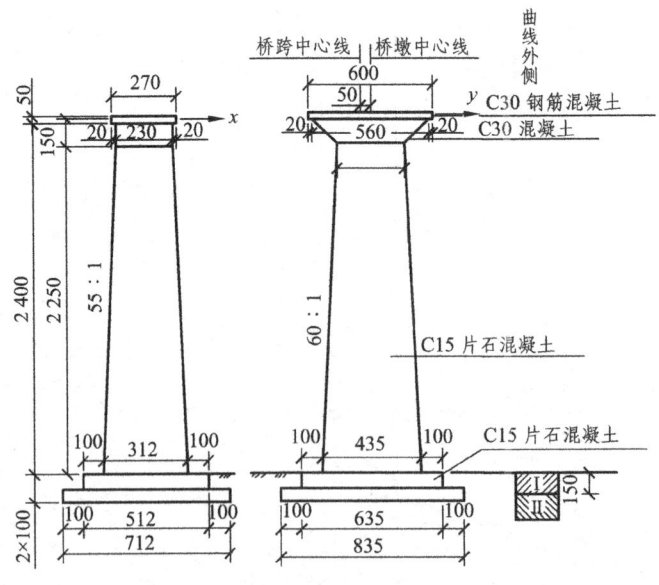

图4.1　矩形桥墩（尺寸单位：cm）

计算表 4.1 中的下部结构基础的单项概预算。

表 4.1 工程量清单（以案例一个桥墩为例）

编码	节号	名称	计量单位	工程数量
0305	5	特大桥	延长米	899.70
030501		一、复杂特大桥（1座）	延长米	899.70
03050101		（一）沙河特大桥	延长米	899.70
03050101J		Ⅰ.建筑工程费	延长米	899.70
03050101J01		1.基础	圬工方	91.96
03050101J0101		（1）明挖	圬工方	91.96
03050101J010101		① 混凝土	圬工方	91.96
03050101J02		2.墩台	圬工方	267.37
03050101J0201		（1）混凝土	圬工方	267.37
03050101J0202		（2）钢筋	t	15.159

解：

1. 直接费的计算

根据工程量清单中明挖基础组合，查找各项的定额，填写单项概预算表中的单价和单位材料重量并计算合价和合重，如表 4.2。

表 4.2 单项概预算　　　　　　　　　　　　　　　　　　　　　　（首页）

建设名称	新建×××铁路			编号		YS-01	
工程名称	沙河特大桥			工程数量		899.70	延长米
工程地点	DK2+000～DK2+899.70			概预算价值			元
所属章节	三章5节			概预算指标			元/延长米
定额编号	工作项目或费用名称	单位	数量	单价	合价	单位重	合重
	Ⅰ.建筑工程费	延长米	899.70				
	1.基础	圬工方	91.96				
	（1）明挖	圬工方	91.96				
	① 混凝土	圬工方	91.96				
QY-3	挖基 3 m 以内无水	10 m³	17.13	73.57	1 260		
QY-337	C15 片石混凝土墩台基础	10 m³	9.20	1642.14	15 108	24.987	229.880
QY-45	基坑回填	10 m³	7.94	62.43	496		

合价 = 数量×单价，合重 = 数量×单位重。

（1）基期人工费。

基期人工费是指按定额和工程数量计算而得到的直接从事建筑安装工程施工的生产工人开支的各项费用。基期人工费单价（又叫综合工费，见表 4.3）组成内容为：基本工资、津贴和补贴、生产工人辅助工资、生产工人劳动保护费、职工福利费。

表 4.3 综合工费标准

综合工费类别	工程类别	综合工费标准（元/工日）
Ⅰ类工	路基、小桥涵、房屋、给排水、站场（不包括旅客地道、天桥）等的建筑工程、取弃土（石）场处理、临时工程	20.35
Ⅱ类工	特大桥、大桥、中桥（包括旅客地道、天桥）、轨道、机务、车辆、动车等的建筑工程	24.00
Ⅲ类工	隧道、通信、信号、信息、电力、电力牵引供电工程、设备安装工程	25.82
Ⅳ类工	计算机设备安装调试	43.08

注：① 本表中的综合工费标准为基期综合工费标准，不包含特殊地区津贴、补贴。特殊地区津贴、补贴按国务院及其有关部门和省（自治区、直辖市）的规定计算，按人工费价差计列。
② 独立建设项目的大型旅客站房及地方铁路中的房屋工程，采用工程所在地地区统一定额的，应采用工程所在地的房屋工程综合工费标准。
③ 隧道外一般工程短途接运运输的综合工费采用Ⅰ类工标准。

基期人工费的计算：

$$基期人工费 = \sum 定额人工消耗量 \times 综合工费标准$$
$$= \sum (工程数量 \times 工日定额) \times 综合工费标准$$

式中，综合工费标准是指生产工人每工日的人工费；工程数量是定额单位的倍数；工日定额是指完成定额单位的工程数量所需的工日数。

$$基期人工费 = (17.13 \times 3.26 \times 22.26) + (9.20 \times 21.19 \times 24.00) + (7.94 \times 2.75 \times 22.26)$$
$$= 6\,408 \text{ 元}$$

（2）基期的材料费。

指按施工过程中耗用的构成工程实体的原材料、辅助材料、构配件、零件和半成品、成品的用量以及周转材料的摊销量和相应预算价格等计算的费用。材料预算价格由材料原价、运杂费、采购及保管费组成。

$$材料预算价格 = (材料原价 + 运杂费) \times (1 + 采购及保管费率)$$

按国家关于材料划分的规定，材料费包括材料原价以及材料从发货点至用料点的运杂费（包括材料供销部门的手续费及包装费、全过程运费及采购保管费）。现行全国各行业基建主管部基本上是根据国家这一规定，也就是说地方建筑概预算材料费除材料本身的出厂价、进料运杂费外，还包括所有的运输费用。而铁路工程由于线长点多，分布区域广，大多工程地处荒僻地区，交通不便，材料来源广，品种杂，运输方法多，建设周期长，材料的运杂费占直接费比重比较大，很难统一将运杂费纳入料价中。因此，铁路工程的建筑工程直接费中的材料费和运杂费是分开列项的。

基期价格采用现行的铁建〔2006〕129号文《铁路工程基本建设材料基期价格》（2005年度），见表 4.4。

表 4.4 铁路工程基本建设材料基期价格

电算代号	工料机名称	单位	单价（元）	单位重（t）
2	人工	工日	24.00	
1010002	普通水泥 32.5 级	kg	0.26	0.001000
1260002	中粗砂	m³	16.51	1.430000
1240014	碎石 40 以内	m³	26.00	1.500000
2810023	组合钢模板	kg	4.46	0.001000
2810024	组合钢支撑	kg	4.46	0.001000
2810025	组合钢配件	kg	5.85	0.001000
8999006	水	t	0.38	

基期材料费 = $\sum$(使用此种材料的工程数量×相应的材料消耗定额×相应的材料预算单价)

基期材料费 = (17.13 × 1.00 × 1.00) + (9.20 × 2 349.57 × 0.26 + 9.20 × 2.22 × 15.00 + 9.20 × 7.54 × 26.00 + 9.20 × 5.12 × 16.51 + 9.20 × 4.89 × 4.46 + 9.20 × 1.93 × 4.46 + 9.20 × 1.50 × 5.85 + 9.20 × 16.49 × 1.00 + 9.20 × 7.55 × 0.38) + (7.94 × 1.21 × 1.00)
= 9 073 元

（3）基期施工机械使用费。

施工机械使用费（施工机械台班费）是指直接用于建筑、安装工程过程中所有机械发生的一切费用。此项费用根据工程数量、机械台班费用定额计算的机械台班数量乘以机械台班单价所得。

根据有关规定，每台班工作时间按 8 h 计，不足 8 h 也按一个台班计算，但每天最多为 3 个台班。施工机械使用费由折旧费、大修理费、经常修理费、安装拆卸费、人工费、燃料动力费、其他费用组成。

施工机械台班单价的取定：编制设计概（预）算以现行的铁建〔2006〕129 号文《铁路工程施工机械台班费用定额》作为计算施工机械台班单价的依据，见表 4.5。

施工机械台班单价 = 折旧费 + 大修理费 + 经常修理费 + 安装拆卸费 + 人工费 + 燃料动力费 + 其他费用

基期施工机械使用费 = $\sum$(定额施工机械台班消耗量×施工机械台班单价)

表 4.5 机械台班单价

电算代号	机械规格名称	台班单价	折旧费（元）	大修费（元）	经常修理费（元）	安装拆卸费（元）	人工（24元/工日）			柴油（3.67元/kg）		电[0.55元/(kW·h)]		其他费
							定额	系数	费用	定额	费用	定额	费用	
9102102	汽车起重机 ≤8 t	418.55	81.97	40.3	83.42		2.00	1.05	50.4	28.43	28.43			58.12
9104002	混凝土搅拌机 ≤400 L	89.89	11.22	4.82	12.72	6.17	1.00	1.26	30.24			44.94	24.72	

$$基期施工机械使用费 = 9.20 \times 0.28 \times 418.55 + 9.20 \times 0.28 \times 89.89 + 9.20 \times 7.90 \times 1.00$$
$$= 1382 元$$

（4）定额直接工程费 = 基期人工费 + 基期材料费 + 基期机械使用费
$$= 6\,408 + 9\,073 + 1\,382 = 16\,863 元$$

（5）运杂费。

水泥、木材、钢材、砖、瓦、砂、石、石灰、黏土、土工材料、花草苗木、钢轨、道岔、轨枕、钢梁、钢管拱、斜拉索、钢筋混凝土梁、铁路桥梁支座、钢筋混凝土预制桩、电杆、铁塔、机柱、接触网支柱、接触网及电力线材、光电缆线、给水排水管材等材料（电算代号见表4.6，这些材料称为主要材料即主材，余下的称为辅助材料即辅材，水电除外）的基期价格采用现行的《铁路工程建设材料基期价格》编制，基期价格根据设计单位实地调查分析采用。以上价格均不含来源地至工地的运杂费，来源地至工地的运杂费应单独计列。自来源地运至工地所发生的有关费用，包括运输费、装卸费、其他有关运输的费用（如火车运输的取送车费等）以及应按运输费、装卸费、其他有关运输的费用之和计取的采购及保管费。

表4.6 采用调查价格材料的品类及电算代号

序号	材料名称	电算代号
1	水泥	1010001~1010100
2	木材	1110001~1110018
3	钢材	1900001~1979999, 1980010~1989999, 2000001~2009999, 2200001~2209999, 2220001~2249999, 2810023~2810999
4	给水排水管材	1400001~1403999, 2300010~2309999, 2330010~2330109, 3372010~3372999
5	砂	1260022~1260025
6	石	1230001~1240599
7	石灰、黏土	1200013~1200019, 1210004, 1210016
8	砖、瓦	1300001~1300054, 1310001~1310099
9	土工材料、花草苗木	3410010~3412999, 1170050~1179999
10	钢轨	2700010~2709999
11	道岔	2720010~2729999
12	轨枕	2741012~2741799
13	钢梁、钢管拱、斜拉索	2624010~2624999
14	钢筋混凝土梁	2600010~2609999
15	铁路桥梁支座	2610010~2612999, 2613110~2613499, 2625010~2625999
16	钢筋混凝土预制桩	1405001~1405999
17	电杆、铁塔、机柱	1410001~1413499, 4843010~4844999, 7812010~7812999, 8111036~8111099
18	接触网支柱	5200302~5200799, 5300051~5399999
19	接触网及电力线材	2120001~2129999, 5800001~5800499, 5811016~5866999
20	光电缆线	4710010~4715999, 4720010~4734960, 7010010~7312999, 8010010~8017999

运杂费的计算步骤如下：

① 根据表4.6找出的需要单独计列运杂费的材料有水泥、片石、碎石、砂、钢材或其他主料。

② 计算运输费。

假设以上材料都是汽车运输而且都是现有公路，无便道。

汽车运价原则上参照现行的《汽车运价规则》确定。为简化概（预）算编制工作，按下列计算公式分析汽车运价：

$$汽车运价(元/t) = 吨次费 + 公路综合运价率(单价) \times 公路运距 + 汽车运输便道综合运价率 \times 汽车运输便道运距$$

计算公式中有关因素说明如下：

吨次费：按工程项目所在地的调查价格计列。

公路综合运价率：材料运输道路为公路时，考虑过路过桥费等因素，以建设项目所在地的汽车运输单价乘以1.05的系数计算。

汽车运输便道综合运价率：材料运输道路为汽车运输便道时，结合地形、道路状况等因素，按当地汽车运输单价乘以1.2的系数计算。

公路运距：应按发料地点起算，至卸料地点止所途经的公路长度计算。

汽车运输便道运距：应按发料地点起算，至卸料地点止所途经的汽车运输便道长度计算。

③ 装卸费。

装卸费指各种材料从供应地点被运送到工地料库或堆料地点的过程中所发生的一次或多次装车、卸车的费用。

火车、汽车装卸单价，按表4.7所列综合单价计算。

表4.7 火车、汽车装卸费单价   元/t

一般材料	钢轨、道岔、接触网支柱	其他1 t以上的构件
3.4	12.5	8.4

注：其中装占60%，卸占40%。

④ 其他有关运输的费用：如火车运输的取送车费、过轨费、汽车运输的渡船费等，本任务无。

⑤ 采购及保管费。

指按运输费、装卸费及其他有关运输的费用之和为基数计取的，应列入运杂费中的采购及保管费。采购及保管费率见表4.8。

表4.8 采购及保管费率

序号	材料名称	费率（%）	其中运输损耗费（%）
1	水泥	3.53	1.00
2	碎石（包括道砟及中、小卵石）	3.53	1.00
3	砂	4.55	2.00
4	砖、瓦、石灰	5.06	2.50
5	钢轨、道岔、轨枕、钢梁、钢管拱、斜拉索、钢筋混凝土梁、铁路桥梁支座、电杆、铁塔、钢筋混凝土预制桩、接触网支柱、机柱	1.00	—
6	其他材料	2.50	—

⑥ 计算每种材料的运杂费单价。

运杂费单价＝运输费+装卸费+其他有关运输的费用+采购及保管费

主要材料全程运杂费单价见表4.9。

表4.9 主要材料全程运杂费分析表

材料名称	运输方法	起点	终点	吨次费(元/t)	运距(km)	单价[元/(t·km)]	小计	装卸次数	装卸单价	小计	采购及保管费	共计	运输方法比重(%)	运杂费(元/t)	合计(元/t)
水泥	汽车	水泥厂	工地	1.500	20	0.550	12.500	1	3.40	3.400	0.561	16.461	100	16.461	16.46
片石	汽车	石场	工地	1.500	25	0.450	12.750	1	3.40	3.400	0.404	16.554	100	16.554	16.55
碎石	汽车	石场	工地	1.500	30	0.450	15.000	2	3.40	6.800	0.770	22.570	100	22.570	22.57
砂	汽车	砂场	工地	1.500	35	0.650	24.250	1	3.40	3.400	1.258	28.908	100	28.908	28.91
钢材	汽车	钢厂	工地	1.500	15	0.400	7.500	1	3.40	3.400	0.273	11.173	100	11.173	11.17

⑦ 计算各种材料的重量及运杂费。

水泥 = 9.2 × 2.350 × 16.46 = 21.616 × 16.46 = 355.83 元

片石 = 9.2 × 3.996 × 16.55 = 36.763 × 16.55 = 608.57 元

碎石 = 9.2 × 11.310 × 22.57 = 104.052 × 22.57 = 2 348.41 元

砂 = 9.2 × 7.322 × 28.91 = 67.359 × 28.91 = 1 947.21 元

钢材 = 9.2 × 0.008 × 11.17 = 0.077 × 11.17 = 0.86 元

总运杂费 = 355.83 + 608.57 + 2 348.41 + 1 947.21 + 0.86 + 0.00 = 5 260.87 元

⑧ 计算综合平均运杂费单价 = 5 260.87 ÷ 229.880 = 22.885 元/t

（6）人工价差。

人工费价差调整方法：按定额统计的人工消耗量（不包括施工机械台班中的人工）乘以编制期综合工费单价与基期综合工费单价的差额计算。

人工费价差 = 工日数 ×（编制期综合工费标准 − 基期综合工费标准）

编制期为2013年9月的综合工费标准经过市场调查为160元/工日。基期综合工费标准为2005年度标准，见表4.4。

人工价差 = 9.20 × 21.19 × (160 − 24.00) + 17.13 × 3.26 × (160 − 22.26) +
7.94 × 2.75 × (160 − 22.26) = 37 212 元

（7）材料费价差。

一般包括调查价差、水价差、电价差、系数价差。

① 调查价差。

水泥、木材、钢材、砖、瓦、砂、石、石灰、黏土、土工材料、花草苗木、钢轨、道岔、轨枕、钢梁、钢管拱、斜拉索、钢筋混凝土梁、铁路桥梁支座、钢筋混凝土预制桩、电杆、铁塔、机柱、接触网支柱、接触网及电力线材、光电缆线、给水排水管材等材料（电算代号见表4.6）的价差，按定额统计的消耗量乘以编制期价格与基期价格之间的差额计算，见表4.10。

$$调查价差 = \sum[主要材料消耗量 \times (编制期调查价 - 基期价)]$$

表4.10 调查价的材料及编制期的调查价

电算代号	材料名称	单位	编制期调查价（元）	基期价（元）	编制期调查价－基期价(元)
1010002	普通水泥 32.5 级	kg	0.50	0.26	0.24
1240014	碎石 40 以内	m³	50.00	26.00	24.00
1260022	中粗砂	m³	60.00	16.51	43.49
2810023	组合钢模板	kg	10.00	4.46	5.54
2810024	组合钢支撑	kg	10.00	4.46	5.54
2810025	组合钢配件	kg	15.00	5.85	9.15

$$\begin{aligned}
调查价差 &= \sum[主要材料消耗量 \times (编制期调查价 - 基期价)] \\
&= 9.2 \times 2\,349.57 \times 0.24 + 9.2 \times 2.22 \times 30 + 9.2 \times 7.54 \times 24 + \\
&\quad 9.2 \times 5.12 \times 43.49 + 9.2 \times 4.89 \times 5.54 + 9.2 \times 1.93 \times 5.54 + 9.2 \times 1.5 \times 9.15 \\
&= 9\,988 \, 元
\end{aligned}$$

② 水、电价差。

水、电价差（不包括施工机械台班消耗的水、电）按定额统计的消耗量乘以编制期价格与基期价格之间的差额计算。

$$水、电价差 = 水、电消耗量 \times (编制期价 - 基期价)$$

工程用水基期单价为 0.38 元/t，工程用电基期单价为 0.55 元/kW·h。
工程用水编制期单价为 0.38 元/t，工程用电编制期单价为 0.55 元/kW·h。

$$水价差 = 9.20 \times 7.55 \times (0.38 - 0.38) = 0 \, 元$$

无电价差。

③ 系数价差。

其他材料的价差以定额消耗材料的基期价格为基数，按部颁材料价差系数调整，系数中不含机械台班中的油燃料价差。

铁建〔2006〕129号文《铁路工程基本建设材料基期价格》（2005年度）和铁建〔2006〕113号文《铁路基本建设工程设计概（预）算编制办法》的系数价差文号为2007年度铁道部颁发的材料价差系数文 CLJC2007-383-129（表4.11），按不同工程类别以其他材料（除表4.6所列的主要材料以及施工机械用的汽油、柴油）的基期材料费为计算基数计算价差。

材料价差系数的地区划分：为了反映地区差别，将全路划分为6个地区，分别测算材料价差系数，6个地区的具体范围以相应铁路局界为准，如表4.12所示。

表 4.11 价差系数文 CLJC2007-383-129

序号	工程类别	Ⅰ区	Ⅱ区	Ⅲ区	Ⅳ区	Ⅴ区	Ⅵ区
1	路基石方	1.298	1.298	1.298	1.298	1.298	1.298
2	路基附属	1.2	1.2	1.2	1.2	1.2	1.2
3	基础墩台桥面系及附属	1.142	1.142	1.142	1.142	1.142	1.142
4	预制或现浇（钢筋）预应力混凝土梁（含架设）	1.059	1.059	1.059	1.059	1.059	1.059
5	钢筋混凝土梁价购及架设	1.003	1.003	1.003	1.003	1.003	1.003
6	涵洞	1.193	1.193	1.193	1.193	1.193	1.193
7	钢梁架设	1.101	1.101	1.101	1.101	1.101	1.101
8	隧道及时间	1.12	1.12	1.12	1.12	1.12	1.12
9	铺设标准轨（木枕道钉）	1.18	1.18	1.18	1.18	1.18	1.18
10	铺设标准轨（木枕分开式扣件）	1.132	1.132	1.132	1.132	1.132	1.132
11	铺设标准轨（混凝土枕）	1.133	1.133	1.133	1.133	1.133	1.133
12	铺设无缝线路	1.035	1.035	1.035	1.035	1.035	1.035
13	线路有关工程	1.011	1.011	1.011	1.011	1.011	1.011
14	长途通信光缆	1.007	1.007	1.007	1.007	1.007	1.007
15	长途通信电缆	1.008	1.008	1.008	1.008	1.008	1.008
16	无线列调漏泄同轴电缆	1.003	1.003	1.003	1.003	1.003	1.003
17	地区及站场通信线路	1.035	1.035	1.035	1.035	1.035	1.035
18	通信设备	1.145	1.145	1.145	1.145	1.145	1.145
19	闭塞设备	1.163	1.163	1.163	1.163	1.163	1.163
20	联锁装置	1.107	1.107	1.107	1.107	1.107	1.107
21	驼峰信号	1.169	1.169	1.169	1.169	1.169	1.169
22	信息	1.014	1.014	1.014	1.014	1.014	1.014
23	电力线路	1.027	1.027	1.027	1.027	1.027	1.027
24	电力电源（含其他电力）	1.031	1.031	1.031	1.031	1.031	1.031
25	牵引变电（含供电段）	1.121	1.121	1.121	1.121	1.121	1.121
26	接触网	1.108	1.108	1.108	1.108	1.108	1.108
27	房屋（含装修和室内水暖电照等）	1.046	1.046	1.046	1.046	1.046	1.046
28	给水排水	1.152	1.152	1.152	1.152	1.152	1.152
29	机务、车辆、机械	1.154	1.154	1.154	1.154	1.154	1.154
30	站场、工务、其他建筑及设备（不含无站台柱雨棚）	1.074	1.074	1.074	1.074	1.074	1.074

表 4.12 铁路工程建设材料价差系数地区划分表

Ⅰ	Ⅱ	Ⅲ	Ⅳ	Ⅴ	Ⅵ
沈阳局、哈尔滨局	北京局、呼和浩特局	上海局、南昌局、济南局	郑州局、广铁（集团）公司	成都局、柳州局、昆明局	乌鲁木齐局、兰州局

沙河特大桥在河南境内属郑州局，Ⅳ区。

工程位于Ⅳ区、工程类别是基础墩台桥面系及附属，价差系数为 1.142。

$$材料的系数价差 = 其他材料费 \times (价差系数 - 1)$$
$$= (17.13 \times 1.00 + 9.20 \times 16.49 + 7.94 \times 1.21) \times (1.142 - 1) = 25 元$$

材料价差 = 9 988 + 0 + 25 = 10 013 元

（8）施工机械使用费价差。

按定额统计的机械台班消耗量，乘以编制期施工机械台班单价［按编制期综合工费标准 160 元/工日、油燃料价格柴油 6.67 元/kg、水电 0.55 元/kW·h 单价及养路费标准（与基期相同）计算］（表 4.13）与基期施工机械台班单价的差额计算。

表 4.13 机械台班编制期单价

电算代号	机械规格名称	台班单价（元）	折旧费（元）	大修费（元）	经常修理费	安装拆卸费（元）	人工 (160.00 元/工日)			柴油 (6.67 元/kg)		电[0.55 元/(kW·h)]		其他费
							定额	系数	费用	定额	费用	定额	费用	
9102102	汽车起重机≤8 t	789.44	81.97	40.3	83.42		2.00	1.05	336.00	28.43	189.63			58.12
9104002	混凝土搅拌机≤400 L	261.25	11.22	4.82	12.72	6.17	1.00	1.26	201.60			44.94	24.72	

$$机械费价差 = 机械台班消耗量 \times (编制期台班单价 - 基期台班单价)$$
$$= 9.20 \times 0.28 \times (789.44 - 418.55) + 9.20 \times 0.28 \times (261.25 - 89.89) = 1 397 元$$

（9）价差合计 = 人工价差 + 材料价差 + 施工机械使用费价差
$$= 37 212 + 10 013 + 1 397 = 48 622 元$$

（10）填料费。

指购买不作为材料对待的土方、石方、渗水料、矿物料等填筑用料所支出的费用。按设计数量和购买价计算，本任务无填料费。

（11）直接工程费。

$$直接工程费 = 定额直接工程费 + 运杂费 + 价差 + 填料费$$
$$= 16 863 + 5 261 + 48 622 + 0 = 70 747 元$$

（12）施工措施费。

施工措施费内容：冬雨季施工增加费，夜间施工增加费，小型临时设施费，工具、用具及仪器、仪表使用费，检验试验费，工程定位复测、工程点交、场地清理费，安全作业环境及安全施工措施费，文明施工及施工环境保护费，已完工程及设备保护费。

施工措施费计算：以各类工程的基期人工费与基期施工机械使用费之和为计算基数，根据施工措施费地区划分表（表4.14），按表4.15所列费率计列。

表4.14 施工措施费地区划分

地区编号	地域名称
1	上海，江苏，河南，山东，陕西（不含榆林地区），浙江，安徽，湖北，重庆，云南，贵州（不含毕节地区），四川（不含凉山彝族自治州西昌市以西地区、甘孜藏族自治州）
2	广东，广西，海南，福建，江西，湖南
3	北京，天津，河北（不含张家口市、承德市），山西（不含大同市、朔州市、忻州地区原平以西各县），甘肃，宁夏，贵州毕节地区，四川凉山彝族自治州西昌市以西地区、甘孜藏族自治州（不含石渠县）
4	河北张家口市、承德市，山西大同市、朔州市、忻州地区原平以西各县，陕西榆林地区，辽宁
5	新疆（不含阿勒泰地区）
6	内蒙古（不含呼伦贝尔盟—图里河及以西各旗），吉林，青海（不含玉树藏族自治州曲麻莱县以西地区、海北藏族自治州祁连县、果洛藏族自治州玛多县、海西蒙古族藏族自治州格尔木市辖的唐古拉山区），西藏（不含阿里地区和那曲地区的尼玛、班戈、安多、聂荣县），四川甘孜藏族自治州石渠县
7	黑龙江（不含大兴安岭地区），新疆阿勒泰地区
8	内蒙古呼伦贝尔盟—图里河及以西各旗，黑龙江大兴安岭地区，青海玉树藏族自治州曲麻莱县以西地区、海北藏族自治州祁连县、果洛藏族自治州玛多县、海西蒙古族藏族自治州格尔木市辖的唐古拉山区，西藏阿里地区和那曲地区的尼玛、班戈、安多、聂荣县

表4.15 施工措施费费率

类别代号	工程类别 \ 地区编号	1	2	3	4	5	6	7	8	附注
1	人工施工土石方	20.55	21.09	24.70	27.10	27.37	29.90	30.51	31.57	包括人力拆除工程，绿色防护、绿化，各类工程中单独挖填的土石方，爆破工程
2	机械施工土石方	9.42	9.98	13.83	15.22	15.51	18.21	18.86	19.98	包括机械拆除工程，填级配碎石、砂砾石、渗水土，公路路面，各类工程中单独挖填的土石方
3	汽车运输土石方采用定额"增运"部分	5.09	4.99	5.40	6.12	6.29	6.63	6.79	7.35	包括隧道出渣洞外运输
4	特大桥、大桥	10.28	9.19	12.30	13.53	14.19	14.24	14.34	14.52	不包括梁部及桥面系
5	预制混凝土梁	27.56	22.14	37.67	41.38	44.65	44.92	45.42	46.31	包括桥面系

续表

类别代号	工程类别	费率（%） 地区编号								附注
		1	2	3	4	5	6	7	8	
6	现浇混凝土梁	17.24	13.89	23.50	25.97	27.99	28.16	28.46	29.02	包括梁的横向联结和湿接缝，包括分段预制后拼接的混凝土梁
7	运架混凝土简支箱梁	4.68	4.68	4.81	5.16	5.25	5.40	5.49	5.73	
8	隧道、明洞、棚洞，自采砂石	13.08	12.74	13.61	14.75	14.90	14.96	15.04	15.09	
9	路基加固防护工程	16.94	16.25	18.89	20.19	20.35	20.59	20.80	20.94	包括各类挡土墙及抗滑桩
10	框架桥、中桥、小桥，涵洞，轮渡，码头，房屋，给排水，工务、站场、其他建筑物等建筑工程	21.25	20.22	23.50	25.53	26.04	26.27	26.47	26.65	不包括梁式中、小桥梁部及桥面系
11	铺轨、铺岔，架设混凝土梁（简支箱梁除外）、钢梁、钢管拱	27.08	26.96	27.83	29.50	30.17	32.46	34.12	40.96	包括支座安装，轨道附属工程，线路备料
12	铺砟	10.33	9.07	12.38	13.71	13.94	14.52	14.86	15.99	包括线路沉落整修、道床清筛
13	无砟道床	27.66	23.60	35.25	38.90	41.35	41.55	41.93	42.60	包括道床过渡段
14	通信、信号、信息、电力、牵引变电、供电段、机务、车辆、动车，所有安装工程	25.30	25.40	25.80	27.75	28.03	28.30	28.70	29.55	
15	接触网建筑工程	25.12	23.89	27.33	29.26	29.42	29.74	30.20	30.46	

河南为Ⅰ区，工程类别为特大桥，施工措施费费率为10.28%。

$$施工措施费 = (基期人工费 + 基期施工机械使用费) \times 施工措施费费率$$
$$= (6408 + 1382) \times 10.28\% = 801 元$$

（13）特殊施工增加费。

内容包括：风沙地区施工增加费、高原地区施工增加费、原始森林地区施工增加费、行车干扰施工增加费。

本工程无特殊施工增加费。

（14）直接费。

$$直接费 = 直接工程费 + 施工措施费 + 特殊施工增加费$$
$$= 70\,751 + 801 = 71\,548 元$$

2. 间接费的计算

间接费包括企业管理费、规费和利润。

费用计算：

$$间接费 = (基期人工费 + 基期施工机械使用费) \times 间接费费率$$

其中，间接费率按不同工程类别，采用表 4.16 所规定费率计列。

表 4.16 间接费费率

类别代号	工程类别	费率（%）	附 注
1	人力施工土石方	59.7	包括人力拆除工程，绿色防护、绿化，各类工程中单独挖填的土石方，爆破工程
2	机械施工土石方	19.5	包括机械拆除工程，填级配碎石、砂砾石、渗水土，公路路面，各类工程中单独挖填的土石方
3	汽车运输土石方采用定额"增运"部分	9.8	包括隧道出渣洞外运输
4	特大桥、大桥	23.8	不包括梁部及桥面系
5	预制混凝土梁	67.6	包括桥面系
6	现浇混凝土梁	38.7	包括梁的横向联结和湿接缝，包括分段预制后拼接的混凝土梁
7	运架混凝土简支箱梁	24.5	
8	隧道、明洞、棚洞，自采砂石	29.6	
9	路基加固防护工程	36.5	包括各类挡土墙及抗滑桩
10	框架桥、中桥、小桥，涵洞，轮渡、码头，房屋、给排水、工务、站场、其他建筑物等建筑工程	52.1	不包括梁式中、小桥梁部及桥面系
11	铺轨、铺岔，架设混凝土梁（简支箱梁除外）、钢梁、钢管拱	97.4	包括支座安装，轨道附属工程，线路备料
12	铺砟	32.5	包括线路沉落整修、道床清筛
13	无砟道床	73.5	包括道床过渡段
14	通信、信号、信息、电力、牵引变电、供电段、机务、车辆、动车，所有安装工程	78.9	
15	接触网建筑工程	69.5	

工程类别是特大桥，间接费率为 23.8%。

$$间接费 = (基期人工费 + 基期施工机械使用费) \times 间接费费率$$
$$= (6\ 408 + 1\ 382) \times 23.8\% = 1\ 854 \text{ 元}$$

3. 税金的计算

指按国家税法规定应计入建筑安装工程造价内的营业税、城市维护建设税及教育费附加。

税金计算：为简化概（预）算编制，税金统一按建筑安装工程费（不含税金）的 3.35% 计列。即

$$税金 = (直接费 + 间接费) \times 3.35\%$$
$$= (71\ 548 + 1\ 854) \times 3.35\% = 2\ 459 \text{ 元}$$

4. 单项概(预)算费用(表4.17)

$$单项概(预)算费用 = 直接费 + 间接费 + 税金$$
$$= 71\,548 + 1\,854 + 2\,459 = 75\,861 \text{ 元}$$

表4.17 单项概预算

建设名称	新建××铁路			编号		YS-01	
工程名称	沙河特大桥			工程数量		899.70	延长米
工程地点	DK2+000~DK2+899.70			概预算价值			元
所属章节	三章5节			概预算指标			元/延长米
定额编号	工程项目或费用名称	单位	数量	单价	合价	单位重	合重
	Ⅰ. 建筑工程费	延长米	899.70	84.32	75 861		
	1. 基础	圬工方	91.96	824.93	75 861		
	(1) 明挖	圬工方	91.96	824.93	75 861		
	① 混凝土	圬工方	91.96	824.93	75 861		
QY-3	挖基3m以内无水	10 m³	17.13	73.57	1 260		
QY-337	C15片石混凝土墩台基础	10 m³	9.20	1642.14	15 108	24.987	229.880
QY-45	基坑回填	10 m³	7.94	62.43	496		
	基期人工费	元			6 408		
	基期材料费	元			9 073		
	基期机械使用费	元			1 382		
	一、定额直接工程费	元			16 863		229.880
	运杂费	元	229.880	22.885	5 261		
	二、运杂费	元			5 261		
	人工价差	元			37 212		
	人工价差1	元	194.95	136.00	26 513		
	人工价差2	元	77.68	137.74	10 699		
	材料价差	元			10 013		
	调查价差	元			9 988		
	系数价差	元	178	0.142	25		
	水电价差	元			0		
	机械台班价差	元			1397		
	三、价差合计	元			48 622		
	四、直接工程费	元			70 747		
	五、施工措施费	元	7790	10.28	801		
	六、直接费	元			71 548		
	七、间接费	元	7790	23.8	1 854		
	八、税金	元	73402	3.35	2 459		
	九、单项预算价值	元			75 861		

4.1.1.3 完成任务

计算桥梁下部结构墩台的直接费、间接费、税金和单项概预算价值。

4.1.2 知识链接

1. 铁路概（预）算项目费用组成

铁路基本建设大中型项目设计概（预）算编制严格依据铁道部 2006 年 7 月 1 日施行的铁建设〔2006〕113 号文执行。其组成见图 4.2。

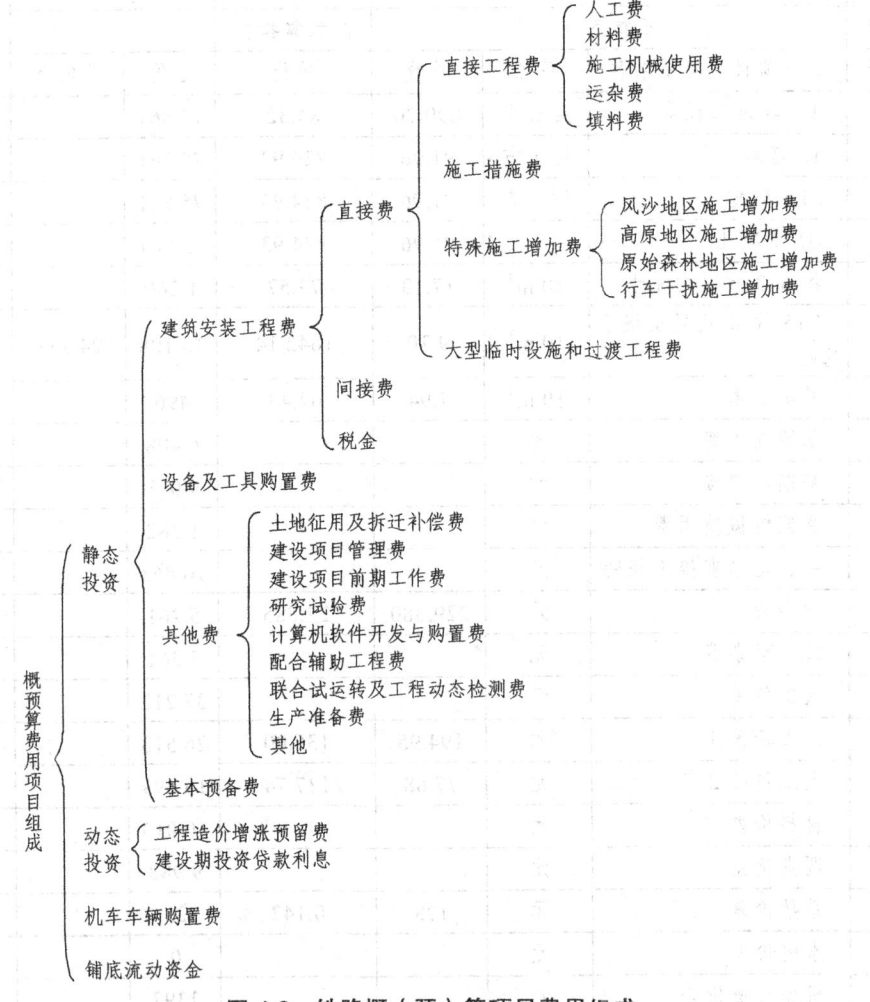

图 4.2 铁路概（预）算项目费用组成

2. 铁路工程单项概（预）算计算程序（表 4.18）

（1）将各分部（分项）工程定额单价和工程数量分别填入单项概（预）算表中，分别相乘并汇总，即

$$\text{单项概（预）算定额直接工程费} = \sum_{n=1}^{m}[\text{分部（分项）工程量}_n \times \text{定额单价}_n]$$

其中，m 为编制单元被分解的分部（分项）工程的数量。

表 4.18 建筑安装工程单项概（预）算计算程序

序号	费用名称		计算式
（1）	基期人工费		按设计工程量和基期价格水平计列
（2）	基期材料费		
（3）	基期施工机械使用费		
（4）	定额直接工程费		（1）+（2）+（3）
（5）	运杂费		指需要单独计列的运杂费，按施工组织设计的材料供应方案及本办法的有关规定计算
（6）	价差	人工费价差	基期至编制期价差有关规定计列
（7）		材料费价差	
（8）		施工机械使用费价差	
（9）		价差合计	（6）+（7）+（8）
（10）	填料费		按设计数量和购买价计算
（11）	直接工程费		（4）+（5）+（9）+（10）
（12）	施工措施费		[（1）+（3）]×费率
（13）	特殊施工增加费		（编制期人工费+编制期施工机械使用费）×费率或编制期人工费×费率
（14）	直接费		（11）+（12）+（13）
（15）	间接费		[（1）+（3）]×费率
（16）	税金		[（14）+（15）]×费率
（17）	单项概（预）算价值		（14）+（15）+（16）

注：表中直接费未含大型临时设施和过渡工程费。大型临时设施和过渡工程需单独编制单项概（预）算，其计算程序见相关规定。

（2）将用到的各个定额中的定额人工费、定额材料费、定额机械费乘以各自工程量并分别汇总，得到基期人工费、基期材料费、基期机械使用费。

（3）计算运杂费。

（4）计算价差。

价差包括人工费价差、材料费价差、机械费价差。

① 人工费价差＝工日数×(编制期综合工费标准－基期综合工费标准)

② 材料费价差一般包括调查价差、系数价差、水价差、电价差。

调查价差＝$\sum$[主要材料消耗量×(编制期调查价－基期价)]

系数价差＝基期其他材料费×(价差系数－1)

水、电价差＝水、电消耗量×(编制期价－基期价)

③ 机械费价差＝机械台班消耗量×(编制期台班单价－基期台班单价)

（5）计算填料费、施工措施费、特殊施工增加费、间接费、税金。

（6）计算单项概（预）算费用。

3. 基本概念

（1）基期。

基期指编制定额基价时所采用的价格标准的时间位置（年）。

（2）基期价格。

基期价格指编制定额基价时采用的价格标准，包括人工单价、材料单价、机械台班单价。

（3）基价。

基价指一个定额单位规定消耗的工日、材料、机械台班数量分别乘以人工、材料、机械台班基期价格所得人工费、材料费、机械使用费之和。

（4）编制期。

编制期指概（预）算编制时的时间位置（年）。

（5）编制期价格。

编制期价格指概（预）算编制时的价格（包括工资标准、材料单价、机械台班单价等）。

（6）验工计价结算期。

验工计价结算期指施工单位完工的工程，经业主验收合格，应支付给施工单位工程价款的时间位置（年）。

（7）价差。

价差是指形成工程造价的各种因素，因时间、地点的不同，由于价格变化使工程造价产生的相对差值。价差的计算根据具体情况和编制要求，有不同的计算方法和范围。

现行编制办法规定，基期以 2005 年度价格水平作为基期价的取费依据，基期至编制期之间产生的价差，包括人工费价差、材料费价差、机械费价差、运杂费价差和设备费价差等，需计算和调整。

4. 概（预）算小数点后位数取定

（1）人工、材料、机械台班单价。

单价的单位为"元"，取 2 位小数，第 3 位四舍五入。

（2）定额（补充）单价分析。

单价和合价的单位为"元"，取 2 位小数，第 3 位四舍五入；单重和合重的单位为"t"，单重取 6 位小数，第 7 位四舍五入，合重取 3 位小数，第 4 位四舍五入。

（3）运杂费单价分析。

汽车运价率的单位为"元/(t·km)"，取 3 位小数，第 4 位四舍五入；火车运价率的单位及运价率按现行《铁路货物运价规则》执行；装卸费单价单位为"元"，取 2 位小数，第 3 位四舍五入；综合运价单位为"元/t"，取 2 位小数，第 3 位四舍五入。

（4）单项概（预）算。

单价和合价的单位为"元"，单价取 2 位小数，第 3 位四舍五入，合价取整数。

（5）材料重量。

材料重量和合重的单位为"t"，均取 3 位小数，第 4 位四舍五入。

（6）人工、材料、机械台班数量统计。

按定额中的单位，均取 2 位小数，第 3 位四舍五入。

（7）综合概（预）算。

概（预）算价值和指标的单位为"元"，概（预）算价值取整，指标取 2 位小数，第 3 位四舍五入。

（8）总概（预）算。

概（预）算价值和指标的单位为"万元"，均取 2 位小数，第 3 位四舍五入；费用比例以百分数表示，取 2 位小数，应检算是否闭合。

（9）工程数量。

① 计量单位为"m^3""m^2""m"的取 2 位，第 3 位四舍五入。

② 计量单位为"km"的，轨道工程取 5 位，第 6 位四舍五入；其他工程取 3 位，第 4 位四舍五入。

③ 计量单位为"t"的取 3 位，第 4 位四舍五入。

④ 计量单位为个、处、组、座或其他可以明示的自然计量单位时，取整。

4.1.3 任务实施

结合案例下部结构中的桥墩，计算表 4.19 中的下部结构桥墩的单项概预算价值。

表 4.19 工程量清单

编码	节号	名 称	计量单位	工程数量
0305	5	特大桥	延长米	899.70
030501		一、复杂特大桥（1座）	延长米	899.70
03050101		（一）沙河特大桥	延长米	899.70
03050101J		Ⅰ．建筑工程费	延长米	899.70
03050101J01		1．基础	圬工方	91.96
03050101J0101		（1）明挖	圬工方	91.96
03050101J010101		① 混凝土	圬工方	91.96
03050101J02		2．墩台	圬工方	267.37
03050101J0201		（1）混凝土	圬工方	267.37
03050101J0202		（2）钢筋	t	15.196

4.1.3.1 查定额填写单项概预算表（表 4.20 定额见附录三）

表 4.20 单项概预算　　　　　　　　　　　　　　　（中末页）

定额编号	工作项目或费用名称	单位	数量	单价	合价	单位重	合重
	2．墩台	圬工方					
	（1）混凝土	圬工方					
	（2）钢筋	吨					

4.1.3.2 直接费的计算

1. 基期人工费

2. 基期的材料费

3. 基期施工机械使用费

4. 定额直接工程费 = 基期人工费+基期材料费+基期机械使用费

5. 运杂费

（1）根据表 4.6 找出需要单独计列的运杂费的材料。

（2）计算运输费。

假设以上材料都是汽车运输而且都是现有公路，无便道，假设运距有变化。

（3）装卸费。

（4）其他有关运输的费用，如火车运输的取送车费、过轨费，汽车运输的渡船费等，本任务无。

（5）采购及保管费。

指按运输费、装卸费及其他有关运输的费用之和为基数计取的，应列入运杂费中的采购及保管费。采购及保管费率见表 4.8。

（6）计算每种材料的运杂费单价。

填写主要材料全程运杂费单价表（表 4.21）。

表 4.21 运杂费单价分析

材料名称	运输方法	起点	终点	吨次费(元/t)	运距(km)	单价[元/(t·km)]	小计	装卸次数	装卸单价	小计	采购及保管费	共计	运输方法比重（%）	运杂费(元/t)	合计(元/t)

（7）计算各种材料的重量、运杂费和总运杂费。

（8）计算综合平均运杂费单价。

6. 人工价差

$$人工费价差 = 工日数 \times (编制期综合工费标准 - 基期综合工费标准)$$

编制期为 2013 年 9 月的综合工费标准，经过市场调查为 160 元/工日。基期综合工费标准为 2005 年度标准，见表 4.3。

7. 材料费价差

一般包括调查价差、水价差、电价差、系数价差。

（1）调查价差（调查价材料编制期价格见表 4.10）。

（2）水、电价差。

水、电价差（不包括施工机械台班消耗的水、电），按定额统计的消耗量乘以编制期价格与基期价格之间的差额计算。

$$水、电价差 = 水、电消耗量 \times (编制期价 - 基期价)$$

工程用水基期单价为 0.38 元/t，工程用电基期单价为 0.55 元/(kW·h)。

工程用水编制期单价为 0.38 元/t，工程用电编制期单价为 0.55 元/(kW·h)。

水价差为 0 元。

电价差为 0 元。

（3）系数价差。

$$材料的系数价差 = 其他材料费 \times (价差系数 - 1)$$

材料价差＝调查价差＋系数价差＋水电价差

8. 施工机械使用费价差

按定额统计的机械台班消耗量，乘以编制期施工机械台班单价［按编制期综合工费标准 160 元/工日、油燃料价格柴油 6.67 元/kg、水电 0.55 元/(kW·h)单价及养路费标准（与基期相同）计算］与基期施工机械台班单价（表 4.22）的差额计算。

机械费价差＝机械台班消耗量×(编制期台班单价－基期台班单价)

表 4.22　机械台班编制期单价

电算代号	机械规格名称	台班单价（元）	折旧费（元）	大修费（元）	经常修理费	安装拆卸费（元）	人工（160.00 元/工日）			柴油（6.67 元/kg）		电[0.55 元/(kW·h)]		其他费用
							定额	系数	费用	定额	费用	定额	费用	

9. 价差合计 = 人工价差 + 材料价差 + 施工机械使用费价差

10. 填料费
本任务无填料费。

11. 直接工程费

直接工程费 = 定额直接工程费 + 运杂费 + 价差 + 填料费

12. 施工措施费
施工措施费计算：各类工程的基期人工费与基期施工机械使用费之和为计算基数，根据施工措施费地区划分表（表4.14），按表4.15所列费率计列。

施工措施费 = (基期人工费 + 基期施工机械使用费) × 施工措施费费率

13. 特殊施工增加费
无特殊施工增加费。

14. 直接费

直接费 = 直接工程费 + 施工措施费 + 特殊施工增加费

4.1.3.3 间接费

$$间接费 = (基期人工费 + 基期施工机械使用费) \times 间接费率$$

其中,间接费费率按不同工程类别,采用表 4.16 所规定费率计列。

4.1.3.4 税 金

税金计算:为简化概(预)算编制,税金统一按建筑安装工程费(不含税金)的 3.35% 计列,即

$$税金 = (直接费 + 间接费) \times 3.35\%$$

4.1.3.5 单项概(预)算费用(表 4.23)

单项概(预)算费用 = 直接费 + 间接费 + 税金

表 4.23 单项概预算 (中末页)

定额编号	工作项目或费用名称	单位	数量	单价	合价	单位重	合重

续表

定额编号	工作项目或费用名称	单位	数量	单价	合价	单位重	合重

4.1.4 课业评价

任务完成后,采用教师检查,学生自评、互评的方式,进行完成任务情况检查。应检查如下任务:

1. 查定额并填写单项概预算表。
2. 直接费的计算。
3. 间接费的计算。
4. 税金的计算。
5. 单项概预算费用的计算。

任务二 桥梁工程工程造价的计算

4.2.1 任务介绍

4.2.1.1 任务导入

根据情境四任务一桥梁工程下部结构工程造价的计算实例的练习，我们来看看一座单线特大桥（简支 T 梁）的工程造价文件是怎样构成的？

4.2.1.2 案例分析

阅读情境四任务一桥梁工程下部结构基础墩台的工程造价文件。

4.2.1.3 完成任务

阅读一座单线特大桥（简支 T 梁），桥全长 796.5 延长米的工程造价文件，依次按照基础、墩台、梁、支座、桥面系、附属工程顺序编制各分部（分项）工程单项概算。

4.2.2 知识链接

1. 概（预）算编制的基础资料

（1）编制依据。

采用《铁路桥涵工程预算定额（2005 年）》、费用计取依据铁道部〔2006〕113 号文《铁路基本建设工程设计概算编制办法》、设计图纸、工程数量表等。

（2）材料价差调整方法。

主材价差按铁道部〔2006〕113 号文《铁路基本建设工程设计概算编制办法》的相关规定调整，辅助材料价差依据 CLJC2007-383-129 进行调整。

（3）基期工、料、机费的计费标准。

人工费：执行铁道部〔2006〕113 号文《铁路基本建设工程设计概算编制办法》。

材料费：铁建〔2006〕129 号文《铁路工程建设材料基期价格（2005 年）》。

机械台班费：铁建〔2006〕129 号文《铁路工程施工机械台班费用定额（2005 年）》。

本工程要求价格水平达到 2006 年度水平。

（4）运杂费及其他费用计算。

根据〔2006〕113 号文《铁路基本建设工程设计概算编制办法》规定的各种运输单价、装卸费及其他有关运输的费用、施工组织设计的材料运输方案、材料供应基地等因素综合分析计算。

（5）价差、施工措施费、特殊施工增加费、间接费、税金等费用按〔2006〕113 号文《铁路基本建设工程设计概算编制办法》的规定计算。

2. 大桥各分部（分项）工程单项概（预）算

编制运输方案，从而可以编制大桥所需主材的运杂费分析表，根据桥的构成依次按照基础、墩台、梁、支座、桥面系、附属工程顺序编制各分部（分项）工程单项概算，再汇总大桥各分部分项单项概（预）算可以编制大桥的综合概（预）算。

4.2.3 任务实施

任务实验过程详见表 4.24~表 4.26。

表 4.24 主要材料平均运杂费分析

适用范围										编号		YBDQ-01	
		各种运输方法的全程运价（每吨）								全程综合运价（每吨）			
		运输费					杂费		采购及保管费（元）	共计（元）	运输方法比重(%)	运杂费（元）	合计（元）
材料名称	运输方法	起讫点		运距(km)	单价（元）	小计（元）	装卸次数	装卸单价（元）	小计（元）				
		起点	终点										
梁部砂	营业火车			894	0.07	65.9	1	3.4	3.4		69.31			
	汽车			25	0.6	15	2	3.4	6.8		21.8			
						80.9			10.2	4.15		1	95.26	95.26
砂	汽车			11	0.6	6.6	1	3.4	3.4		10			
						6.6			3.4	0.46		1	10.46	10.46
碎石	汽车			11	0.6	6.6	1	3.4	3.4		10			
						6.6			3.4	0.35		1	10.35	10.35
级配卵石	汽车			14	0.6	8.4	1	3.4	3.4		11.8			
						8.4			3.4	0.42		1	12.22	12.22
砖、瓦	汽车			14	0.6	8.4	1	3.4	3.4		11.8			
						8.4			3.4	0.6		1	12.4	12.4
片石	汽车			11	0.6	6.6	1	3.5	3.4		10			
生石灰	汽车			14	0.6	8.4	1	3.4	3.4		11.8			
						8.4			3.4	0.6		1	12.4	12.4
料石、块石	汽车			11	0.6	6.6	1	3.4	3.4		10			
						6.6			3.4	0.25		1	10.25	10.25
黏土	汽车			14	0.6	8.4	1	3.4	3.4		11.8			
						8.4			3.4	0.3		1	12.1	12.1
卵石	汽车			14	0.6	8.4	1	3.4	3.4		11.8			
						8.4			3.4	0.42		1	12.22	12.22
水泥	汽车			5	0.6	3	1	3.4	3.4		6.4			
						3			3.4	0.23		1	6.63	6.63
钢铁管件、型钢	汽车			5	0.6	3	1	3.4	3.4		6.4			
						3			3.4	0.16		1	6.56	6.56

续表

适用范围										编号		YBDQ-01	
	各种运输方法的全程运价（每吨）										全程综合运价（每吨）		
材料名称	运输费					杂费			采购及保管费（元）	共计（元）	运输方法比重（%）	运杂费（元）	合计（元）
	运输方法	起讫点		运距(km)	单价（元）	小计（元）	装卸次数	装卸单价(元)	小计（元）				
		起点	终点										
其他钢材	汽车			5	0.6	3	1	3.4	3.4		6.4			
						3		3.4	0.16			1	6.56	6.56
木材、模型板及木拱架	汽车			5	0.6	3	1	3.4	3.4		6.4			
						3		3.4	0.16			1	6.56	6.56
钢筋混凝土梁	调车费			6	0.1	0.6	0.6	8.4	5.04		5.64			
	工程列车			75	0.42	31.9	0.4	8.4	3.36		35.23			
						32.5		8.4	0.41			1	41.28	41.28
钢梁、钢管拱、斜拉索	调车费			2	0.1	0.2	0.6	8.4	5.04		5.24			
	营业火车			1563	0.11	170	0.4	8.4	3.36		173.2			
	汽车			5	0.6	3	1	8.4	8.4		11.4			
						173		16.8	1.9			1	191.8	191.8
桥梁支座(1t以上)	营业火车			607	0.11	63.9	1	8.4	8.4		72.29			
	汽车			5	0.6	3	1	8.4	8.4		11.4			
						66.9		16.8	0.84			1	84.53	84.53
桥梁支座(1t以下)	营业火车			607	0.11	63.9	1	3.4	3.4		67.29			
	汽车			5	0.6	3	1	3.4	3.4		6,4			
						66.9		6.8	0.74			1	74.43	74.43
爆破材料	汽车			5	0.6	3	1	3.4	3.4		6.4			
								3.4	0.16			1	6.56	6.56
其他主料	汽车			5	0.6	3	1	3.4	3.4		6.4			
						3		3.4	0.16			1	6.56	6.56

表 4.25 单项概预算

建设名称	新建××铁路			编号	ZGS-01-01
工程名称	单线特大桥			工程数量	796.5 延长米
工程地点	DK2+100~DK2+900			概预算价值	21 687 951 元
所属章节	三章 5 节			概预算指标	27 229.07 元/延长米
定额编号	工作项目或费用名称	单位	数量	费用（元）	
				单价	合价
	1. 一般特大桥（简支 T 梁）	延长米/座	796.5/1	27 299.07/21687 951	21 687 951
	Ⅰ. 建筑工程费	延长米/座	796.5/1	27 299.07/21687 951	21 687 951
	（一）基础	圬工方	10 466	801.32	8 368 572
	1. 明挖	圬工方	5 162	260.23	1 343 302
	（1）混凝土	圬工方	5 162	260.23	1 343 302
QY-340	墩台基础混凝土非泵送 C25	10 m³	257.36	2 006.63	516 426
QY-45	基坑回填原土	10 m³	988.3	67.21	66 424
QY-812	涵洞基础片石混凝土 C15	10 m³	258.79	1363.4	352 834
	人工费	元			283 988
	材料费	元			607 779
	机械使用费	元			43 917
	一、定额直接工程费				935 684
	运杂费（按材料重量计算）	t	12 799.82	9.915	126 911
	二、运杂费	元			126 911
	调查价差	元			121 187
	系数价差	元	10 367	0.142	1 472
	机械台班价差	元			2 756
	三、价差合计	元			125 415
	四、直接工程费	元			1 188 010
	五、施工措施费	%	327 905	10.28	33 709
	六、直接费				1 221 719
	七、间接费	%	327 905	23.8	78 041
	八、税金	%	1 299 760	3.35	43 542
	九、单项预算价值	元			1 343 302
	2. 承台	圬工方	2 006	336.36	674 739
	（1）混凝土	圬工方	2 006	295.48	592 733
QY-334参	陆上承台混凝土非泵送 C25	10 m³	107.81	2 155.55	232 389
QY-334参	陆上承台混凝土非泵送 C25	10 m³	92.8	2 155.55	200 035
	人工费	元			94 174
	材料费	元			309 623

续表

定额编号	工作项目或费用名称	单位	数量	费用（元） 单价	费用（元） 合价
	机械使用费	元			28 627
	一、定额直接工程费	元			432 424
	运杂费（按材料重量计算）	元	4 861.18	9.687	47 091
	二、运杂费	元			47 091
	调查价差	元			49 470
	系数价差	元	5 298	0.142	752
	机械台班价差	元			1 932
	三、价差合计	元			52 154
	四、直接工程费	元			531 669
	五、施工措施费	元	122 801	10.28	12 624
	六、直接费	元			554 293
	七、间接费	元	122 801	23.8	29 227
	八、税金	元	573 520	3.35	19 213
	九、单项预算价值	元			592 733
	（2）钢筋	t	22.49	3 646.33	82 006
QY-351	陆上承台 钢筋	t	9.57	3 646.62	35 195
QY-351	陆上承台 钢筋	t	12.92	3 646.62	47 514
	人工费	元			3 605
	材料费	元			77 885
	机械使用费	元			1 219
	一、定额直接工程费	元			82 709
	运杂费（按材料重量计算）	t	23.17	6.562	152
	二、运杂费	元			152
	调查价差	元			－5 328
	系数价差	元	747	0.142	106
	机械台班价差	元			65
	三、价差合计	元			－5 157
	四、直接工程费	元			77 704
	五、施工措施费	%	4 824	10.28	496
	六、直接费	元			78 200
	七、间接费	%	4 824	23.8	1 148
	八、税金	%	79 348	3.35	2 658
	九、单项预算价值	元			82 006
	5. 钻孔桩	圬工方	3 298	1805.67	5 955 087

续表

定额编号	工作项目或费用名称	单位	数量	费用（元）	
				单价	合价
QY-104	陆上钻孔桩径≤1.25 可塑黏性土	10 m³	68.2	3 072.4	209 538
QY-116	陆上钻孔桩径≤1.25 软石	10 m³	68.2	17 365.49	1 184 327
QY-173	陆上钻孔浇注水下混凝土非泵送 C30	10 m³	142.108	2 616.47	371 822
QY-187	钻孔桩钢筋笼制安 陆上	t	60.68	3 915.03	237 564
QY-193	钻孔桩钢护筒陆上埋深ζ1.5 m	t	23.44	965.95	22 642
QY-105	陆上钻孔桩径～1.5 m可塑的黏性土	10 m³	62.6	3 587.28	224 563
QY-117	陆上钻孔桩径～1.5 m软石	10 m³	62.6	20 302.57	1270 942
QY-173	陆上钻孔浇筑水下混凝土非泵送 C30	10 m³	187.671	2 616.47	491 036
QY-187	钻孔桩钢筋笼制安陆上	t	79.33	3 915.03	310 579
QY-193	钻孔桩钢护筒陆上埋深ζ1.5 m	t	22.73	965.95	21 956
	人工费	元			415 389
	材料费	元			1 337 563
	机械使用费	元			2 592 017
	一、定额直接工程费	元			4 344 969
	运杂费（按材料重量计算）	t	10 076.66	9.816	98 915
	二、运杂费	元			98 915
	调查价差	元	206 467	0.142	109 142
	系数价差	元			29 318
	机械台班差	元			154 790
	三、价差合计	元			293 250
	四、直接工程费	元			4 737 134
	五、施工措施费	%	3 007 406	10.28	309 161
	六、直接费	元			5 046 295
	七、间接费	%	3 007 406	23.8	715 763
	八、税金	%	5 762 058	3.35	193 029
	九、单项预算价值	元			5 955 087
QY-9	人力挖土方卷扬机提升基坑深3 m无水	10 m³	614.7	82.09	50 462
QY-I0	人力挖土方卷扬机提升基坑深3 m有水	10 m³	78.5	128.65	10 099

续表

定额编号	工作项目或费用名称	单位	数量	费用（元）	
				单价	合价
QY-11	人力挖土方卷扬机提升基坑深6 m无水	10 m³	263.4	108.36	28 542
QY-12	人力挖土方卷扬机提升基坑深6 m有水	10 m³	33.6	170.04	5 714
QY-27	机械钻眼开挖石方卷扬机提升基坑深运3 m元水	10 m³	315.7	249.1	78 641
QY-28	机械钻眼开挖石方卷扬机提升基坑深运3 m有水	10 m³	71.7	299.5	21 474
QY-29	机械钻眼开挖石方卷扬机提升基坑深～6 m无水	10 m³	262.3	264.63	69 412
QY-30	机械钻眼开挖石方卷扬机提升基坑深ζ6 m有水	10 m³	7.2	319.35	2 300
QY-42	基坑抽水中水流ζ40 m³/h	10 m³湿土	229.2	119.48	27 384
	人工费	元			178 608
	材料费	元			17 571
	机械使用费	元			97 849
	一、定额直接工程费	元			294 028
	系数价差	元	17 571	0.142	2 495
	机械台班差	元			9 303
	三、价差合计	元			11 798
	五、直接工程费	元			305 826
	六、施工措施费	元	276 457	10.28	28 420
	八、直接费	元			334 246
	九、间接费	元	276 457	23.8	65 797
	十、税金	%	400 043	3.35	13 401
	十一、单项概算价值	元			413 444
	（二）墩台	圬工方	8 306	439.61	3 651 393
	1. 混凝土	圬工方	8 306	367.69	3 054 030
QY-358参	陆上实体墩台身混凝土非泵送C30	10 m³	564.35	2 518.98	1 421 587
QY-376	陆上空心桥墩墩身混凝土C30墩高30 m	10 m³	201.07	3 128.72	629 092
QY-491	托盘及台顶混凝土非泵送C30	10 m³	40.09	3 248.89	130 248
QY-461	陆上顶帽混凝土C30墩高30 m	10 m³	20.15	2 965.22	59 749
QY-466参	陆上顶帽混凝土C35墩高30 m	10 m³	3.79	3 667.51	13 900
QY-496	道昨槽混凝土非泵送C30	10 m³	1.14	3 295.44	3 756
	人工费	元			493 609

续表

定额编号	工作项目或费用名称	单位	数量	费用（元）	
				单价	合价
	材料费	元			1 556 034
	机械使用费	元			208 689
	一、定额直接工程费	元			2 258 332
	运杂费(按材料重量计算)	t	20 110.28	9.696	194 999
	二、运杂费	元			194 999
	调查价差	元			232 975
	系数价差	元	122 861	0.142	17 446
	机械台班差	元			11 941
	三、价差合计	元			262 362
	五、直接工程费	元			2 715 693
	六、施工措施费	元	702 298	1 028	72 196
	八、直接费	元			2 787 889
	九、间接费	元	702 298	23.8	167 147
	十、税金	%	2 955 036	3.35	98 994
	十一、单项概算价值	元			3 054 030
	2. 钢筋	t	139.49	4 282.48	597 363
QY-406	陆上空心桥墩墩身钢筋墩高≤30 m	t	105.62	4 144.65	437 758
QY-481	陆上顶帽钢筋墩高≤30 m	t	15.72	4061.7	63 850
QY-481	陆上顶帽钢筋墩高≤30 m	t	17.62	4061.7	70 105
QY-504	道砟槽 钢筋	t	0.89	3 784.14	3 368
	人工费	元			55 327
	材料费	元			484 756
	机械使用费	元			34 998
	一、定额直接工程费	元			575 081
	运杂费（按材料重量计算）	t	143.67	6.564	943
	二、运杂费	元			943
	调查价差	元			-32 210
	系数价差	元	11 297	0.142	1 604
	机械台班价差	元			1 800
	三、价差合计	元			-28 806
	四、直接工程费	元			547 218
	五、施工措施费	%	90 325	10.28	9 285
	六、直接费	元			556 503
	七、间接费	%	90 325	23.8	21 497
	八、税金	%	578 000	3.35	19 363
	九、单项预算价值	元			597 363

续表

定额编号	工作项目或费用名称	单位	数量	费用（元）	
				单价	合价
	（五）构架（钢筋）预应力混凝土T梁	孔	24	294 889.96	7 077 359
2 601 117	后张法简支T梁24 m 曲线通桥（2005）2101-Ⅱ（单线）	孔	4	182 000	728 000
2 601 119	后张法简支T梁32 m 曲线通桥（2005）2101-Ⅰ（单线）	孔	20	271 000	5 420 000
QY-578	架桥机架设（预应力）混凝土T形梁跨度24 m	孔	4	7 029.66	28 118
QY-579	架桥机架设（预应力）混凝土T形梁跨度32 m	孔	20	8 107.12	162 143
	人工费	元			13 934
	材料费	元			6 148 952
	机械使用费	元			175 375
	一、定额直接工程费	元			6 338 261
	运杂费（按材料重量计算）	t	6 360.48	41.28	262 561
	二、运杂费	元			262 561
	系数价差	元	952	0.003	3
	机械台班价差	元			11 476
	三、价差合计	元			11 479
	四、直接工程费	元			6 612 301
	五、施工措施费	%	189 309	27.08	51 265
	六、直接费	元			6 663 566
	七、间接费	%	189 309	97.4	184 387
	八、税金	%	6 847 953	3.35	229 406
	九、单项预算价值	元			7 077 359
	（十二）支座	元	1	548 228	548 228
	3.盆式橡胶支座	个	96	5 710.71	548 228
QY-705	盆式橡胶支座承载力≤3 000 kN 固定	个	40	4 168.52	166 740
QY-706	盆式橡胶支座承载力≤3 000 kN 活动	个	40	6 597.51	263 660
QY-705参	盆式橡胶支座承载力≤3 000 kN 固定	个	8	3 249.42	25 995
QY-706参	盆式橡胶支座承载力≤3 000 kN 活动	个	8	4 243.26	33 946
	人工费	元			13 224
	材料费	元			460 877
	机械使用费	元			16 240

续表

定额编号	工作项目或费用名称	单位	数量	费用（元） 单价	费用（元） 合价
	一、定额直接工程费	元			490 341
	运杂费（按材料重量计算）	t	115.7	21.556	2 494
	二、运杂费	元			2 494
	调查价差	元			-100
	系数价差	元	1 594	0.059	94
	机械台班价差	元			952
	三、价差合计	元			946
	四、直接工程费	元			493 781
	五、施工措施费	%	29 464	27.08	7 979
	六、直接费	元			501 760
	七、间接费	%	29 464	97.4	28 698
	八、税金	%	530 458	3.35	17 770
	九、单项预算价值	元			548 228
	（十三）桥面系	延长米	796.5	1 996.6	1 590 288
	1. 混凝土梁桥面系	延长米	7 96.5	1 996.6	1 590 288
QY-767	实体桥墩检查设施 围栏	一个墩	25	245.68	6 142
QY-768	实体桥墩检查设施 吊篮	每侧	48	873.41	41 923
QY-769	实体桥墩检查设施 检查梯	个	25	207.55	5 189
QY-732	道砟桥面 避车台	个	23	1 858.64	42 749
QY-733	道砟桥面 钢筋混凝土挡砟块 C20	10 m³	3.88	10 389.77	40 312
QY-740	混凝土桥枕地段铺设护轮轨（单线）护轮轨	100 m³	8.165	42 293.82	345 329
QY-741	混凝土桥枕地段铺设护轮轨（单线）弯轨及梭头	一座桥	1	4 896.64	4 897
QY-1110	桥上电缆槽 钢制电缆槽	100 m	20.709	14 925.25	309 087
QY-1122	框架桥电缆槽 玻璃钢电缆槽支架制安	t	4.46	6 025.05	26 897
QY-727	道砟桥面 钢筋混凝土道板及钢立柱、钢栏杆 人行道板宽 1.05 m	100 双侧米	7.965	65 467.11	521 446
	人工费	元			143 244
	材料费	元			1 174 260
	机械使用费	元			26 437
	一、定额直接工程费	元			1 343 941
	运杂费（按材料重量计算）	t	729.63	7.724	5 636

续表

定额编号	工作项目或费用名称	单位	数量	费用（元）	
				单价	合价
	二、运杂费	元			5 636
	调查价差	元			4 544
	系数价差	元	151 262	0..142	21 479
	抽料调差	元			21
	机械台班价差	元			1 651
	三、价差合计	元			27 695
	四、直接工程费	元			1 377 272
	五、施工措施费	%	169 681	27.56	46 764
	六、直接费	元			1 424 036
	七、间接费	%	169 681	67.6	114 704
	八、税金	%	1 538 740	3.35	51 548
	九、单项预算价值	元			1 590 288
	（十四）附属工程	元			434 111
	1. 土方	m³	11	10.27	113
LY-47	挖掘机（≤2.0 m）挖装车，普通土	100 m³	0.11	124.4	14
LY-142	自卸汽车（≤8 t）运土，运距≤1 km	100 m³	0.11	462.99	51
LY-143	自卸汽车（≤8 t）运土，运距增运1 km	100 m³	0.11	122.07	13
	人工费	元			1
	机械使用费	元			77
	一、定额直接工程费	元			78
	机械台班价差	元			9
	二、价差合计	元			9
	三、直接工程费	元			87
	四、施工措施费	%	78	9.42	7
	五、直接费	元			94
	六、间接费	%	78	19.5	15
	七、税金	%	109		4
	八、单项预算价值	元			113
	3. 干砌石	m³	28	95.79	2 682
LY-281	干砌片石	10 m³	2.8	447.31	1 253
	人工费	元			653
	材料费	元			550
	机械使用费	元			50

续表

定额编号	工作项目或费用名称	单位	数量	费用（元）	
				单价	合价
	一、定额直接工程费	元			1 253
	运杂费（按材料重量计算）	t	62.52	10.253	641
	二、运杂费	元			641
	调查价差	元			459
	系数价差	元	7	0.142	1
	机械台班价差	元			2
	三、价差合计	元			462
	四、直接工程费	元			2 356
	五、施工措施费	%	703	10.28	72
	六、直接费	元			2 428
	七、间接费	%	703	23.8	167
	八、税金	%	2 595	3.35	87
	九、单项预算价值	元			2 682
	4.浆砌石	圬工方	150	164.86	24 729
QY-1059	浆砌片石 锥体护坡 M10	10 m³	14.1	927.15	13 073
QY-1080	桥头检查台阶 浆砌片石 M10	10 m³	0.9	894.17	804
	人工费	元			6 112
	材料费	元			7 658
	机械使用费	元			107
	一、定额直接工程费	元			13 877
	运杂费（按材料重量计算）	t	420.74	10.168	4 278
	二、运杂费	元			4 278
	调查价差	元			3 640
	系数价差	元	78	0.142	11
	机械台班价差	元			2
	三、价差合计	元			3 653
	四、直接工程费	元			21 808
	五、施工措施费	%	6 219	10.28	693
	六、直接费	元			22 447
	七、间接费	%	6219	23.8	1 480
	八、税金	%	23 927	3.35	802
	九、单项预算价值	元			24 729
	7.台后及锥体填筑	m³	2 076	58.65	121 766
LY-368	夯实 砂卵土	10 m³	133.6	232.74	31 094

续表

定额编号	工作项目或费用名称	单位	数量	费用（元）	
				单价	合价
LY-367	夯实 碎石	10 m³	3.84	376.39	1 445
LY-363	夯填一般土	10 m³	70.2	105.6	7 413
	人工费	元			23 932
	材料费	元			16 020
	一、定额直接工程费	元			39 952
	运杂费（按材料重量计算）	t	2 820.07	12.177	34 340
	二、运杂费	元			34 340
	调查价差	元			35 371
	三、价差合计	元			35 371
	四、直接工程费	元			109 663
	五、施工措施费	%	23 932	10.28	2 460
	六、直接费	元			112 123
	七、间接费	%	23 932	23.8	5 696
	八、税金	%	117 819	3.35	3 947
	九、单项预算价值	元			121 766
	11. 环保工程	元	1	284 821	287 821
LY-47	挖掘机（≤2.0 m）挖装车，普通土	100 m³	130.55	124.4	16 240
LY-142	自卸汽车（≤8 t）运土，运距≤1 km	100 m³	130.55	462.99	60 443
LY-143	自卸汽车（≤8 t）运土，运距增运 1 km	100 m³	130.55	122.07	15 936
LY-283 参	浆砌片石 M10	10 m³	91.39	879.59	80 386
	人工费	元			33 963
	材料费	元			45 257
	机械使用费	元			93 785
	一、定额直接工程费	元			173 005
	运杂费（按材料重量计算）	t	2 568.61	10.179	26 145
	二、运杂费	元			26 145
	调查价差	元			22 311
	系数价差	元	396	0.142	56
	机械台班价差	元			10 536
	三、价差合计	元			32 903
	四、直接工程费	元			232 053
	五、施工措施费	%	127 748	10.28	13 132
	六、直接费	元			245 185
	七、间接费	%	127 748	23.8	30 404
	八、税金	%	275 589	3.35	9 232
	九、单项预算价值	元			284 821

表 4.26 综合概预算表

建设名称		某新建铁路	工程总量	796.5	编号	ZHGS-01
编制范围			概算总额	21 687 951 元	技术经济指标	27 229.07 元/延长米
章别	节号	工程及费用名称	单位	数量	概算价值（元）	指标（元）
		1. 单线特大桥（简支T梁）	延长米/座	796.5/1	21 687 951	27 229.07/21 687 951
		Ⅰ. 建筑工程费	延长米/座	796.5/1	21 687 951	27 229.07/21 687 951
		（一）基础	圬工方	10 466	8 386 572	801.32
		1.明挖	圬工方	5 162	1 343 302	260.23
		（1）混凝土	圬工方	5 162	1 343 302	260.23
		2. 承台	圬工方	2 006	674 739	336.36
		（1）混凝土	圬工方	2 006	592 733	295.48
		（2）钢筋	t	22.46	82 006	3 646.33
		5. 钻孔桩	圬工方	3 298	5 955 087	1 805.67
		8. 挖基石土方	m³	16 471	413 444	25.1
		（二）墩台	圬工方	8 306	3 651 393	439.61
		1. 混凝土	圬工方	8 306	3 054 030	367.69
		2. 钢筋	t	134.69	597 363	4 282.48
		（五）构架（钢筋）预应力混凝土T梁	孔	24	7 077 359	294 889.96
		（十二）支座	元	1	548 228	548 228
		3. 盆式橡胶支座	个	96	548 228	5 710.71
		（十三）桥面系	延长米	796.5	1 590 288	1 996.6
		1. 混凝土桥梁面系	延长米	796.5	1 590 288	1 996.6
		（十四）附属工程	元		434 111	
		1. 土方	m³	11	113	10.27
		3. 干砌石	m³	28	2 682	95.79
		4. 浆砌石	圬工方	150	24 729	164.86
		7. 台后及椎体填筑	m³	2 076	121 766	58.65
		11. 环保工程	元	1	284 821	284 821

4.2.4 课业评价

任务完成后,采用教师检查,学生自评、互评的方式,进行完成任务情况检查。应检查如下任务:

1. 读懂基础的单项概预算。
2. 读懂墩台的单项概预算。
3. 读懂梁的单项概预算。
4. 读懂支座的单项概预算。
5. 读懂桥面系的单项概预算。
6. 读懂附属工程的单项概预算。
7. 读懂整个桥的单项概预算。
8. 读懂运杂费分析表。
9. 读懂综合概预算。

情境五 铁路工程量清单计价

学习目标:
1. 清楚工程量清单计价的规定。
2. 能根据工程量清单综合单价计价的费用内容进行子目单价分析,能计算综合单价和合价。
3. 知道工程量清单在投标中的运用及相应的报价技巧。
4. 能熟读投标报价的各个表格的内容。

任务一 工程量清单计价的规定及清单子目综合单价的分析

5.1.1 任务介绍

5.1.1.1 任务导入

铁建设〔2007〕108号《铁路工程工程量清单计价指南(土建部分)》(简称《指南》),自2007年6月20日起施行。本指南是铁路基本建设大中型项目实行工程量清单计价的基础,是招投标双方进行工程量清单计价应遵循的基本准则。还记得情境一中的投资进程与投资额预测关系这个图(图5.1)吗。施工招标阶段标底投标报价就是采用工程量清单报价。

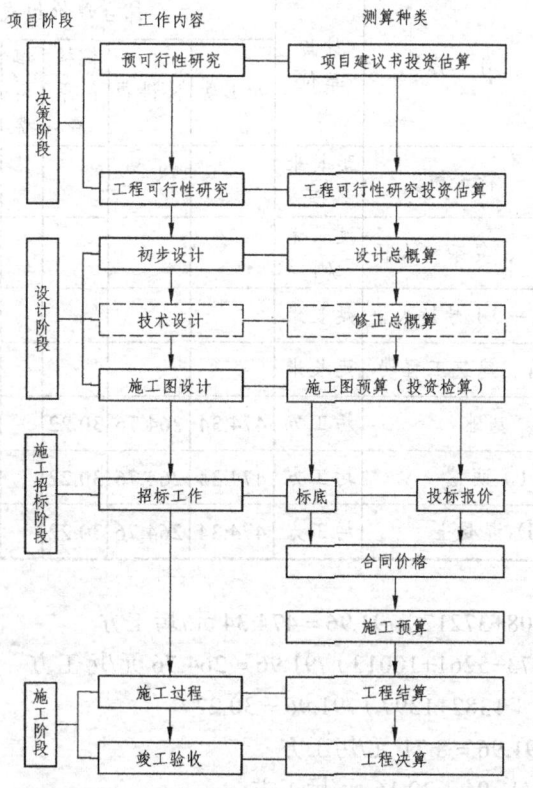

图5.1 投资进程与投资额预测关系图

5.1.1.2 案例分析

1. 根据标书中工程量清单（表5.1）填写工程量清单计价来报价。

表5.1 工程量清单（以案例一个墩为例）

清单 第三章				
编码	节号	名称	计量单位	工程数量
0305	5	特大桥	延长米	800.00
030502		二、一般特大桥（1座）	延长米	800.00
030502J		Ⅰ.建筑工程费	延长米	800.00
030502J01		（一）基础	圬工方	91.96
030502J0101		1.明挖	圬工方	91.96
030502J010101		（1）混凝土	圬工方	91.96

2. 根据表4.17对综合单价进行分析，如表5.2所列。

表5.2 工程量清单子目综合单价分析

清单 第03章 桥涵工程										
编码	节号	名称	计量单位	综合单价组成（元）						综合单价
				人工费	材料费	机械使用费	填料费	措施费	间接费	税金	
0305	5	特大桥	延长米/座								
30501		一、复杂特大桥	延长米/座								
3050101		（一）1号特大桥	延长米								
03050101J		Ⅰ.建筑工程费	延长米								
03050101J01		1.基础	圬工方	474.34	264.76	30.22		8.71	20.16	26.74	824.93
03050101J0101		（1）明挖	圬工方	474.34	264.76	30.22		8.71	20.16	26.74	824.93
03050101J010101		①混凝土	圬工方	474.34	264.76	30.22		8.71	20.16	26.74	824.93

（1）人工费=（6408+37212）/91.96=474.34元/圬工方

（2）材料费=（9073+5261+10013）/91.96=264.76元/圬工方

（3）机械使用费=（1382+1397）/91.96=30.22

（4）措施费=801/91.96=8.71元/圬工方

（5）间接费=1854/91.96=20.16元/圬工方

(6)税金 = 2459/91.96 = 26.74 元/圬工方
(7)综合单价 = 474.34+264.76+30.22+8.71+20.16+26.74 = 824.93 元/圬工方

根据综合单价填写工程量清单计价表 5.3。

表 5.3　工程量清单计价表

编码	节号	名称	计量单位	工程数量	金额（元）	
					综合单价	合价
0305	5	特大桥	延长米	800.00		
030502		二、一般特大桥（1座）	延长米	800.00		
030502J		Ⅰ.建筑工程费	延长米	800.00		
030502J01		（一）基础	圬工方	91.96	824.93	75 861
030502J0101		1.明挖	圬工方	91.96	824.93	75 861
030502J010101		（1）混凝土	圬工方	91.96	824.93	75 861

5.1.1.3　完成任务

根据墩台的单项概预算表（表 4.23）填写墩台工程量清单计价表。

5.1.2　知识链接

1. 工程量清单计价规定

（1）实行工程量清单计价招标投标的铁路建设工程，除招标文件另有规定外，其招标标底、投标报价的编制、合同价款的确定与调整、工程结算应按《铁路工程工程量清单计价指南》（土建部分）执行。

（2）工程量清单计价应按招标文件规定，完成工程量清单所列子目的全部费用。

（3）工程量清单应采用综合单价计价。

（4）工程量清单子目的综合单价，应根据《指南》规定的综合单价组成，按设计文件或参照《指南》中工程量清单计量规则的"工程（工作）内容"确定。

（5）招标工程如设标底，标底应根据招标文件中的工程量清单和有关要求、施工现场实际情况、合理的施工组织与方法以及按照铁道部发布的有关工程造价计价标准进行编制。

（6）投标报价应依据招标文件中的工程量清单和有关要求，根据按施工现场实际情况拟订的施工方案或施工组织设计，结合投标人的施工、管理水平及市场价格信息填报。

2. 工程量清单的综合单价和合价

（1）综合单价。

综合单价是指完成最低一级的清单子目计量单位全部具体工程（工作）内容所需的费用。综合单价应包括但不限于以下费用：

① 人工费：直接从事建筑安装工程施工的生产工人开支的各项费用，包括基本工资、津

贴和补贴、生产工人辅助工资、职工福利费、生产工人劳动保护费。

② 材料费：购买施工过程中耗用的构成工程实体的原材料、辅助材料、构配件、零件、半成品、成品所支出的费用和不构成工程实体的周转材料的摊销费，包括材料原价、运杂费、采购及保管费。投标报价时，材料费均按运至工地的价格计算。

材料分为甲供材料、甲控材料和自购材料三类。甲供材料是指在工程招标文件和合同中约定，由铁道部或建设单位招标采购供应的材料；甲控材料是指在工程招标文件和合同中约定，在建设单位监督下由工程承包单位采购的材料；自购材料是指在工程招标文件和合同中约定，由工程承包单位自行采购的材料。

③ 施工机械使用费：包括折旧费、大修理费、经常修理费、安装拆卸费、人工费、燃料动力费、其他费用。

④ 填料费：购买不作为材料对待的土方、石方、渗水料、矿物料等填筑用料所支出的费用。

⑤ 措施费：包括施工措施费和特殊施工增加费。

施工措施费包括：

a. 冬雨季施工增加费。

b. 夜间施工增加费。

c. 小型临时设施费。

d. 工具、用具及仪器、仪表使用费。

e. 检验试验费。

f. 工程定位复测、工程点交、场地清理费。

g. 文明施工及施工环境保护费。

h. 已完工程及设备保护费。

特殊施工增加费：风沙地区施工、海拔2 000 m以上的高原地区施工、原始森林地区施工增加费、在营业铁路上施工的降效费用。

⑥ 间接费：包括施工企业管理费、规费和利润。

⑦ 税金：包括营业税、城市维护建设税和教育费附加税等。

⑧ 一般风险费用：投标人在计算综合单价时应考虑的招标文件中明示或暗示的风险、责任、义务或有经验的投标人都可以及应该预见的费用。包括招标文件明确应由投标人考虑的一定幅度范围内的物价上涨风险，工程量增加或减少对综合单价的影响风险，采用新技术、新工艺、新材料的风险以及招标文件中明示或暗示的风险、责任、义务或有经验的投标人都可以及应该预见的其他风险费用。

（2）合价 = 工程数量 × 综合单价。

最低一级计量单位为"元"的清单子目，由投标人根据设计要求和工程的具体情况综合报价，费用包干。

5.1.3 任务实施

根据表4.23对墩台的综合单价进行分析，如表5.4所示。

表 5.4 工程量清单子目综合单价分析表

编 码	节号	名 称	计量单位	综合单价组成（元）						综合单价
				人工费	材料费	机械使用费	填料费	措施费	间接费	税金	
0305	5	特大桥	延长米/座								
30501		一、复杂特大桥	延长米/座								
3050101		（一）1号特大桥	延长米								
03050101J		Ⅰ.建筑工程费	延长米								
03050101J01		1.基础	圬工方	474.34	264.76	30.22		8.71	20.16	26.74	824.93
03050101J0101		（1）明挖	圬工方	474.34	264.76	30.22		8.71	20.16	26.74	824.93
03050101J010101		①混凝土	圬工方	474.34	264.76	30.22		8.71	20.16	26.74	824.93

1. 人工费 =
2. 材料费 =
3. 机械使用费 =
4. 措施费 =
5. 间接费 =
6. 税金 =
7. 综合单价 =

根据综合单价填写工程量清单计价表5.5。

表 5.5 工程量清单计价表

编 码	节号	名 称	计量单位	工程数量	金额（元）	
					综合单价	合 价
0305		特大桥	延长米	800.00		
030502		二、一般特大桥（1座）	延长米	800.00		
030502J		Ⅰ.建筑工程费	延长米	800.00		
030502J01		（一）基础	圬工方	91.96	824.93	75 861
030502J0101		1.明挖	圬工方	91.96	824.93	75 861
030502J010101		（1）混凝土	圬工方	91.96	824.93	75 861

5.1.4 课业评价

任务完成后，采用教师检查，学生自评、互评的方式，进行完成任务情况检查。应检查如下任务：

1. 工程量清单子目综合单价分析表的填写。
2. 人工费的计算。
3. 材料费的计算。
4. 机械费的计算。
5. 措施费的计算。
6. 间接费的计算。
7. 税金的计算。
8. 综合单价的计算。
9. 根据综合单价填写工程量清单计价表。

任务二　工程量清单报价实例

5.2.1　任务介绍

5.2.1.1　任务导入

情境五任务一中我们已经会对桥梁下部结构基础和墩台进行工程量清单报价，那么在一条新建铁路的某个标段是怎样按照工程量清单进行报价的呢？

5.2.1.2　案例分析

见情境五任务一中桥梁下部结构基础和墩台的工程量清单报价。

5.2.1.3　完成任务

阅读新建铁路××自××至××客运专线××至××段站前工程施工总价承包CMLZQ-3标段，线路长度为24.904正线公里的投标报价文件。

5.2.2　知识链接

1. 铁路工程量清单报价编制依据

（1）现行的《国家及地方铁路基本建设设计概（预）算编制办法》和铁建设〔2007〕108号《铁路工程工程量清单计价指南（土建部分）》。

（2）设计图纸及说明、地质勘探资料。

（3）概（预）算定额，概算指标，取费标准，材料、设备预算价格等资料。

（4）施工组织设计资料：主要包括工程的开竣工日期、施工方案、主要工程项目进度要求、材料开采与堆放、材料的运输情况、大型临时设施的规模、建设地点和施工方法等。

（5）工程量计算规则。

（6）当地物资、劳力、动力等资源的可利用情况。

对于物资，其外购材料要确定外购的地点、货源、质量、分期到货等情况；自采加工材料要确定料场、开采方式、运输条件、堆放地点等。

劳力：当地可以提供的各种技术工人、普通工人的数量、劳力分布地点、工资标准等情况。

动力：当地可供利用的电力资源情况，包括提供的数量、单价及可能出现的输电线路、变压器问题等情况。

（7）施工单位的施工能力及潜力。

（8）了解当地的自然条件及其变化规律，如气温、冬雨季、地质、水源等。

（9）其他工程及沿线设施，如既有建筑物的拆迁、水利、电信、铁路的干扰及解决措施等。

2. 铁路工程量清单报价编制的基础资料

铁路工程量清单报价编制之前，必须调查准备下列基础资料：

（1）施工组织方式。

（2）所采用的编制办法，各种定额及补充定额。

（3）所采用的各类工程综合工费标准。

（4）所采用的各种主要材料的调查价、当地材料的调查价。

（5）运输情况（运输工具、运距、运价、运杂费、装卸单价）。

（6）本建设项目内所使用的各种机械台班单价。

（7）占地补偿。

（8）工程用电、用水的综合分析单价。

（9）确定施工措施费、特殊施工增加费、间接费等的费率，以及影响概预算编制的有关系数。

3. 铁路工程量清单报价的技巧

投标单位有了投标取胜的实力还不够，还需有将这种实力变为中标的技巧。投标报价技巧的作用体现在可以使实力较强的投标单位取得满意的投标成果；使实力一般的投标单位争得投标报价的主动地位；当报价出现某些失误时，可以得到某些弥补。因此，投标单位必须十分重视对投标报价方法的研究和使用。

（1）不平衡报价法。

不平衡报价指的是一个项目的投标报价，在总价基本确定后，如何调整项目内部各个部分的报价，以期望在不提高总价的条件下，既不影响中标，又能在结算时得到更理想的经济效益。这种方法在工程项目中运用得比较普遍，对于工程项目，一般可根据具体情况考虑采用不平衡报价法。

（2）多方案报价法。

对一些招标文件，如果发现工程范围不很明确，条款不清楚或很不公正，或技术规范要求过于苛刻时，要在充分估计投标风险的基础上，按多方案报价法处理。即按原招标文件报一个价，然后再提出："如某条款（如某规范规定）作某些变动，报价可降低多少……"，报一个较低的价。这样可以降低总价，吸引采购方。或是对某部分工程提出按"成本补偿合同"方式处理，其余部分报一个总价。

（3）增加建议方案。

有时招标文件中规定，可以提出建议方案，即可以修改原设计方案，提出投标者的方案。这时投标者应组织一批有经验的设计和施工工程师，对原招标文件的设计和施工方案进行仔细研究，提出更合理的方案以吸引采购方，促成自己的方案中标。这种新的建议方案要可以降低总造价或提前竣工或使工程运用更合理。但要注意的是，对原招标方案一定要标价，以供采购方比较。增加建议方案时，不要将方案写得太具体，保留方案的技术关键，防止采购方将此方案交给其他承包商。同时要强调的是，建议方案一定要比较成熟，或过去有这方面的实践经验。因为投标时间不长，如果仅为中标而匆忙提出一些没有把握的建议方案，可能会引起很多的后患。

（4）突然降价法。

报价是一件保密性很强的工作，但是对手往往通过各种渠道、手段来刺探情况。因此，在报价时可以采取迷惑对方的手法。即按一般情况报价或表现出自己对该项目兴趣不大，到快投标截止时，再突然降价。采用这种方法时，一定要在准备投标报价的过程中考虑好降价的幅度，在临近投标截止日期时，根据情报信息与分析判断，再做最后决策。如果由于采用突然降价法而中标，因为开标只降总价，在签订合同后可采用不平衡报价的方法调整项目内部各项单价或价格，以期取得更好的效益。

（5）先亏后盈法。

有的投标方为了打进某一地区，依靠某国家、某财团和自身的雄厚资本实力，采取一种不惜代价，只求中标的低价报价方案。应用这种手法的投标方必须有较好的资信条件，并且提出的实施方案也要先进可行，同时，要加强对公司情况的宣传，否则即使标价低，采购方也不一定选中。如果遇到其他承包商也采取这种方法，则不一定与这类承包商硬拼，而努力争取第二、第三标，再依靠自己的经验和信誉争取中标。

（6）联保法。

一家实力不足，联合其他企业分别进行投标，无论谁家中标，都联合进行施工。

5.2.3 任务实施

建设项目名称：___新建铁路××线站前工程施工总承包___
标　　　段：_____Ⅳ标段_____

工程量清单投标报价表

投　标　人：_____中铁××局_____（单位签字盖章）

法定代表人或
授权代理人：_____××_____（签字盖章）

造价工程师
及注册证号：___××___　___建[造] ××××___（签字盖执业专用章）

编制时间：__2009-7-28__

投标报价总额

建设项目名称：___新建铁路××线站前工程施工总承包___

标　　　段：_____Ⅳ标段_____

投标报价总额（小写）：_____647 248 389 元_____

（大写）：___陆亿肆仟柒佰贰拾肆万捌仟叁佰捌拾玖元___

投　标　人：_____中铁××局_____（单位签字盖章）

法定代表人或
授权代理人：_____××_____（签字盖章）

编制时间：__2009-7-28__

报价编制说明

一、编制范围

新建铁路××自××至××客运专线××至××段站前工程施工总价承包 CMLZQ-3 标段,线路长度为 24.904 正线公里。

二、编制依据

（一）一般规定

1. 新建铁路××自××至××客运专线××至××段站前工程施工总价承包招标文件、招标答疑书。

2. 新建铁路××自××至××客运专线××至××段站前工程施工总价承包 CMLZQ-3 标段的施工组织设计。

3. 铁建设〔2006〕113 号文发布的《铁路基本建设工程设计概算编制办法》（以下简称"113 编制办法"）。

4. 铁建设〔2008〕11 号文《铁路基本建设工程投资预估算、估算、设计概预算费税取值规定》（以下简称"11 号文"）。

5. 铁建设〔2006〕129 号文发布的《铁路工程建设材料基期价格》（2005 年度）（以下简称"129 号基期材料"）。

6. 铁建设〔2006〕129 号文发布的《铁路工程施工机械台班费用定额》（2005 年度）（以下简称"129 号台班定额"）。

7. 招标文件提供的工程量清单表。

8. 工程现场调查及分析的资料。

（二）定　额

1. 路基工程采用铁建设〔2004〕47 号文发布的《铁路路基工程预算定额》。

2. 桥涵工程采用铁建设〔2005〕15 号文发布的《铁路桥涵工程预算定额》。

3. 隧道工程采用铁建设〔2004〕47 号文发布的《铁路隧道工程预算定额》。

4. 轨道工程采用铁建设〔2006〕15 号文发布的《铁路轨道工程预算定额》。

5. 站场工程采用铁建设〔2007〕2 号文发布的《铁路站场工程预算定额》。

6. 给排水工程采用铁建〔1993〕145 号文发布的《铁路给水排水工程概算定额》及铁建设〔2006〕15 号文发布的《铁路给水排水工程预算定额》。

7. 改移道路、公路桥梁等工程采用 2007 年第 33 号公布的《公路工程预算定额》。

8. 大型临时工程，根据工程量清单数量、现场调查资料和施工组织设计，根据以往施工经验及有关参考数据、采用分析指标或预算单价进行编制。

9. 以上不足部分参照现行概、预算定额及其他相关定额、图纸或有关资料分析补充。

（三）人工单价

根据"113 号文"规定，基期综合工费标准如表 1。

表 1　基期综合工费标准

综合工费类别	工程类别	综合工费标准（元/工日）
Ⅰ类工	路基、小桥涵、房屋、给排水、站场（不含旅客地道、天桥、雨棚）等的建筑工程，取弃土（石）场处理，临时工程	20.35
Ⅱ类工	特大桥、大桥、中桥（含旅客地道、天桥、雨棚），轨道，机务、车辆、动车工务等的建筑工程	24.00
Ⅲ类工	隧道、通信、信号、电力、电力牵引供电工程、设备安装工程	25.82
Ⅳ类工	计算机设备安装调试	43.08

（四）材料价格

基期价格：采用铁道部铁建设〔2006〕129号文发布的《铁路工程建设材料预算价格》（2005年度价格水平）作为基期设计价。

（五）机械台班单价

基期机械台班单价：以铁道部铁建设〔2006〕129号文发布的《铁路工程建设材料基期价格》（2005年度）为计算依据。

（六）水、电单价

1. 基期工程用水单价：

根据"11号文"规定，按0.38元/t计算。

2. 基期工程用电单价：

根据"11号文"规定，按0.55元/(kW·h)计算。

（七）运输及装卸费单价

1. 运输单价

（1）火车运价。

① 营业线火车运价：按照发改价格〔2008〕1558号《铁路货物运价规则》的有关规定计算。

② 工程列车运价。

工程列车运价按营业线火车运价（不包含铁路建设基金、电气化附加费、限速加成等）的1.4倍计算。

（2）汽车运价。

根据"113号文"规定，结合施工调查及施工组织安排，综合考虑过路过桥费、施工便道等因素后确定汽车综合运价率为0.60元/(t·km)。

2. 各种装卸费单价

按"113号文"所列汽车、火车装卸费单价计算，其中装占60%、卸占40%。

3. 其他有关运输费用

调车费：按0.1元/(t·km)计列。

4. 采购及保管费

采购及保管费按"11号文"表3计列。

（八）取费标准

1. 施工措施费

以各类工程的基期人工费和基期施工机械使用费之和为计算基数，根据"113号文"中施工措施费地区划分，按"11号文"规定的施工措施费费率计列。

2. 间接费

根据"113号文"的规定，以基期人工费与基期施工机械使用费之和作为计算基数，根据不同工程类别，按"11号文"表12中所规定费率计列。

3. 行车干扰施工增加费

根据"113号文"规定，按受行车干扰范围内的工程项目的工程数量，以其定额工日和机械台班量，乘以行车干扰施工定额增加幅度计算（行车干扰施工定额增加幅度除接触网工程为0.40%外，其余均为0.31%）。

4. 大型临时设施和过渡工程费

根据工程量清单数量、现场调查资料和施工组织设计，根据以往施工经验及有关参考数据，采用分析指标或预算单价进行编制。

5. 税金

税金统一按直接费、间接费之和的 3.35% 计列。

（九）价　差

1. 人工费价差

按铁建设〔2008〕26号《关于补充铁路基本建设工程设计概预算综合工费类别划分的通知》综合工费标准与"113号文"表3中综合工费标准的人工费价差计列，见表2。

表 2

工费类别	工程类别	综合工费标准（元/工日）	与"113号"文价差（元/工日）
Ⅰ-2	路基基床表层及过渡段的级配碎石和砂砾石	23.83	3.48
Ⅱ-2	箱梁（预制、运输、架设、现浇）、桥面系、轨道（不含粒料道床）	29.13	5.13
Ⅲ-2	四电集成的设备安装	30.95	5.13

2. 材料费价差

① 主要材料费价差。

主要材料基期价格采用铁道部铁建设〔2006〕129号文发布的《铁路工程建设材料基期价格》（2005年度）；主要材料编制期价格参照铁道部发布的《铁路工程建设2008年四季度主要材料价格信息》的价格中间值计列价差。当地料按当地公布的调查价计列。

② 其他材料费价差。

辅助材料执行铁道部铁建设函〔2008〕105号关于发布《铁路工程建设2007年度辅助材料价差系数》的通知。

3. 施工机械使用费价差

按定额统计的消耗量，乘以编制期施工机械台班单价（按编制期综合工费标准、油燃料价格、水电单价及养路费标准计算）与基期施工机械台班单价的差额计算。

4. 工程用水、用电价差

工程用水价差：按 0.47 元/t 计列水价差。工程用电价差：按 0.15 元/(kW·h) 计列差价。

三、其他说明

根据铁建设〔2007〕139号文《关于执行〈高危行业企业安全生产费用财务管理暂行办法〉有关问题的通知》，安全生产费总额按建筑安装工程投标报价的 1.5% 计算，不降造，专款专用，含在总承包风险费中。

工程量清单投标报价汇总表

标段：CMLZQ-3 标

章号	节号	名　　称	金额（元）
第一章	1	拆迁工程	6 072 933
第二章		路基	82 989 571
	2	区间路基土石方	2 617 766
	3	站场土石方	51 631 953
	4	路基附属工程	28 739 852
第三章		桥涵	307 161 291
	5	特大桥	279 183 690
	6	大桥	
	7	中桥	
	8	小桥	11 300 425
	9	涵洞	16 677 176
第四章		隧道及明洞	
	10	隧道	
	11	明洞	
第五章		轨道	149 670 383
	12	正线	149 670 383
	13	站线	
	14	线路有关工程	
第六章		通信、信号及信息	
	15	通信	
	16	信号	
	17	信息	
第七章		电力及电力牵引供电	
	18	电力	
第八章	20	房屋	
第九章		其他运营生产设备及建筑物	16 330 951
	21	给排水	
	22	机务	
	23	车辆	
	24	动车	
	25	站场	16 330 951
	26	工务	
	27	其他建筑及设备	
第十章	28	大型临时设施和过渡工程	42 992 412
第十一章	29	其他费	22 578 100
		安全生产费	22 578 100
第一章~第十一章清单合计		A	627 795 641
设备费		B	
总承包风险费		C	19 452 748
投标报价总额（$A+B+C$）			647 248 389
包含在投标报价总额中－甲供材料设备费			43 605 163

工程量清单计价表

标段：CMLZQ-3 标

		清单　第一章　拆迁工程				
编码	节号	名　　称	计量单位	工程数量	金额（元）	
					综合单价	合价
	1	拆迁及征地费用	正线公里	24.9		6 072 933
		其中：Ⅰ.建筑工程费	正线公里	24.9		6 072 933
		Ⅰ.建筑工程费	正线公里	24.9		6 072 933
		一、改移道路	km	4.08		3 876 945
		（一）等级公路	km	4.08	605 068.38	2 468 679
		1.路基	km	4.08	376 212.01	1 534 945
		（1）土方	m³	20 354	12.15	247 301
		（2）石方	m³	2 457	22.75	55 897
		（3）填筑	m³	17 870	3.17	56 648
		（4）路基附属工程	元			1 175 099
		②浆砌石	m³	4 728	217.42	1 027 962
		④钢筋混凝土	m³	140	1 018.53	142 594
		⑤绿色防护	m²	3 577	1.27	4 543
		3.路面	m²	12 028		933 734
		（2）基层	m²	12 028	19.93	239 718
		（3）路面	m²	12 028	57.70	694 016
		②水泥混凝土路面	m²	12 028	57.70	694 016
		（二）泥结碎石路	m²	1 498	23.51	35 218
		（三）土路	m²	4 137	1.59	6 578
		（六）改移（桥隧）	元			1 366 470
		1.临时改沟	圬工方	300	218.67	65 601
		2.改移道路	平方米	9930	99.97	992 702
		3.改移河沟	圬工方	617	499.46	308 167
		二、砍伐、挖根	元			2 195 988
	第一章合计			6 072 933 元		

工程量清单计价表

标段：CMLZQ-3 标

清单 第二章 路基					
编码	节号	名　称	计量单位	工程数量	金额（元）	
					综合单价	合价
二		02　第二章　路基				82 989 571
	2	区间路基土石方	断面立方米	785 916	3.33	2 617 766
		其中：Ⅰ.建筑工程费	断面立方米	785 916	3.33	2 617 766
		Ⅰ.建筑工程费	施工立方米	750 649	3.49	2 617 766
		一、土方	断面立方米	88 566	20.29	1 797 088
		（一）挖土方	立方米	87 956	20.39	1 793 715
		1.挖土方（运距≤1 km 的部分）	施工立方米	87 956	8.71	766 097
		（2）机械施工	施工立方米	87 956	8.71	766 097
		2.增运土方（运距>1 km 的部分）	m^3	79 537	12.92	1 027 618
		（二）利用土填方	m^3	610	5.53	3 373
		2.机械施工	m^3	610	5.53	3 373
		二、石方	断面立方米	34 657	23.68	820 678
		（一）挖石方	m^3	34 657	23.68	820 678
		1.挖石方（运距≤1 km）	施工立方米	34 657	23.68	820 678
		（2）机械施工（一般爆破）	施工立方米	34 657	23.68	820 678
	3	站场土石方	断面立方米	1 057 225	48.84	51 631 953
		其中：Ⅰ.建筑工程费	断面立方米	1 057 225	48.84	51 631 953
		Ⅰ.建筑工程费	施工立方米/断面立方米	1 053 925/1 057 225	48.99	51 631 953
		一、土方	断面立方米	730 707	33.39	24 396 919
		（一）挖土方	m^3	117 299	13.62	1 597 402
		1.挖土方（运距≤1 km 的部分）	m^3	117 299	8.72	1 022 847
		（2）机械施工	m^3	117 299	8.72	1 022 847
		2.增运土方（运距>1 km 的部分）	m^3	113 999	5.04	574 555
		（二）利用土填方	m^3	3 300	5.48	18 084
		2.机械施工	m^3	3 300	5.48	18 084
		（三）借土填方	m^3	610 108	37.34	22 781 433
		1.挖填土方（运距≤1 km 的部分）	m^3	610 108	21.11	12 879 380
		（1）购买土石	m^3	610 108	5.00	3 050 540
		（2）机械施工	m^3	610 108	16.11	9 828 840
		2.增运土方（运距>1 km 的部分）	m^3	610 108	16.23	9 902 053
		五、级配碎石（砂砾石）	m^3	54 261	153.19	8 312 464
		（一）基床表层	m^3	26 693	146.95	3 922 536

续表

清单 第二章 路基

编码	节号	名 称	计量单位	工程数量	金额（元）	
					综合单价	合价
		（二）过渡段	m³	27 568	159.24	4 389 928
		1.路桥过渡段	m³	27 568	159.24	4 389 928
		六、挖淤泥	m³	29 604	45.18	1 337 508
		（一）机械施工	m³	29 604	21.56	638 262
		（二）汽车增运土方	m³	29 604	23.62	699 246
		八、AB组填料	断面立方米	242 653	72.47	17 585 062
		1.价购	m³	242 653	66.14	16 049 069
		2.夯填	m³	242 653	6.33	1 535 993
4		路基附属工程	正线公里	24.9	1154210.92	28 739 852
		其中：Ⅰ.建筑工程费	正线公里	24.9	1154210.92	28 739 852
		Ⅰ.建筑工程费	断面方	1 843 141	15.59	28 739 852
		一、附属土石方及加固防护	m³	1 843 141	15.59	28 739 852
		（一）土石方	m³	77 751	8.34	648 076
		1.土方	m³	77 751	8.34	648 076
		1）路基	m³	43 647	8.23	359 215
		2）站场	m³	34 104	8.47	288 861
		（二）混凝土及砌体	元			18 105 395
		2.浆砌石	圬工方	74 031	211.82	15 681 520
		1）路基	圬工方	27 846	209.74	5 840 420
		2）站场	圬工方	46 185	213.08	9 841 100
		3.混凝土	圬工方	6 228	389.19	2 423 875
		1）路基	圬工方	4 948	389.19	1 925 712
		2）站场	圬工方	1 280	389.19	498 163
		（三）绿色防护	元			914 118
		2.播草籽	m²	57 418	1.47	84 404
		3.喷播植草	m²	91 362	6.19	565 531
		2）站场	m²	91 362	6.19	565 531
		6.栽植灌木	株	218 333	1.21	264 183
		①路基	株	172 252	1.21	208 425
		②站场	株	46 081	1.21	55 758
		（八）土工合成材料	m²	1 044 038	8.69	9 072 263
		2.复合土工膜	m²	84 432	9.27	782 685
		4.土工格栅	m²	959 606	8.64	8 289 578
		1）路基	m²	505 360	8.79	4 442 114
		2）站场	m²	454 246	8.47	3 847 464
		第二章合计		82 989 571 元		

129

工程量清单计价表

标段：CMLZQ-3 标

清单　第三章　桥涵

编码	节号	名称	计量单位	工程数量	金额（元） 综合单价	金额（元） 合价
		03　第 3 章　桥涵				307 161 291
	5	特大桥	延长米/座	5 047.4	55 312.38	279 183 690
		其中：Ⅰ.建筑工程费	延长米/座	5 047.4	55 312.38	279 183 690
		一、复杂特大桥	延长米/座	5 047.4	55 312.38	279 183 690
		（一）××双线特大桥	延长米	5 047.4	55 312.38	279 183 690
		Ⅰ.建筑工程费	延长米	5 047.4	55 312.38	279 183 690
		1.基础	圬工方	55 024.3	1 652.93	90 951 375
		（2）承台	圬工方	22 290	611.87	13 638 623
		①混凝土	圬工方	22 290	355.91	7 933 234
		②钢筋	吨	1 295.62	4 385.74	5 682 252
		③混凝土冷却管	吨	4.23	5 469.74	23 137
		（5）钻孔桩	米/圬工方	29 909/32 734.3	2 542.45	76 042 137
		（9）基坑开挖	m^3	72 235.1	17.59	1 270 615
		2.墩台	圬工方	29 912.3	734.73	21 977 470
		（1）混凝土	圬工方	29 912.3	462.63	13 838 327
		（2）钢筋	吨	1 734.02	4 693.80	8 139 143
		3.预应力混凝土简支箱梁	双线孔	143		10 884 7532
		（1）预制	双线孔	143	648 983.05	92 804 576
		（2）架设	双线孔	143	112 188.50	16 042 956
		6.预应力混凝土连续梁	圬工方/联	7 478.23/2		22 084 751
		（10）钢筋混凝土连续箱梁 1 联 4.8 m（60+100+60）	圬工方	4 889.06	2 959.41	14 468 733
		（11）钢筋混凝土连续箱梁 1 联 4.8 m（28+4×40+28）	圬工方	2 589.17	2 941.49	7 616 018
		14.支座	元			10 224 054
		（1）金属支座	个	22	71 659.14	1 576 501

续表

编码	节号	名　称	计量单位	工程数量	金额（元）	
					综合单价	合价
		（3）盆式橡胶支座	个	572	15 118.10	8 647 553
		15. 桥面系	延长米	5 047.4	4 078.46	20 585 619
		16. 附属工程	延长米	5 047.4		2 100 615
		（3）干砌石	坼工方	31.3	134.63	4 214
		（4）浆砌石	坼工方	208.5	213.28	44 469
		（7）台后及锥体填筑	m³	307.4	54.03	16 609
		（10）其他	元			339 492
		（11）弃渣	元			1 058 232
		（14）沟槽改移及防护	元			637 599
		17. 基础施工辅助设施	元			2 412 274
	8	小桥	延长米/座	113.8/6	99 300.75	11 300 425
		其中：Ⅰ. 建筑工程费	延长米/座	113.8/6	99 300.75	11 300 425
		Ⅰ. 建筑工程费	延长米/座	113.8/6	99 300.75	11 300 425
		甲、新建	延长米/座	113.8/6	99 300.75	11 300 425
		三、框架式桥	顶平米/座	1 396/6	8 094.86	11 300 425
		1. 框架式桥（无干扰）	顶平米/座	1 396/6	8 094.86	11 300 425
	9	涵洞	横延米/座	1 146/49	14 552.51	16 677 176
		其中：Ⅰ. 建筑工程费	横延米/座	1 146/49	14 552.51	16 677 176
		Ⅰ. 建筑工程费	横延米/座	1 146/49	14 552.51	16 677 176
		甲、新建	横延米/座	1 146/49	14 552.51	16 677 176
		五、框架涵	横延米/座	1 146/49	14 552.51	16 677 176
		（一）明挖（××座）	横延米/座	1 146/49	14 552.51	16 677 176
		1. 单孔（　座）	横延米/座	1 146/49	14 552.51	16 677 176
		（1）涵身及附属	延长米/顶平米	1 146/4 603.3	14 552.51	16 677 176
		第三章合计		307 161 291 元		

清单　第三章　桥涵

工程量清单计价表

标段：CMLZQ-3 标

<table>
<tr><td colspan="6" align="center">清单　第五章　轨道</td></tr>
<tr><td rowspan="2">编码</td><td rowspan="2">节号</td><td rowspan="2">名　称</td><td rowspan="2">计量单位</td><td rowspan="2">工程数量</td><td colspan="1" align="center">金额（元）</td></tr>
<tr><td>综合单价　　合价</td></tr>
</table>

编码	节号	名　称	计量单位	工程数量	综合单价	合价
五	05	第五章　轨道				149 670 383
	12	正线	铺轨公里			149 670 383
		其中：Ⅰ.建筑工程费	铺轨公里			149 670 383
		甲、新建	铺轨公里			149 670 383
		Ⅰ.建筑工程费	铺轨公里			149 670 383
		一、铺新轨	铺轨公里			149 670 383
		（六）无砟轨道道床	km	49.09	3 048 897.60	149 670 383
		1. 路基地段	km	12.43	3 205 457.76	39 843 840
		2. 桥梁地段	km	36.65	2 985 649.06	109 424 038
		二、CPⅢ测量费	正线公里	24.9	16 164.86	402 505
		第五章合计　149 670 383 元				

工程量清单计价表

标段：CMLZQ-3 标

清单 第九章 其他运营生产设备及建筑物					
编码	节号	名 称	计量单位	工程数量	金额（元）	
					综合单价	合价
		09 第9章 其他运营生产设备及建筑物				16 330 951
	25	站场	正线公里	24.903	655 782.48	16 330 951
		其中：Ⅰ.建筑工程费	正线公里	24.903	655 782.48	16 330 951
		一、站场建筑	元			10 712 342
		Ⅰ.建筑工程费	元			10 712 342
		（七）地道	顶平米/座			10 712 342
		1.地道（新建）	顶平米/座	1 405.1/2	7 623.90	10 712 342
		三、站场附属工程	元			5 618 609
		Ⅰ.建筑工程费	元			5 618 609
		（三）道路	m²			671 517
		道路	m²	3 927	171.00	671 517
		（六）排水槽	m	2 466	2 006.12	4 947 092
		1.高速排水槽	m	2 466	2 006.12	4 947 092
第九章合计 16 330 951 元					

工程量清单计价表

标段：CMLZQ-3 标

编码	节号	名称	计量单位	工程数量	金额（元） 综合单价	金额（元） 合价
	十	10 第十章 大型临时设施和过渡工程				42 992 412
	28	大型临时设施和过渡工程	正线公里	24.9	1 726 602.89	42 992 412
		其中：Ⅰ．建筑工程费	正线公里	24.9	1 726 602.89	42 992 412
		Ⅰ．建筑工程费	正线公里	24.9	1 726 602.89	42 992 412
		一、大型临时设施	正线公里	24.9	1 662 029.20	41 384 527
		（三）汽车运输便道	km	4.3	185 930.23	799 500
		2. 新建引入线	km	4.3	160 000.00	688 000
		4. 利用地方既有道路补偿费	元			111 500
		（七）材料厂	处	1	98 000.00	98 000
		（八）制存梁场	处	1	37 183 527.00	37 183 527
		1. 征拆等	元			17 696 838
		2. 复垦复耕	元			665 176
		3. 土石方	m³	148 228	15.31	2 269 371
		4. 地基处理	元			3 973 860
		5. 硬化面及道路	m²	69 125	118.20	8 170 575
		6. 台座	m³	8 425	523.17	4 407 707
		（十）混凝土集中拌和站	处	1	595 000.00	595 000
		（十五）通信	km	24.9	15 000.00	373 500
		（十七）电力线路	km	15	110 000.00	1 650 000
		1. 电力	km	15	110 000.00	1 650 000
		（二十二）级配碎石拌和场	处	2	245 000.00	490 000
		（二十三）无碴道床制板场	处	1	195 000.00	195 000
		二、过渡工程	正线公里	12.15	132 336.21	1 607 885
		（四）通信	站			867 885
		1. 有线	元			487 885
		2. 无线	站	2	190 000.00	380 000
		（八）电气化	元			740 000
		第十章合计 42 992 412 元				

标段：CMLZQ-3 标　　　　　　　　　　　　　　　　　　　　　　　　　　　　续表

清单　第十一章　其他费					
编码	节号	名　称	计量单位	工程数量	金额（元）	
^^^	^^^	^^^	^^^	^^^	综合单价	合价
		第 11 章　其他费				22 578 100
	29	其他费用	正线公里	24.9	906 751.00	22 578 100
		其中：Ⅳ.其他费	正线公里	24.9	906 751.00	22 578 100
		Ⅳ.其他费	元			22 578 100
		十一、安全生产费	元			22 578 100
第十一章合计　22 578 100 元					

工程量清单子目综合单价分析表

标段：CMLZQ-3 标　　　　　　　　　　　　　清单　第 01 章　拆迁工程

编码	序号	名称	计量单位	综合单价组成（元）						综合单价（元）
				人工费	材料费	机械使用费	填料费	措施费	间接费	税金	
0101	1	拆迁及征地费用	正线公里								
0101J		I．建筑工程费	正线公里								
0101J01		一、改移道路	km								
0101J0101		（一）等级公路	km								
0101J010101		1．路基	km								
0101J0101 01 01		（1）土方	m³	0.07		9.45		0.63	1.61	0.39	12.15
0101J0101 01 02		（2）石方	m³	3.96	1.27	12.83		1.12	2.83	0.74	22.75
0101J0101 01 03		（3）填筑	m³	0.13	0.02	2.36		0.16	0.4	0.1	3.17
0101J0101 01 04		（4）路基附属工程	元								
0101J0101 01 0401		② 浆砌石	m³	35.29	156.1	0.64		5.23	13.11	7.05	217.42
0101J0101 01 0402		④ 钢筋混凝土	m³	196.47	616.87	49.94		34.86	87.38	33.01	1 018.53

续表

清单 第01章 拆迁工程

编码	序号	名称	计量单位	综合单价组成（元）						综合单价（元）
				人工费	材料费	机械使用费	其他费	措施费	间接费	税金	
0101J010101010403	⑤	绿色防护	m²	0.53	0.3			0.08	0.32	0.04	1.27
0101J010102	3.	路面	m²	5.76	54.84	9.88		1.31	3.32	2.52	77.63
0101J01010202	（2）	基层	m²	0.74	14.71	2.42		0.4	1.01	0.65	19.93
0101J01010203	（3）	路面	m²	5.02	40.13	7.46		0.91	2.31	1.87	57.7
0101J0101020302	②	水泥混凝土路面	m²	5.02	40.13	7.46		0.91	2.31	1.87	57.7
0101J010102	（二）	泥结碎石路	m²	1.47	20.05	0.67		0.16	0.4	0.76	23.51
0101J010103	（三）	土路	m²	0.07	0.01	1.18		0.08	0.2	0.05	1.59
0101J010104	（六）	改移（桥隧）	元	140 373	785 597	287 893		30 638	77 692	44 293	1 366 486
0101J010401	1.	临时改沟	坊工方	42.97	156.11	0.65		3.35	8.5	7.09	218.67
0101J010402	2.	改移道路	m²	9.62	64.54	16.21		1.8	4.56	3.24	99.97
0101J010403	3.	改移河沟	坊工方	51.74	158.64	205.43		19.08	48.38	16.19	499.46
0101J02	二、	砍伐、挖根	元	1 204 436	12 227			189 096	719 048	71 181	2 195 988

工程量清单子目综合单价分析表

标段：CMLZQ-3标

清单：第 02 章　路基

编码	节号	名称	计量单位	综合单价组成（元）						综合单价（元）
				人工费	材料费	机械使用费	填料费	措施费	间接费	税金	
0202	2	区间路基土石方	断面立方米								
0202J		Ⅰ.建筑工程费	施工立方米								
0202J01		一、土方	断面立方米	0.07		16.81		0.79	1.96	0.66	20.29
0202J0101		（一）挖土方	m³	0.08		16.9		0.79	1.97	0.66	20.39
0202J010101		1.挖土方（运距≤1km的部分）	施工立方米	0.07		6.78		0.45	1.13	0.28	8.71
0202J01010101		（2）机械施工	施工立方米	0.07		6.78		0.45	1.13	0.28	8.71
0202J010102		（2）增运土方（运距>1km的部分）	m³			11.19		0.38	0.93	0.42	12.92
0202J0102		（二）利用土填方	m³	0.19	0.02	4.17		0.27	0.7	0.18	5.53
0202J010201		2.机械施工	m³	0.19	0.02	4.17		0.27	0.7	0.18	5.53
0202J02		二、石方	断面立方米	2.61	3.96	12.76		1.01	2.57	0.77	23.68
0202J0201		（一）挖石方	m³	2.61	3.96	12.76		1.01	2.57	0.77	23.68

续表

清单 第02章 路基

编码	节号	名称	计量单位	综合单价组成（元）							综合单价（元）
				人工费	材料费	机械使用费	填料费	措施费	间接费	税金	
0202J020101		1. 挖石方（运距≤1km）	施工立方米	2.61	3.96	12.76		1.01	2.57	0.77	23.68
0202J02010101		（2）机械施工（一般爆破）	施工立方米	2.61	3.96	12.76		1.01	2.57	0.77	23.68
0203	3	站场土石方	断面立方米	0.64	6.07	19.43	14.69	1.04	2.59	1.49	48.83
0203J		Ⅰ.建筑工程费	施工立方米/断面立方米	0.64/0.64	6.09/6.07	19.49/19.43	14.74/14.69	1.04/1.04	2.6/2.59	1.49/1.49	48.99/48.83
0203J01		一、土方	m³	0.27	0.02	23.86		1.18	2.94	0.95	33.38
0203J0101		（一）挖土方	m³	0.08		11.03		0.59	1.48	0.44	13.62
0203J010101		1. 挖土方（运距≤1km）	m³	0.07		6.79		0.45	1.13	0.28	8.72
0203J01010101		（2）机械施工	m³	0.07		6.79		0.45	1.13	0.28	8.72
0203J010102		2. 增运土方（运距>1km的部分）	m³			4.36		0.15	0.36	0.17	5.04
0203J0102		（二）利用土填方	m³	0.13	0.02	4.2		0.27	0.68	0.18	5.48
0203J010201		2. 机械施工	m³	0.13	0.02	4.2		0.27	0.68	0.18	5.48
0203J0103		（三）借土填方	m³	0.3	0.02	26.43		1.3	3.23	1.05	37.33

续表

清单 第02章 路基

编码	节号	名称	计量单位	综合单价组成（元）							综合单价（元）
				人工费	材料费	机械使用费	填料费	措施费	间接费	税金	
0203J010301		1.挖填土方（运距≤1km的部分）	m³	0.3	0.02	12.38		0.82	2.07	0.52	21.11
0203J01030101		（1）购买土石	m³								5
0203J01030102		（2）机械施工	m³	0.3	0.02	12.38		0.82	2.07	0.52	16.11
0203J010302		2.增运土方（运距>1km的部分）	m³			14.05		0.48	1.17	0.53	16.23
0203J05		五、级配碎石（砂砾石）	m³	2.39	118.05	22.23		1.57	3.99	4.96	153.19
0203J0501		（一）基床表层	m³	1.07	120.61	16.49		1.14	2.88	4.76	146.95
0203J0502		（二）过渡段	m³	3.66	115.57	27.78		2	5.07	5.16	159.24
0203J050201		1.路桥过渡段	m³	3.66	115.57	27.78		2	5.07	5.16	159.24
0203J06		六、挖淤泥	m³	9.98	0.03	25.19		2.41	6.1	1.47	45.18
0203J0601		（一）机械施工	m³	9.98	0.03	6.61		1.2	3.04	0.7	21.56
0203J0602		（二）汽车增运土方	断面立方米			18.58		1.21	3.06	0.77	23.62
0203J08		八、AB组填料	m³	0.22	0.01	4.78	64	0.31	0.8	2.35	72.47
0203J0801		1.价购	m³				64			2.14	66.14
0203J0802		2.夯填	m³	0.22	0.02	4.78		0.31	0.8	0.2	6.33

续表

清单 第02章 路基

编码	节号	名称	计量单位	综合单价组成（元）							综合单价（元）
				人工费	材料费	机械使用费	燃料费	措施费	间接费	税金	
0204	4	路基附属工程费	正线公里	409 853.37	3 207 235.38	366 085.3		96 685.18	244 254.26	144 857.87	4 683 129.68
0204J		Ⅰ.建筑工程费	断面方	5.54	43.33	4.95		1.31	3.3	1.96	63.27
0204J01		一、附属土石方及加固防护	m³	5.54	43.33	4.95		1.31	3.3	1.96	63.27
0204J0101		（一）土石方	m³	5.19	0.1	1.07		0.48	1.22	0.27	8.34
0204J010101		1.土方	m³	5.19	0.1	1.07		0.48	1.22	0.27	8.34
0204J01010101		1）路基	m³	5.14	0.11	1.04		0.47	1.2	0.27	8.23
0204J01010102		2）站场	m³	5.25	0.09	1.12		0.49	1.24	0.28	8.47
0204J0102		（二）混凝土及砌体	元	2 788 867	13 085 857	145 504		427 244	1 071 045	586 871	18 105 388
0204J010202		2.浆砌石	坊工方	32.63	153.3	1.56		4.98	12.48	6.87	211.82
0204J01020201		1）路基	坊工方	35.29	148.67	0.64		5.23	13.11	6.8	209.74
0204J01020202		2）站场	坊工方	31.03	156.1	2.12		4.82	12.1	6.91	213.08
0204J010203		3.混凝土	坊工方	59.91	278.85	4.78		9.42	23.61	12.62	389.19
0204J01020301		1）路基	坊工方	59.91	278.85	4.78		9.42	23.61	12.62	389.19
0204J01020302		2）站场	坊工方	59.91	278.85	4.78		9.42	23.61	12.62	389.19
0204J0103		（三）绿色防护	元	154 559	413 113	123 083		40 178	152 776	29 604	913 313

续表

清单 第02章 路基

编码	节号	名称	计量单位	综合单价组成（元）							综合单价（元）
				人工费	材料费	机械使用费	填料费	措施费	间接费	税金	
0204J010302		2. 播草籽	m²	0.49	0.56			0.08	0.29	0.05	1.47
0204J010303		3. 喷播植草	m²	0.19	3.47	1.35		0.2	0.78	0.2	6.19
0204J01030301		2）站场	m²	0.19	3.47	1.35		0.2	0.78	0.2	6.19
0204J010306		6. 栽植灌木	株	0.5	0.29			0.08	0.3	0.04	1.21
0204J01030601		① 路基	株	0.5	0.29			0.08	0.3	0.04	1.21
0204J01030602		② 站场	株	0.5	0.29			0.08	0.3	0.04	1.21
0204J0108		（八）土工合成材料	m²	0.31	7.94			0.05	0.11	0.28	8.69
0204J010802		2. 复合土工膜	m²	0.5	8.21			0.07	0.19	0.3	9.27
0204J010804		4. 土工格栅	m²	0.29	7.92			0.04	0.11	0.28	8.64
0204J01080401		1）路基	m²	0.39	7.92			0.06	0.14	0.28	8.79
0204J01080402		2）站场	m²	0.18	7.92			0.03	0.07	0.27	8.47

标段：CMLZQ-3标

工程量清单子目综合单价分析表

清单 第03章 桥涵

编码	节号	名称	计量单位	综合单价组成（元）							综合单价（元）
				人工费	材料费	机械使用费	填料费	措施费	间接费	税金	
0305	5	特大桥	延长米/座	3 425.51	30 510.56	11 055.66		1 443.48	4 284.34	1792.9	55 312.45
030501		一、复杂特大桥	延长米/座	3 425.51	30 510.56	11 055.66		1 443.48	4 284.34	1792.9	55 312.45
03050101		（一）××双线特大桥	延长米	3 425.51	30 510.56	11 055.66		1 443.48	4 284.34	1792.9	55 312.45
03050101J		Ⅰ.建筑工程费	延长米	3 425.51	30 510.56	11 055.66		1 443.48	4 284.34	1792.9	55 312.45
03050101J01		1.基础	圬工方	106.88	611.45	641.96		62.31	176.76	53.58	1 652.94
03050101J0102		（2）承台	圬工方	37.34	490.68	39.79		6.32	17.91	19.83	611.87
03050101J010201		①混凝土	圬工方	28	259.54	36.63		5.26	14.94	11.54	355.91
03050101J010202		②钢筋	吨	160.32	3 960.01	54.2		18	51.05	142.16	4 385.74
03050101J010203		③混凝土冷却管	吨	128.13	5 096.22	20.33		12.53	35.22	177.31	5 469.74
03050101J0105		（5）钻孔桩	m	155.71	757.14	1 134.54		107.55	305.1	82.41	2 542.45
03050101J0109		（9）基坑开挖	m³	5.42	0.86	6.97		0.98	2.79	0.57	17.59
03050101J02		2.墩台	圬工方	57.55	564.58	53.8		9.12	25.87	23.81	734.73
03050101J0201		（1）混凝土	圬工方	42.78	333.31	44.33		7.09	20.12	15	462.63
03050101J0202		（2）钢筋	吨	254.72	3 989.41	163.31		34.98	99.23	152.15	4 693.8

续表

清单 第03章 桥涵

编码	节号	名称	计量单位	综合单价组成（元）							综合单价（元）
				人工费	材料费	机械使用费	填料费	措施费	间接费	税金	
		3. 预应力混凝土简支箱梁	双线孔								
0305 0101J03			双线孔	38 305.92	508 288.84	112 135.44		18 311.19	59 457.45	24 672.71	761 171.55
0305 0101J0301		（1）预制	双线孔	36 143.01	505 605.91	30 944.01		15 103.8	40 150.1	21 036.22	648 983.05
0305 0101J0302		（2）架设	双线孔	2 162.91	2682.94	81 191.43		3 207.38	19 307.35	3 636.49	112 188.5
0305 0101J06		6. 预应力混凝土连续梁	圬工方/联	353.75/ 1 322 718.5	1 989.44/ 7 438 737	237.21/ 88 6962		78.98/ 295 326	198.1/ 740 707.5	95.73/ 357 929	2 953.21/ 1 104 2380
0305 0101J0601		（10）钢筋混凝土连续箱梁 1联 4.8 m（60+100+60）	圬工方	354.6	1 945.86	269.1		83.78	210.14	95.93	2 959.41
0305 0101J0602		（11）钢筋混凝土连续箱梁 1联 4.8 m(28+4×40+28)	圬工方	352.16	2 071.72	176.99		69.92	175.36	95.34	2 941.49
0305 0101J14		14. 支座	元	270 422	9 012 394	129 629		97 519	382 687	331 404	10 224 055
0305 0101J1401		（1）金属支座	个	240	68 754.05	22.04		65.05	255.23	2 322.77	71 659.14
0305 0101J1403		（3）盆式橡胶支座	个	463.53	13 111.55	225.78		167.98	659.22	490.04	15 118.1
0305 0101J15		15. 桥面系	延长米	138.47	872.64	15.63		32.67	86.85	132.2	4 078.46

续表

清单 第03章 桥涵

编码	节号	名称	计量单位	综合单价组成（元）							综合单价（元）
				人工费	材料费	机械使用费	填料费	措施费	间接费	税金	
03050101J16		16.附属工程	延长米	47.31	213.22	99.53		11.11	31.52	13.49	416.18
03050101J1603		（3）干砌石	圬工方	28.66	92.39			2.4	6.8	4.38	134.63
03050101J1604		（4）浆砌石	圬工方	35.44	158.58	0.71		3.03	8.61	6.91	213.28
03050101J1607		（7）台后及锥体填筑	m³	12.01	36.41			1.01	2.85	1.75	54.03
03050101J1610		（10）其他	元	45 534	225 324	32 993		6 421	18 216	11 004	339 492
03050101J1611		（11）茅渣	元	86 779	321 648	461 486		40 143	113 874	34 302	1 058 232
03050101J1612		（14）沟槽改移及防护	元	94 490	482 081	7 729		8 505	24 127	20 667	637 599
03050101J17		17.基础施工辅助设施	元	356 067	1 410 680	349 871		56 680	160 784	78 192	2 412 274
0308	8	小桥	延长米/座	10 837.28/ 205 547	70 450.4/ 1 336 209.33	4 580.3/ 86 873		2 296.3/ 43 553.17	7 917.75/ 150 173.33	3 218.75/ 61 049	99 300.78/ 1 883 404.83
0308J		Ⅰ.建筑工程费	延长米/座	10 837.28/ 205 547	70 450.4/ 1 336 209.33	4 580.3/ 86 873		2 296.3/ 43 553.17	7 917.75/ 150 173.33	3 218.75/ 61 049	99 300.78/ 1 883 404.83
0308JX		甲、新建	延长米/座	10 837.28/ 205 547	70 450.4/ 1 336 209.33	4 580.3/ 86 873		2 296.3/ 43 553.17	7 917.75/ 150 173.33	3 218.75/ 61 049	99 300.78/ 1 883 404.83
0308JX03		三、框架式桥	顶平米/座	883.44/ 205 547	5 743.02/ 1 336 209.33	373.38/ 86 873		187.19/ 43 553.17	645.44/ 150 173.33	262.39/ 61 049	8 094.86/ 1 883 404.83

续表

清单 第03章 桥涵

编码	节号	名称	计量单位	综合单价组成（元）							综合单价（元）
				人工费	材料费	机械使用费	填料费	措施费	间接费	税金	
0308JX0302		1. 框架式桥（无干扰）	顶平米	883.44	5 743.02	373.38		187.19	645.44	262.39	8 094.86
0309	9	涵洞	横延米/座	1 383.75/ 32 362.9	11 082.63/25 9197.9	413.51/ 9 671.02		269.99/ 6 314.37	930.92/ 21 772.26	471.71/ 11 032.16	14 552.51/ 340 350.61
0309J		Ⅰ. 建筑工程费	横延米/座	1 383.75/ 32 362.9	11 082.63/ 259 197.9	413.51/ 9 671.02		269.99/ 6 314.37	930.92/ 21 772.26	471.71/ 11 032.16	14 552.51/ 340 350.61
0309JX		甲、新建	横延米/座	1 383.75/ 32 362.9	11 082.63/ 259 197.9	413.51/ 9 671.02		269.99/ 6 314.37	930.92/ 21 772.26	471.71/ 11 032.16	14 552.51/ 340 350.61
0309JX05		五、框架涵	横延米/座	1 383.75/ 32 362.9	11 082.63/ 259 197.9	413.51/ 9 671.02		269.99/ 6 314.37	930.92/ 21 772.26	471.71/ 11 032.16	14 552.51/ 340 350.61
0309JX0501		（一）明挖（×× 座）	横延米/座	1 383.75/ 32 362.9	11 082.63/ 259 197.9	413.51/ 9 671.02		269.99/ 6 314.37	930.92/ 21 772.26	471.71/ 11 032.16	14 552.51/ 340 350.61
0309JX050101		1. 单孔（座）	横延米/座	1 383.75/ 32 362.9	11 082.63/ 259 197.9	413.51/ 9 671.02		269.99/ 6 314.37	930.92/ 21 772.26	471.71/ 11 032.16	14 552.51/ 340 350.61
0309JX05010101		（1）涵身及附属	延长米	1 383.75	11 082.63	413.51		269.99	930.92	471.71	14 552.51

工程量清单子目综合单价分析表

标段：CMLZQ-3 标

清单　第 05 章　轨道

编码	节号	名称	计量单位	综合单价组成（元）						综合单价（元）
				人工费	材料费	机械使用费	填料费	措施费	间接费	税金	
0512	12	正线									
0512X		甲、新建									
0512XJ		Ⅰ.建筑工程费									
0512XJ01		一、铺新轨									
0512XJ0106		（六）无砟轨道道床	km	245 089.96	2 427 141.35	43 396.8		56 871.05	177 571.08	98 827.36	3 048 897.6
0512XJ010601		1.路基地段	km	256 218.58	2 560 158.97	42 581.58		58 849.15	183 747.39	103 902.09	3 205 457.76
0512XJ010602		2.桥梁地段	km	241 136.32	2 372 506.74	43 685.13		56 167.94	175 375.71	96 777.22	2 985 649.06
0512XJ010603		2.CPⅢ测量费	正线公里	362.37	14 988.79			70.28	219.44	523.98	16 164.86

工程量清单子目综合单价分析表

标段：CMLZQ-3 标

清单 第 09 章 其他运营生产设备及建筑物

编码	节号	名称	计量单位	综合单价组成（元）							综合单价（元）
				人工费	材料费	机械使用费	填料费	措施费	间接费	税金	
0925	25	站场	正线公里	70 196.91	447 217.35	42 796.34		16 724.38	57 666.46	21 259.16	655 860.6
092501		一、站场建筑	元	1 291 664	6 849 268	824 311		314 714	1 085 148	347 231	10 712 336
092501J		Ⅰ.建筑工程费	元	1 291 664	6 849 268	824 311		314 714	1 085 148	347 231	10 712 336
092501J07		（七）地道									
092501J0701		1.地道（新建）	m²	919.27	4 874.58	586.66		223.98	772.29	247.12	7 623.9
092503		三、站场附属工程	元	456 239	4 286 444	241 318		101 723	350 747	182 122	5 618 593
092503J		Ⅰ.建筑工程费	元	456 239	4 286 444	241 318		101 723	350 747	182 122	5 618 593
092503J03		（三）道路									
092503J0303		道路	m²	12.21	83.66	39.2		6.83	23.56	5.54	171
092503J06		（六）排水槽	m	165.57	1 604.99	35.43		30.37	104.73	65.03	2 006.12
092503J0601		1.高速排水槽	m	165.57	1 604.99	35.43		30.37	104.73	65.03	2 006.12

工程量清单子目综合单价分析表

标段：CMLZQ-3 标

清单 第 10 章 大型临时设施和过渡工程

编码	节号	名称	计量单位	综合单价组成（元）					综合单价（元）
				人工费	材料费	机械使用费	措施费	间接费	税金	
1028	28	大型临时设施和过渡工程	正线公里	75 898.03	538 880	132 867.55	4 612.05	20 514.14	24 501.93	1 726 621.89
1028J		Ⅰ．建筑工程费	正线公里	75 898.03	538 880	132 867.55	4 612.05	20 514.14	24 501.93	1 726 621.89
1028J01		一、大型临时设施	正线公里	75 898.03	538 880	132 867.55	4 612.05	20 514.14	24 501.93	1 662 048.19
1028J010103		（三）汽车运输便道	km							185 930.23
1028J010302		2. 新建引入线	km							160 000
1028J010304		4. 利用地方既有道路补偿费	元							111 500
1028J010107		（七）材料厂	处							98 000
1028J010108		（八）制（存）梁场	处	1 889 861	13 418 112	3 308 402	114 840	510 802	610 098	37 184 000
1028J010801		1. 征拆等	元	88 670	230 521	45 762				17 696 838
1028J010802		2. 复垦复耕	元	148 988	63 961	452 227				665 176
1028J010803		3. 土石方	m³	0.18	0.01	13.51	0.21	0.9	0.5	15.31

续表

清单 第10章 大型临时设施和过渡工程

编码	序号	名称	计量单位	综合单价组成（元）						综合单价（元）
				人工费	材料费	机械使用费	填料费	措施费	间接费	税金	
1028J010804		4. 地基处理	元	271 988	2 906 225	516 544		27 283	123 011	128 809	3 973 860
1028J010805		5. 硬化面及道路	m²	11.69	98.44	1.7		0.46	2.08	3.83	118.2
1028J010806		6. 台座	m³	64.71	404.84	20.57		2.92	13.17	16.96	523.17
1028J0110		（十）混凝土集中拌和站	处								595 000
1028J0115		（十五）通信	km								15 000
1028J0117		（十七）电力干线	km								110 000
1028J011701		1. 电力	km								110 000
1028J0122		（二十二）级配碎石拌和场	处								245 000
1028J0123		（二十三）无砟道床制板场	处								195 000
1028J02		二、过渡工程	正线公里								132 336.21
1028J0204		（四）通信	元								
1028J020401		1. 有线	元								487 885
1028J020402		2. 无线	站								190 000
1028J0208		（八）电气化	元								740 000

甲供材料费计算表

标段：CMLZQ-3 标

序号	材料编码	名称及规格	交货地点	计量单位	数量	金额（元）	
						单价	合价
1		绿化聚乙烯防水材料卷材 $\delta=1.2$		m	2 620.00	14.75	38 645
2		JS-18 环保防水卷材		m	218 482.00	22.43	4 900 551
3		881-Ⅰ防水涂料		kg	354 020.00	10.70	3 788 014
4		JS-18 防水涂料		kg	19 340.00	12.75	246 585
5		聚氨酯防水涂料		kg	4 497.00	9.34	42 002
6		铁路盆式橡胶支座 TPZ5000-GD		个	46.00	6 741.75	310 121
7		铁路盆式橡胶支座 TPZ7000-GD		个	510.00	9 790.94	4 993 379
8		铁路盆式橡胶支座 TPZ5000-ZX		个	110.00	8 893.05	978 236
9		铁路盆式橡胶支座 TPZ7000-ZX		个	1 378.00	14 054.15	19 366 619
10		橡胶止水带 15×300		m	285.00	14.99	4 272
11		氯丁橡胶平板止水带		m	4 900.00	26.47	129 703
12		环保型接地铜缆 70 m^2		m	59 326.00	71.50	4 241 809
13		SRS 防水层		m^2	1 340.00	15.68	21 011
14		LQZ6000DX		个	24.00	11 500.00	276 000
15		LQZ9000DX		个	4.00	20 000.00	80 000
16		LQZ17500GD		个	14.00	47 800.00	669 200
17		LQZ35000GD		个	4.00	126 500.00	506 000
18		LQZ30000DX		个	10.00	111 100.00	1 111 000
19		LQZ17500DX		个	4.00	47 000.00	188 000
20		LQZ60000GD		个	4.00	226 200.00	904 800
21		LQZ-22500KN 支座		个	8.00	101 152.00	809 216
		合　计					43 605 163

主要自购材料价格表

标段：CMLZQ-3 标

序号	材料编码	材料名称及规格	计量单位	单价（元）
1	1110001	原木	m	989
2	1110003	锯材	m	1 232
3	1210016	黏土（钻孔桩用）	m	20
4	1210020	矿渣粉（高性能混凝土）	kg	0.35
5	1230006	片石	m	38
6	1240011	碎石 16 以内	m	40
7	1240012	碎石 25 以内	m	38
8	1240014	碎石 40 以内	m	38
9	1240016	碎石 80 以内	m	36
10	1240111	卵石 25 以内	m	19
11	1240112	卵石 31.5 以内	m	16.81
12	1240118	天然级配砂（砾）卵石	m	31
13	1240119	级配砾石 40 以内	m	35
14	1210020	矿渣粉（高性能混凝土）	kg	0.35
15	1260022	中粗砂	m	50
16	1260129	粉煤灰Ⅰ级	t	240
17	1260130	粉煤灰Ⅱ级	t	160
18	1300001	标准砖 240×115×53	千块	150
19	3372015	聚氯乙烯给水管（UPVC）D50	m	7.5
20	3372082	聚氯乙烯给水管（UPVC）1.0 MPa D90	m	21.7
21	3372212	聚乙烯给水管（PE）0.6 MPa de160	m	86.66
22	3372213	聚乙烯给水管（PE）0.6 MPa de200	m	131.64
23	3372215	聚乙烯给水管（PE）0.6 MPa de315	m	328.77
24	3411010	单向塑料土工格栅 25 型	m	7.22
25	3411080	复合土工膜 500 g/m	m	8.51

××双线特大桥的原始数据

章节	单价编号	工程项目及费用名称	单位	数量	数量复核	调整内容
3章		桥涵	正线公里	24.9		
5节		特大桥	延长米/座	5 047.4/1		
		一、复杂特大桥	延长米/座	5 047.4/1		
		××双线特大桥	延长米	5 047.4		
		Ⅰ.建筑工程费	延长米	5 047.4		
		1.基础	圬工方	55 024.3		
		（2）承台	圬工方	22 290		
		① 混凝土	圬工方	22 290		
	QY-346	陆上承台混凝土泵送 C30（高性能）	10 m	2 229		GF0.9/LF0.9/HT-638，HT-5327
	BCYY-11	基础、承台、灌注桩、抗滑桩	100 m	2 22.9		
	QY-564	混凝土运输装运≤1 km	10 m	2 229		
		② 钢筋	吨	1 295.62		
	QY-351	陆上承台钢筋	t	1 295.62		
		③ 混凝土冷却管	吨	4.23		
	QY-353	墩台基础冷却管制安	t	4.23		
		（5）钻孔桩	米	29 909		
	QY-103	陆上钻孔桩径≤1.0 m 可塑的黏性土	10 m	150.07		
	QY-109	陆上钻孔桩径≤1.0 m 硬塑、坚硬的黏性土	10 m	300.13		
	QY-115	陆上钻孔桩径≤1.0 m 软石	10 m	704.16		
	QY-176	陆上钻孔浇筑水下混凝土泵送 C30（高性能）	10 m	1 061.1		C30，C30
	QY-187	钻孔桩钢筋笼制安陆上	t	650.822		
	QY-194	钻孔桩钢护筒陆上埋深>1.5 m	t	194.142		
	QY-104	陆上钻孔桩径≤1.25 m 可塑的黏性土	10 m	261.21		
	QY-110	陆上钻孔桩径≤1.25 m 硬塑、坚硬的黏性土	10 m	522.42		
	QY-116	陆上钻孔桩径≤1.25 m 软石	10 m	1 225.68		
	QY-176	陆上钻孔浇筑水下混凝土泵送 C30	10 m	1 796.6		
	QY-187	钻孔桩钢筋笼制安陆上	t	1 282.731		
	QY-194	钻孔桩钢护筒陆上埋深>1.5 m	t	329.004		
	QY-105	陆上钻孔桩径≤1.5 m 可塑的黏性土	10 m	25.83		

续表

章节	单价编号	工程项目及费用名称	单位	数量	数量复核	调整内容
	QY-111	陆上钻孔桩径≤1.5 m硬塑、坚硬的黏性土	10 m	20.7		
	QY-117	陆上钻孔桩径≤1.5 m软石	10 m	104.99		
	QY-176	陆上钻孔浇筑水下混凝土泵送C30	10 m	133.2		
	QY-187	钻孔桩钢筋笼制安陆上	t	128.858		
	QY-194	钻孔桩钢护筒陆上埋深>1.5 m	t	27.278		
	QY-564	混凝土运输装运≤1 km	10 m	2 990.9		
	QY-565×4	混凝土运输增运1 km	10 m	2 990.9		
	2220016	焊接钢管	kg	15 984		
		（9）基坑开挖	m³	72 235.1		
	QY-17	机械挖土方基坑深≤6 m 无水	10 m	5479.36		
	QY-17	机械挖土方基坑深≤6 m 无水	10 m	304.25		
	QY-18	机械挖土方基坑深≤6 m 有水	10 m	1 365.64		
	QY-18	机械挖土方基坑深≤6 m 有水	10 m	74.26		
	QY-36	基坑壁支护挡土板有水	10 m 土	74.26		
	QY-42	基坑抽水中水流≤40 m³/h	10 m 湿土	1 704.13		
	QY-45	基坑回填原土	10 m	4 333.48		
	QY-814	涵洞基础混凝土C15	10 m	22		
		2. 墩台	圬工方	29 912.3		
		（1）混凝土	圬工方	29 912.3		
	QY-360	陆上实体墩台身混凝土泵送C35（高性能）	10 m	2 663.95		HT-638，HT-5331
	QY-381	陆上空心桥墩墩身混凝土C35 墩高≤30 m（高性能）	10 m	33.37		HT-692，HT-5331
	QY-466	陆上顶帽混凝土C35 墩高≤30 m（高性能）	10 m	2.22		HT-692，HT-5331
	QY-466	陆上顶帽混凝土C50 墩高≤30 m（高性能）	10 m	26.53		HT-692，HT-5341
	QY-494	托盘及台顶混凝土泵送C35（高性能）	10 m	8.74		HT-694，HT-5329
	QY-503	耳墙混凝土泵送C35（高性能）	10 m	4.42		HT-694，HT-5329
	QY-451	框架墩顶帽混凝土泵送C55（高性能）	10 m	139.65		HT-694，HT-5369

续表

章节	单价编号	工程项目及费用名称	单位	数量	数量复核	调整内容
	QY-444	框架墩身混凝土泵送 C35（高性能）	10 m	112.35		HT-694，HT-5329
	BCYY-12	墩台	100 m	299.123		
	QY-564	混凝土运输装运≤1 km	10 m	2 991.23		
	QY-565	混凝土运输增运 1 km	10 m	2 991.23		
	QY-1026	冷作式防水层 TQF-Ⅰ（甲）	10 m	12.98		
	QY-1036	防护层玻璃纤维混凝土 C40	m	5.6		
		（2）钢筋	t	1 734.02		
	QY-364	陆上实体墩台身钢筋	t	1 113.55		
	QY-482	陆上顶帽钢筋墩高≤50 m	t	423.177		
	QY-407	陆上空心桥墩墩身 钢筋 墩高≤50 m	t	9.271		
	QY-482	陆上顶帽 钢筋墩高≤50 m	t	2.99		
	BQY-16	顶帽及垫石内钢筋墩高≤70 m	t	102.33		
	QY-495	托盘及台顶钢筋	t	82.702		
		3. 预应力混凝土简支箱梁	双线孔	143		
		（1）预制	双线孔	143		
	BC00-545	24 m 双线箱梁预制-高性能混凝土	孔	10		
	BC00-546	32 m 双线箱梁预制-高性能混凝土	孔	133		
		（2）架设	双线孔	143		
	BQY-68	架桥机架设预应力混凝土箱梁（中间孔）双线 L_p = 24 m	双线孔	10		
	BQY-70	架桥机架设预应力混凝土箱梁（首末孔）双线 L_p = 24 m	双线孔	10		
	BQY-72	双线箱梁 L_p = 24 m 装运 1 km	双线孔	10		
	BQY-73*9	双线箱梁增运 1 km	双线孔	10		
	BGSQY-8	架桥机架设预应力混凝土双线箱梁（首末孔）L_p = 32 m	双线孔	2		
	BGSQY-5	架桥机架设预应力混凝土双线箱梁（中间孔）L_p = 32 m	双线孔	131		
	BGSQY-14	箱梁运输车自行装运预应力混凝土双线箱梁 L_p = 32 m，装运≤1 km	双线孔	133		
	BGSQY-15*7	箱梁运输车自行装运预应力混凝土双线箱梁增运 1 km	双线孔	133		
	BC00-544	场内移梁 32 m	孔	143		

续表

章节	单价编号	工程项目及费用名称	单位	数量	数量复核	调整内容
		6. 预应力混凝土连续梁	圬工方/联	7 478.23/2		
		（10）钢筋混凝土连续箱梁 1联 4.8 m（60+100+60）	圬工方	4 889.06		
	QY-593	悬浇连续箱梁 0号块混凝土 C55 陆上（高性能）	10 m	105.462		HT-740，HT-6149
	BCYY-17	现浇混凝土梁	100 m	10.546		
	QY-595	悬浇连续箱梁 悬浇段混凝土 C55 陆上（高性能）	10 m	353.07		HT-740，HT-6149
	BCYY-17	现浇混凝土梁	100 m	35.307		
	QY-599	连续箱梁普通钢筋	t	760.22		
	QY-600	连续箱梁预应力粗钢筋 直径 25 制安	10 t	3.137		
	QY-601	连续箱梁预应力粗钢筋 直径 25 张拉	100 根	13		
	QY-629×0.8	连续箱梁预应力钢绞线束 长 80 m 以内 12 根 1 束制安	10 t	5.081		
	QY-630×0.8	连续箱梁预应力钢绞线束 长 80 m 以内 12 根 1 束张拉	10 束	7.4		
	QY-621×0.2	连续箱梁预应力钢绞线束 长 40 m 以内 12 根 1 束制安	10 t	5.081		
	QY-622×0.2	连续箱梁预应力钢绞线束 长 40 m 以内 12 根 1 束张拉	10 束	7.4		
	QY-631×0.8	连续箱梁预应力钢绞线束 长 80 m 以内 19 根 1 束制安	10 t	17.142		
	QY-632×0.8	连续箱梁预应力钢绞线束 长 80 m 以内 19 根 1 束张拉	10 束	15.2		
	QY-623×0.2	连续箱梁预应力钢绞线束 长 40 m 以内 19 根 1 束制安	10 t	17.142		
	QY-624×0.2	连续箱梁预应力钢绞线束 长 40 m 以内 19 根 1 束张拉	10 束	15.2		
	QY-609	连续箱梁预应力钢绞线束 长 20 m 以内 7 根 1 束制安	10 t	3.095		
	QY-610	连续箱梁预应力钢绞线束 长 20 m 以内 7 根 1 束张拉	10 束	49.8		
	QY-645	悬浇箱梁挂篮制作	t	400		
	QY-646	悬浇箱梁挂篮安拆	t	400		
	QY-1102	钢万能脚手架安拆陆上安拆	10 t	5		
	QY-1104×2	钢万能脚手架安拆每使用 1 个季度	10 t	5		
	QY-1026	冷作式防水层 TQF-Ⅰ（甲）	10 m	275.322		
	QY-1036	防护层 玻璃纤维混凝土 C40	m	241.214		

续表

章节	单价编号	工程项目及费用名称	单位	数量	数量复核	调整内容
	400000154	ϕ150PVC 管	m	6		
	QY-564	混凝土运输装运≤1 km	10 m	488.906		
	QY-565×4	混凝土运输增运 1 km	10 m	488.906		
	QY-595	悬浇连续箱梁悬浇段混凝土 C50 陆上	10 m	6.253		
	BCYY-17	现浇混凝土梁	100 m	0.625		
	QY-599	连续箱梁普通钢筋	t	3.37		
	QY-609	连续箱梁预应力钢绞线束长 20 m 以内 7 根 1 束制安	10 t	3.03		
		（11）钢筋混凝土连续箱梁 1 联 4.8 m（28+4×40+28）	圬工方	2 589.17		
	QY-542	现浇预应力混凝土箱梁混凝土 C55（高性能）	10 m	255.16		HT-740，HT-5343
	BCYY-17	现浇混凝土梁	100 m	25.516		
	QY-543	现浇预应力混凝土箱梁钢筋	t	438.8		
	QY-629×0.8	连续箱梁预应力钢绞线束长 80 m 以内 12 根 1 束制安	10 t	13.62		
	QY-630×0.8	连续箱梁预应力钢绞线束长 80 m 以内 12 根 1 束张拉	10 束	11.5		
	QY-621×0.2	连续箱梁预应力钢绞线束长 40 m 以内 12 根 1 束制安	10 t	13.62		
	QY-622×0.2	连续箱梁预应力钢绞线束长 40 m 以内 12 根 1 束张拉	10 束	11.5		
	QY-607	连续箱梁预应力钢绞线束长 20 m 以内 3 根 1 束制安	10 t	1.86		
	QY-608	连续箱梁预应力钢绞线束长 20 m 以内 3 根 1 束张拉	10 束	43.3		
	QY-1108	现浇梁满堂式支架搭拆	100 m 空间	330		
	QY-52	塑料编织袋围堰填筑	10 m	641.647		
	QY-53	塑料编织袋围堰拆除	10 m	641.647		
	QY-1102	钢万能脚手架安拆陆上安拆	10 t	5		
	QY-1104*2	钢万能脚手架安拆每使用 1 个季度	10 t	5		
	QY-1026	冷作式防水层 TQF-Ⅰ（甲）	10 m	264.98		
	QY-1036	防护层玻璃纤维混凝土 C40	m	159		
	400000154	ϕ150PVC 管	m	144		
	400000154	ϕ150PVC 管	m	24		
	QY-564	混凝土运输装运≤1 km	10 m	258.917		
	QY-565×4	混凝土运输增运 1 km	10 m	258.917		

续表

章节	单价编号	工程项目及费用名称	单位	数量	数量复核	调整内容
	QY-595	悬浇连续箱梁悬浇段混凝土C50陆上	10 m	3.757		
	BCYY-17	现浇混凝土梁	100 m	0.376		
	QY-599	连续箱梁普通钢筋	t	2.06		
	QY-609	连续箱梁预应力钢绞线束长20 m以内7根1束制安	10 t	2.043		
		14.支座	元	0		
		(1)金属支座	个	22		
	QY-694	金属支座摇轴支座 $L_p = 32$ m	孔	4		2610012, 400003056, 1
	QY-694	金属支座摇轴支座 $L_p = 32$ m	孔	4		2610012, 400003055, 1
	QY-694	金属支座摇轴支座 $L_p = 32$ m	孔	10		2610012, 400003060, 1
	QY-694	金属支座摇轴支座 $L_p = 32$ m	孔	4		2610012, 400003061, 1
		(3)盆式橡胶支座	个	572		
	QY-711	盆式橡胶支座承载力≤7 000 kN固定	个	266		
	QY-712	盆式橡胶支座承载力≤7 000 kN活动	个	266		
	QY-709	盆式橡胶支座承载力≤5 000 kN固定	个	20		
	QY-710	盆式橡胶支座承载力≤5 000 kN活动	个	20		
		15.桥面系	延长米	5 047.4		
	QY-800	桥上地震区防止落梁设施单线地震动峰值加速度0.2g、0.3g 跨度32 m	孔	143		GF2/LF2/LZ2/JF2
	SQ	箱梁桥面系	延长米	5 047.4		
	QY-767	实体桥墩检查设施围栏	一个墩	153		
	QY-769	实体桥墩检查设施检查梯	个	153		
	QY-768	实体桥墩检查设施吊篮	每侧	304		
	QY-364	陆上实体墩台身钢筋	t	97.4		
	BQY-103	桥面工程 梁端伸缩缝安装	双线孔/道	146		
	BHY-311	钢筋混凝土柱基础浇制HJ13-1	处	8		
	BHY-330	钢筋混凝土柱基础浇制HJ15-10	处	304		
	BHY-331×6	钢筋混凝土柱基础浇制基础体积增减1 m	处	304		

续表

章节	单价编号	工程项目及费用名称	单位	数量	数量复核	调整内容
	3378028	PVC 弯管	个	450		
		16. 附属工程	延长米	5 047.4		
		（3）干砌石	坞工方	31.3		
	QY-1054	干砌片石锥体护坡	10 m	3.13		
		（4）浆砌石	坞工方	208.5		
	QY-1059	浆砌片石锥体护坡 M10	10 m	8.62		
	QY-1059	浆砌片石锥体护坡 M10	10 m	1.83		
	QY-1063	浆砌片石河床护坡及导流堤 M10	10 m	10.4		
		（7）台后及锥体填筑	m³	307.4		
	LY-368	夯填砂卵石	10 m	30.7		1240118，1240112，12.5
		（10）其他	元	0		
	QY-359	陆上实体墩台身混凝土泵送 C20	10 m	6		
	QY-737	铁路桥面防护网	100 m	9.12		
	QY-1109	现浇梁门架式万能杆件支架搭拆	t	120		
	QY-1169	木结构制安拆	m 构件	40		
		（11）弃渣	元	0		
	LY-283	浆砌片石 M7.5	10 m	206.08		
	LY-43	挖掘机（≤1.0 m）挖装车松土	100 m	624.47		
	LY-142	自卸汽车（≤8 t）运土运距≤1 km	100 m	624.47		
		（14）沟槽改移及防护	元	0		
	LY-47	挖掘机（≤2.0 m）挖装车 普通土	100 m	8		
	LY-142	自卸汽车（≤8 t）运土运距≤1 km	100 m	8		
	QY-1063	浆砌片石河床护坡及导流堤 M10	10 m	256		1230006，1230006，10.7
	QY-1063	浆砌片石河床护坡及导流堤 M10	10 m	60		
		17. 基础施工辅助设施	元	0		
	QY-37	基坑壁支护钢筋混凝土围圈混凝土 C20	10 m	126		
	QY-38	基坑壁支护钢筋混凝土围圈钢筋	t	81.9		
	QY-1167	钢结构安拆	t	25		

续表

章节	单价编号	工程项目及费用名称	单位	数量	数量复核	调整内容
	QY-52	塑料编织袋围堰填筑	10 m	200		
	QY-53	塑料编织袋围堰拆除	10 m	200		
	QY-57	打钢板桩水中平台	t	419.5		
	QY-60	拔钢板桩水中平台	t	419.5		
	QY-64	钢板桩每季度使用费	t	419.5		
	QY-190	水上钻孔工作平台钻机≤80 kN·m，水深≤5 m	100 m	7.16		
	QY-37	基坑壁支护钢筋混凝土围圈混凝土 C20	10 m	80.8		
	LY-47	挖掘机（≤2.0 m）挖装车普通土	100 m	5.39		
	LY-142	自卸汽车（≤8 t）运土运距≤1 km	100 m	5.39		

5.2.4 课业评价

任务完成后，采用教师检查，学生自评、互评的方式，进行完成任务情况检查。应检查如下任务：

1. 工程量清单报价中封面的填写。
2. 报价总额的填写。
3. 清单汇总表的填写。
4. 工程量清单计价表的填写。
5. 读懂工程量清单子目综合单价分析表。
6. 读懂特大桥的原始数据。

情境六　工程价款结算与成本控制

学习目标：
1. 明白什么是验工计价，清楚验工计价的计价依据方法。
2. 能阅读并填写验工计价的各种报表文件。
3. 能明白成本与造价文件的关系并进行分析。
4. 能识记工程进度款的内容和计算。
5. 清楚工程结算的要求，能利用计量数据进行工程结算。
6. 能根据工程成本的概念进行工程单价分析并进行工程索赔。

任务一　工程价款结算——验工计价

6.1.1　任务介绍

6.1.1.1　任务导入

施工过程中要进行结算，施工单位将实际完成的工作内容、工程量填入各种报表，按月或者季送交驻地监理工程师验收签认，然后向建设单位提交当月（季）工程价款结算。根据结算应付的工程价款经总监理工程师签认的支付证书，财务部门才能转账。

6.1.1.2　案例分析

做出新建××至××城际铁路站前工程 CJQ-1 标段中特大桥预应力混凝土简支箱梁2009年度第一季度的验工报表。

1. 填写验工计价表（表6.1)，完成工程数量签认单并找监理和指挥部专业工程师核准

表6.1　新建××至××城际铁路站前工程 CJQ-1 标段完成工程数量签认单

工程承包单位：中铁××局集团有限公司

章别	节号	清单编码	工程项目费用名称	单位	合同数量	一季度完成数量			监理工程师核准数量			指挥部管段专业工程师核准数量		
						本季	本年	开累	本季	本年	开累	监理工程师	本季	本年	开累	专业工程师
三			桥涵												
	5	0305	特大桥（15座）	延长米	24 675.135										
		030501	一、复杂特大桥(1座)	延长米	11 655										
		03050101	（一）××特大桥	延长米	11 655										
		03050101J	Ⅰ．建筑工程费	延长米	11 655										
		03050101J03	3．预应力混凝土简支箱梁	孔	336	214									

续表

章别	节号	清单编码	工程项目费用名称	单位	合同数量	一季度完成数量			监理工程师核准数量			指挥部管段专业工程师核准数量		
						本季	本年	开累	本季	本年	开累	监理工程师	本季	本年	开累	专业工程师
		03050101J0301	（1）预制	孔	336			116							
		03050101J030101	1）24 m 预应力混凝土简支箱梁	孔	17	6.00	6	6							
		03050101J030102	2）32 m 预应力混凝土简支箱梁	孔	319	38.00	38	110							
		03050101J0302	（2）架设	孔	336	45.00	45	98							

2. 根据数量签认单和合同填写工程验工计价表（表6.2）并计算价值

价值 = 数量 × 合同单价

本季度完成 = 这一季度完成的工程量和价值

本年完成 = 一季度 + 二季度 + 三季度 + 四季度

开累完成 = 从开工一直到本季的累加

剩余 = 合同量 − 开累完成

表 6.2 工程验工计价表

2009 年第 1 季度

章别	节号	清单编码	工程项目费用名称	单位	综合单价	合同		本季完成		本年完成		开累完成		剩余	
						数量	价值	数量	价值	数量	价值	数量	价值	数量	价值
		030502J03	（三）预应力混凝土简支箱梁	孔	595 174.14	336	199 978 511	0.00	25 737 190		25 737 190	214	67 264 730	122	132 713 781
		030502J0301	1. 预制	孔	497 593.49	336	167 191 413	0.00	21 346 061		21 346 061	116	57 701 827	220	109 489 586
		030502J030101	（1）24 m 预应力混凝土简支箱梁	孔	359 716.07	17	6 115 173	6.00	2 158 296	6	2 158 296	6	2 158 296	11	3 956 877
		030502J030102	（2）32 m 预应力混凝土简支箱梁	孔	504 941.19	319	161 076 240	38.00	19 187 765	38	19 187 765	110	55 543 531	209	105 532 709
		030502J0302	2. 架设	孔	97 580.65	336	32 787 098	45.00	4 391 129	45	4 391 129	98	9 562 903	238	23 224 195

6.1.1.3 完成任务

读懂验工报表。

6.1.2 知识链接

工程价款结算习惯上又称为工程费用结算（铁路上称为验工计价），是指承包人在工程实施过程中，依据合同中关于付款条款的规定和已完成的工程量，按照规定程序向业主收取工程价款的一项经济活动。

1. 验工计价的依据

（1）经上级主管部门批准的设计概（预）算或修正概（预）算。

（2）国家或上级主管部门下达的年度计划（或调整计划）。

（3）双方签订的工程承包合同、综合单价和款额，以及双方共同商定的分部工程占单位工程的比例系数。

（4）经发包单位同意，由承包单位编制的施工预算。

（5）经过审批的开工报告。

（6）经批准的设计变更，补充合同中的工程项目及款额和预备费使用记录。

（7）工程质量合格，且计价数量与实际完成数量相符，以及相关的隐蔽工程检查证，成品、半成品、设备及原材料出厂合格证，试验报告单等。

2. 验工计价的办理

验工计价分阶段办理：月度预付，季、年度验工计价或竣工清算。

（1）月度预付建安工程价款。甲方可按乙方根据季度施工计划提出的季度用款计划中建安工程价值的30%，于每月15日前预付当月工程款。工期不满三个月的工程项目，实行竣工后一次清算。

（2）季度验工。按本季完成的工程数量，分单位编制"验工计价表"，经签证后作为季度结算的依据。（铁路大部分工程采用季度验工）

（3）年度验工。按全年投资计划内完成的工程量，编制"年度验工计价表"，经签证后作为年度结算的依据。

（4）末次验工。建设项目（或单项工程、单位工程）在竣工时要全面清理，按批准的概算进行末次验工计价，编制末次"验工计价表"，经签证后作为竣工清算的依据。季度验工、年度验工和末次验工，均应填报"验工计价汇总表"，并填写"验工计价单"报建设单位核准。

3. 验工计价需注意的问题

（1）验工计价表中的项目、定额费率必须与概（预）算及部批定额、费率一致；按中标工程项目及综合单价验工计价的，按承发包双方商定的分部工程占单位工程比例系数验工计价；分包工程由总包单位统一验工计价。

（2）验工计价数量和款额，必须是实际完成的工程量和款额，且不得超出年度投资计划。末次验工计价不得突破部批准的概（预）算总额或合同包干价值总额。合同中另有规定者按合同条款执行。工程量清单中所列工程数量是估算的或设计的预计数量，仅作为投标的共同基础，不能作为最终结算与支付的依据。实际支付，应根据合同约定的计量方式，按《指南》的工程量计算规则，以实际完成的工程量，按工程量清单的综合单价计量支付；计量单位为"元"的清单子目可根据具体情况以工程进度按比例支付或一次性支付。

（3）验工计价应如实反映基建工程完成情况，凡当年按投资计划完成的工程量，当年内应办理验工计价和结算，不得隐瞒不报；未完建安工程量，不得提前计价。

（4）施工期间，进行工程项目验工计价时，一般不得超过承、发包工程概算中第二至九总值的95%，其余待工程竣工验交合格后计价。但对新建铁路大中型项目，由于投资额大、工期长、可按97%进行验工计价；改建铁路大中型项目采用"分站、分区间、分段"验收合格后交付使用时，已投产的工程可视竣工论。

（5）概（预）算第一章拆迁工程中由承包单位或由委外单位完成的建安工程量（如拆迁建筑物改移道路等）和配合辅助工程的验工计价办法，在双方签订承发包合同时予以明确。

（6）承包单位应于季末后三日前，年末后五日前，将经过监察工程师签认的"验工计价表"送建设单位一式七份（包括建设单位财务一份）、拨款建设银行一份。

（7）预备费使用范围必须符合铁路工程概（预）算编制办法的规定。凡超过批准的初步设计和技术设计（或扩大初步设计）的规模和标准发生的费用，均不得在预备费项下计价，如有违反，由责任单位承担。除列入承发包合同包干使用的预备费，可不办理批准手续以外，其余均应按规定办理审批手续。

（8）承发包双方在验工计价中发生争议时，应由建设单位领导主持，组织有关各方协商解决；遇有重大问题经协商不能解决时，报上级主管部门协调解决。

4. 设计概（预）算中设备的计价办法

凡不需要安装的设备和工器具，根据发货票抄件及固定资产验收或保管记录办理验工计价。需要安装的设备，须具备出厂合格证、必要的图纸和资料，以安装就位以后方能计价。

5. 概（预）算内其他项目的计价办法

（1）征用土地补偿费：如建设单位委托承包单位办理时，由监理组织按合同规定审定后，以付款凭据进行计价。

（2）其他工程费：根据工程进度和费用发生情况，按合同规定费率或价款分季验工计价。

（3）临时工程费和施工机构转移费，按概（预）算价或承发包合同中所列费用计价。

（4）劳保支出、主副食运费补贴等，按建安工程完成进度的比例计价。

（5）材料差价及设备的计价办法，应在承发包合同中明确，按合同条款办理。

6. 不予计价的情况

凡有下列情况之一者，不予计价：

（1）开工报告未经批准者。

（2）发现有（84）铁基字779号文第十八条所列十种情况之一者。

（3）未按《验标》要求进行检查、未填写"工程质量检查评定表"者。

（4）倒手转包或由无照施工单位施工的工程。

6.1.3 任务实施

读懂新建××至××城际铁路站前工程CJQ-1标段2009年一季度的验工报表。

1. 工程验工计价表（表6.3）

表 6.3 工程验工计价表

2009 年一季度

工程承包单位：中铁××局集团有限公司

章别	节号	清单编码	工程项目费用名称	单位	综合单价	合同 数量	合同 价值	本季完成 数量	本季完成 价值	本年完成 数量	本年完成 价值	开累完成 数量	开累完成 价值	剩余 数量	剩余 价值
		第一章合计		正线公里	1 250 819.73	55.451	69 359 205		2 027 533		2 027 533		64 536 098		4 823 107
一		0101	拆迁工程	正线公里	1 250 819.73	55.451	69 359 205		2 027 533		2 027 533		64 536 098		4 823 107
		0101J	拆迁工程	正线公里	165 717.57	55.451	9 189 205		1 872 533		1 872 533		4 940 498		4 248 707
		0101J01	Ⅰ.建筑工程费	km	1 021 665.91	8.779	8 969 205		1 872 533		1 872 533		4 720 498		4 248 707
		0101J0101	一、改移道路	km	1 021 665.91	8.779	8 969 205		1 872 533		1 872 533		4 720 498		4 248 707
		0101J010101	（一）等级公路												
		0101J0101011	1.路基土石方	m³	9.73	130 720	1 271 906	9 234	89 847	9 234	89 847	72 214	702 642	58506	569 263
		0101J0101012	2.路面	m²	82.86	20 452	1 694 668	0	922 212	0	922 212	49 297	1 216 200	30798	478 469
		0101J01010201	（1）垫层	m²	11.90	29 393	349 777	16 550	196 945	16 550	196 945	22 105	263 050	7288	86 727
		0101J01010202	（2）基层	m²	9.90	30 250	299 475	8 505	84 200	8 505	84 200	10 395	102 911	19855	196 565
		0101J01010203	（3）面层	m²	51.12	20 452	1 045 416	12 005	641 067	12 005	641 067	16 797	850 239	3655	195 177
		0101J0101020301	①沥青混凝土路面	m²	24.56	1 620	39 787	0	0	0	0	1 620	39 787	0	0
		0101J0101020302	②水泥混凝土路面	m²	53.40	18 832	1 005 629	12 005	641 067	12 005	641 067	15 177	810 452	3655	195 177
		0101J0101013	3.路基附属工程	元		5 978 382		860 474		860 474		2 777 407		3 200 976
		0101J01010301	①砌体及（钢筋）混凝土	坊工方	170.40	28 880.8	4 921 288	5 049.73	860 474	5 050	860 474	10 096	1 720 313	18 785	3 200 976
		0101J01010302	②绿色防护、绿化	m²	5.63	10 141	57 094	0	0	0	0	10 141	57 094	0	0
		0101J01010303	③地基处理	元	1 000 000	1	1 000 000	0	0	0	0	1	1 000 000	0	0

续表

章别	节号	清单编码	工程项目费用名称	单位	综合单价	合同 数量	合同 价值	本季完成 数量	本季完成 价值	本年完成 数量	本年完成 价值	开累完成 数量	开累完成 价值	剩余 数量	剩余 价值
		0101J010104	4. 涵洞（2座）	横延米	1 010.37	24	24 249	0	0	0	0	24	24 249	0	0
		0101J02	二、砍伐、挖根	元	220 000	1	220 000	0	0	0	0	1	220 000	0	0
		0101Q	Ⅳ. 其他费	元			60 170 000	0.1	155 000	0.10	155 000	5	59 595 600	0	574 400
		0101Q01	一、青苗补偿费（含取弃土补偿费用）	元	1 550 000	1	1 550 000	0	0	0	0	1.000	1 550 000	0	0
		0101Q05	五、给排水管线拆迁	元	180 000	1	180 000	0	0	0	0	1.0	180 000	0	0
		0101Q06	六、通信线路拆迁	元	23 236 000	1	23 236 000	0	0	0	0	1.0	23 003 640	0	232 360
		0101Q07	七、电力线路拆迁	元	34 204 000	1	34 204 000	0	0	0	0	1.0	33 861 960	0	342 040
		0101Q08	八、路外通信防护工程	元	1 000 000	1	1 000 000	0	0	0	0	1.0	1 000 000	0	0
第二章合计			路基	元			404 479 027	68 158	40 484 188	68 158	40 484 188	4 901 589	327 202 312		77 276 715
二	2	0202	区间路基土石方	正线公里	2 629 060.92	55.451	145 784 057	68 158	2 890 807	68 158	2 890 807	4 901 589	145 058 348	22 014	725 710
		0202J	Ⅰ. 建筑工程费	m³	44.17	3 300 403.8	145 784 057	68 158	2 890 807	68 158	2 890 807	4 901 589	145 058 348	22 014	725 710
		0202J01	一、土方	m³	13.45	2 053 835	27 624 081	0.00	0	0	0	2 053 835	27 624 081	0	0
		0202J0101	（一）挖土方	m³	13.45	2 053 835	27 624 081	0.00	0	0	0	2 053 835	27 624 081	0	0
		0202J02	二、石方	m³	24.95	596 831.5	14 892 929	0.00	0	0	0	853 607	14 568 828	14 284	324 101
		0202J0201	（一）挖石方	m³	22.69	596 831.5	13 542 107	0.00	0	0	0	582 548	13 218 007	14 284	324 099
		0202J0202	（二）利用石填方	m³	4.78	269 254	1 287 034	0.00	0	0	0	269 254	1 287 033	0	2
		0202J0203	（三）借石填方	m³	35.32	1 806	63 788	0.00	0	0	0	1 806	63 788	0	0
		0202J04	四、改良土	m³	31.95	1 351 805	43 195 190	58 601.75	1 815 482	58 602	1 815 482	1 345 741	43 007 334	6 064	187 855
		0202J0401	（一）利用土改良	m³	30.98	1 279 123	39 627 231	58 601.75	1 815 482	58 602	1 815 482	1 273 059	39 439 375	6 064	187 855

续表

章别	节号	清单编码	工程项目费用名称	单位	综合单价	合同 数量	合同 价值	本季完成 数量	本季完成 价值	本年完成 数量	本年完成 价值	开累完成 数量	开累完成 价值	剩余 数量	剩余 价值
		0202J0402	（二）借土改良	m³	49.09	72 682	3 567 959	0.00	0	0	0	72 682	3 567 959	0	0
		0202J05	五、级配碎石（砂砾石）	m³	108.11	519 879.3	56 204 010	9 555.9	1 075 325	9 556	1 075 325	518 214	55 990 258	1 665	213 753
		0202J0501	（一）基床表层	m³	89.33	227 670.1	20 337 770	0.00	0	0	0	227 670	20 337 770	0	0
		0202J0502	（二）过渡段	m³	122.74	292 209.2	35 866 240	9 555.9	1 075 325	9 556	1 075 325	290 544	35 652 488	1 665	213 753
		0202J050201	1.路堤与桥台过渡段	m³	128.38	110 750	14 218 085	0.00	0	0	0	109 085	14 004 333	1 665	213 753
		0202J050202	2.路堤与横向结构物过渡段	m³	121.77	132 960.1	16 190 551	9 555.90	1 075 325	0	0	132 960	16 190 551	0	0
		0202J050203	3.路堤与路堑过渡段	m³	112.53	48 499.1	5 457 604	0.00	0	0	0	48 499.1	5 457 604	0	0
		0202J06	六、挖淤泥	m³	53.96	15 839	854 672	0.00	0	0	0	15 839	854 671	0	0
		0202J08	八、AB级填料	m³	52.70	57 176	3 013 175	0.00	0	0	0	114 352	3 013 175	0	0
		0202J0801	（一）挖AB级填方	m³	48.38	57 176	2 766 175	0.00	0	0	0	57 176	2 766 175	0	0
		0202J0802	（二）利用AB级填方	m³	4.32	57 176	247 000	0.00	0	0	0	57 176	247 000	0	0
	3	0203	站场土石方	正线公里	991 821.75	55.451	54 997 508	0.00	2 876 381		2 876 381		51 826 430	35 652	3 171 079
		0203J	Ⅰ.建筑工程费		38.32	1 435 309.7	54 997 508	0.00	2 876 381	49 064	2 876 381	2 506 042	51 826 430	35 652	3 171 079
		0203J01	一、土方	m³	14.82	851 336	12 619 878	0.00	267 988	20 074	267 988	1 085 855	12 614 351	414	5 526
		0203J0101	（一）挖土方	m³	13.35	851 336	11 365 336	20 074.00	267 988	20 074	267 988	850 922	11 359 813	414	5 522
		0203J0102	（二）利用土填方	m³	5.34	234 933	1 254 542	0.00	0	0	0	234 932	1 254 538	0.75	4
		0203J02	二、石方	m³	23.67	212 046	5 018 074	0.00	0	0	0	364 799	5 016 618	72	1 456
		0203J0201	（一）挖石方	m³	20.22	212 046	4 287 570	0.00	0	0	0	211 974	4 286 114	72	1 456
		0203J0202	（二）利用石填方	m³	4.78	152 825	730 504	0.00	0	0	0	152 825	730 504	0	0

续表

章列号	节号	清单编码	工程项目费用名称	单位	综合单价	合同		本季完成		本年完成		开累完成		剩余	
						数量	价值	数量	价值	数量	价值	数量	价值	数量	价值
		0203J03	三、渗水土壤	m³	45.99	32 077	1 475 221	0.00	0	0	0	32 077	1 475 220	0	0
		0203J04	四、改良土	m³	30.67	420 230	12 886 728	0.00	0	0	0	420 230	12 886 728	0	0
		0203J0401	（一）利用土改良	m³	30.23	405 129	12 247 050	0.00	0	0	0	405 129	12 247 050	0	0
		0203J0402	（二）借土改良	m³	42.36	15 101	639 678	0.00	0	0	0	15 101	639 678	0	0
		0203J05	五、级配碎石（砂砾石）	m³	90.30	125 907.7	11 369 587	0.00	2 608 392	28 989	2 608 392	90 743	8 205 492	35 164	3 164 096
		0203J0501	（一）基床表层	m³	89.98	124 724	11 222 666	28 988.57	2 608 392	28 989	2 608 392	89 560	8 058 571	35 164	3 164 096
		0203J0502	（二）过渡段	m³	124.12	1 183.7	146 921	0.00	0	0	0	1 183.7	146 921	0	0
		0203J050203	3.路堤与路堑过渡段	m³	124.12	1 183.7	146 921	0.00	0	0	0	1 184	146 921	0	0
		0203J06	六、挖淤泥	m³	33.30	6 700	223 110	0.00	0	0	0	6 700	223 110	0	0
		0203J08	八、AB级填料	m³	53.54	198 842	10 646 000	0.00	0	0	0	397 684	10 646 000	0	0
		0203J0801	（一）挖AB级填方	m³	49.22	198 842	9 787 003	0.00	0	0	0	198 842	9 787 003	0	0
		0203J0802	（二）利用AB级填方	m³	4.32	198 842	858 997	0.00	0	0	0	198 842	858 997	0	0
		0203J0803	（三）借AB级填方	m³				0.00	0	0	0	0	0	0	0
		0203J09	九、清基	m³	7.03	107 953	758 910	0.00	0	0	0	107 953	758 910	0	0
	4	0204	路基附属工程	正线公里	3 673 467.78	55.451	203 697 462	0.00	34 717 000	396 998	34 717 000	2 937 517	130 317 534	2 516 292	73 379 926
		0204J	1.建筑工程费	正线公里	3 673 467.78	55.451	203 697 462	0.00	34 717 000	396 998	34 717 000	2 937 517	130 317 534	2 516 292	73 379 926
		0204J01	一、附属土石方及加固防护	元			186 046 335	0.00	31 888 493	382 932	31 888 493	2 893 981	117 886 087	2 502 001	68 160 247
		0204J0102	（二）砌体及圬工	元			59 126 005	0.00	22 420 019	105 113	22 420 019	258 685	50 607 206	38 083	8 518 799

续表

章别	节号	清单编码	工程项目费用名称	单位	综合单价	合同 数量	合同 价值	本季完成 数量	本季完成 价值	本年完成 数量	本年完成 价值	开累完成 数量	开累完成 价值	剩余 数量	剩余 价值
		0204J010201	1. 干砌石	m³	112.46	30 253	3 402 252	12 110.79	1 361 979	12 111	1 361 979	25 368	2 852 881	4 885	549 370
		0204J010202	2. 浆砌石	坊工方	184.38	148 272	27 338 391	22 775.04	4 199 262	22 775	4 199 262	148 272	27 338 391	0	1
		0204J010204	4. 混凝土	坊工方	240.06	118 242.78	28 385 362	70 227.35	16 858 778	70 227	16 858 778	85 045	20 415 934	33 198	7 969 428
		0204J0103	(三)绿色防护	元			18 738 134	0.00	1 600 016	93 605	1 600 016	498 877	5 230 174	2 082 754	13 507 959
		0204J010303	3. 喷播植草	m²	5.53	195 994	1 083 847	80 649	445 989	80 649	445 989	132 617	733 374	63 377	350 472
		0204J010304	4. 喷混植生	m²	90.21	36 226	3 267 947	12 733	1 148 644	12 733	1 148 644	27 858	2 513 070	8 368	754 877
		0204J010305	5. 栽植乔木	株	39.21	18 047	707 623	0.00	0	0	0	0	0	18 047	707 623
		0204J010306	6. 栽植灌木	株	5.85	2 329 164	13 625 609	0.00	0	0	0	338 179	1 978 347	1 990 985	11 647 262
		0204J010309	9. 换种植土	m³	24.14	2 200	53 108	223.00	5 383	223	5 383	223	5 383	1 977	47 725
		0204J0108	(八)土工合成材料处理	m²	9.02	1 127 956	10 172 832	0.00	867 608	85 794	867 608	1 074 888	9 622 421	53 068	550 409
		0204J010802	2. 复合土工膜	m²	12.09	379 695	4 590 513	30 354.4	366 985	30 354	366 985	352 444	4 261 051	27 251	329 462
		0204J010804	4. 土工格栅	m²	7.12	614 910	4 378 159	0.0	0	0	0	608 533	4 332 754	6 377	45 404
		0204J010806	6. 土工网垫	m²	9.03	133 351	1 204 160	55 440.0	500 623	55 440	500 623	113 911	1 028 616	19 440	175 543
		0204J0109	(九)地基处理	元			30 554 092	0.00	963 989	38 373	963 989	857 514	26 942 432	107 998	3 611 657
		0204J010901	1. 抛填石(片石)	m³	54.76	11 245	615 776	0.00	0	0	0	10 716	586 808	529	28 968
		0204J010902	2. 垫层	m³	52.12	171 751	8 952 450	15 162.1	821 786	15 162	821 786	143 037	7 396 140	28 714	1 556 310
		0204J01090201	(1)填砂	m³	44.99	38 703	1 741 248	0.00	0	0	0	38 703	1 741 248	0	0
		0204J01090202	(2)填碎石	m³	54.20	133 048	7 211 202	15 162.1	821 786	15 162	821 786	104 334	5 654 892	28 714	1 556 310

续表

章别	节号	清单编码	工程项目费用名称	单位	综合单价	合同 数量	合同 价值	本季完成 数量	本季完成 价值	本年完成 数量	本年完成 价值	开累完成 数量	开累完成 价值	剩余 数量	剩余 价值
		02040J010907	7.碎石桩（0.5 m）	m	24.01	12 866	308 913	0.00	0	0	0	12 866	308 913	0	0
		02040J010910	10.水泥搅拌桩（0.5 m）	m	34.05	402 596	13 708 394	4 109	139 911	4 109	139 911	377 069	12 839 191	25 527	869 202
		02040J010911	11.水泥土挤密桩(0.25 m)	m	21.74	53 228	1 157 177	0.00	0	0	0	0	0	53 228	1 157 177
		02040J010912	12. CFG桩	m	85.52	67 608	5 781 836	0.00	0	0	0	67 608	5 781 835	0	0
		02040J010918	18.重型碾压	m²	0.12	246 218	29 546	19 102	2 292	19 102	2 292	246 218	29 545	0	0
		02040J0110	（十）地下洞穴处理	无			7 974 504	0.00	0	0	0	10 567	6 916 830	1 616	1 057 677
		02040J011002	2.注浆（水泥）	m³	654.56	12 183	7 974 504	0.00	0	0	0	10 567	6 916 830	1 616	1 057 677
		02040J0111	（十一）取弃土（石）场处理	无			4 037 210	0.00	0	526 315	57 164	526 315	178 808	1 988 967	181 859	2 048 245
		02040J011102	2.浆砌石	m³	98.03	25 142.97	2 464 765	2 936.0	287 816	2 936	287 816	12 212	1 197 103	12 931	1 267 662
		02040J011103	3.（钢筋）混凝土	m³	394.91	829	327 380	94.0	37 122	94	37 122	440	173 761	389	153 620
		02040J011104	4.场地平整、绿化、复垦	m²	3.72	334 695	1 245 065	54 133.6	201 377	54 134	201 377	166 157	618 103	168 538	626 963
		02040J0113	（十三）降噪声工程	m²	943.10	10 752	10 140 161	0.00	0	0	0	0	0	10 752	10 140 161
		02040J011302	2.隔声窗	m²	577.62	2 082	1 202 605	0.00	0	0	0	0	0	2 082	1 202 605
		02040J011303	3.路基声屏障	m²	1 030.86	8 670	8 937 556	0.00	0	0	0	0	0	8 670	8 937 556
		02040J0114	（十四）线路防护栅栏	km	152 337.19	90.57	13 797 179	0.00	0	0	0	7.301	1 112 213	83	12 684 965
		02040J0115	（十五）路基护轮轨	km	441 178.77	0.025	11 029	0.00	0	0	0	0	0	0	11 029
		02040J0116	（十六）路基地段电缆槽	km	195 022.00	82.123 66	16 015 920	22.50	4 387 410	22	4 387 410	72	14 067 132	10	1 948 789
		02040J0117	（十七）路基地段接触网支柱基础	个	2 792.65	2 314	6 462 192	385	1 075 170	385	1 075 170	385	1 075 170	1 929	5 387 022

续表

章别	书号	清单编码	工程项目费用名称	单位	综合单价	合同 数量	合同 价值	本季完成 数量	本季完成 价值	本年完成 数量	本年完成 价值	开累完成 数量	开累完成 价值	剩余 数量	剩余 价值
		0204J0119	（十九）综合接地引入地下	处	644.81	6 560	4 229 954	0.00	0	0	0	78	50 295	6 482	4 179 659
		0204J011901	1. 路基地段	处	644.81	6 560	4 229 954	0.00	0	0	0	78	50 295	6 482	4 179 659
		0204J0122	（二十二）其他工程	元			4 787 123	0.00	47 966	2 475	47 966	14 099.4	273 247	17 367.6	4 513 876
		0204J012202	2. 拆除砌体、圬工	m³	19.38	20 752	402 174	0.00	47 966	2 475	47 966	14 099.4	273 247	6 652.6	128 927
		0204J01220202	（2）拆砌石	圬工方	19.38	20 752	402 174	2 475	47 966	2 475	47 966	14 099	273 247	6 653	128 927
		0204J012203	3. A、B 型标桩	个	170.41	931	158 652	0.00	0	0	0	0	0	931	158 652
		0204J012204	4. 公路防护栏杆	m	431.96	9 784	4 226 297	0.00	0	0	0	0	0	9 784	4 226 297
		0204J02	二、支挡结构	圬工方	391.11	45 131	17 651 127	6 299.50	2 828 507	14 067	2 828 507	43 536	12 431 447	14 291	5 219 679
		0204J0203	（三）挡土墙混凝土	圬工方	351.32	39 381	13 835 333	223	2 213 140	6300	2 213 140	27 963	9 823 961	11 418	4 011 372
		0204J0207	（七）桩板挡土墙	圬工方	517.27	5 750	2 974 303	223	115 351	223	115 351	3 493	1 806 824	2 257	1 167 479
		0204J0210	（十）土钉（自钻式锚杆）	m	66.28	12 696	841 491	7 544	500 016	7544	500 016	12 080	800 662	616	40 828
			第三章合计 桥涵	元			968 913 033		160 063 746		160 063 746		536 680 071		432 232 962
三	5	305	特大桥（15 座）	延长米	29 673	24 675.135	732 184 572	1 636	118 926 596	1636	118 926 596	2 361	375 912 424	11 400	356 272 148
		30501	一、复杂特大桥（1座）	延长米	23 924	11 655	278 831 675	1 636	73 056 734	1636	73 056 734	2 361	126 732 609	11 400	152 099 065
		3050101	（一）××特大桥	延长米	23 924	11 655	278 831 675	1 636	73 056 734	1636	73 056 734	2 361	126 732 609	11 400	152 099 065
		3050101J	Ⅰ.建筑工程费				278 831 675	1 636	73 056 734	1636	73 056 734	2 361	126 732 609	11 400	152 099 065
		3050101J03	3. 预应力混凝土简支箱梁	孔	587 985	351	206 382 798	210	60 137 922	210	60 137 922	315	102 098 854	387	104 283 944
		3050101J0301	（1）预制	孔	504 096	351	176 937 861	100.00	50 910 164	100	50 910 164	179	90 689 990	172	86 247 871
		3050101J030101	1) 24 m 预应力混凝土简支箱梁	孔	362 700	12	4 352 405	0.00	0	0	0	3	1 088 101	9	3 264 304

续表

章别	节号	清单编码	工程项目费用名称	单位	综合单价	合同数量	合同价值	本季完成数量	本季完成价值	本年完成数量	本年完成价值	开累完成数量	开累完成价值	剩余数量	剩余价值
		030501J01J030102	2) 32 m 预应力混凝土简支箱梁	孔	509 102	339	172 585 456	100.00	50 910 164	100	50 910 164	176	89 601 889	163	82 983 567
		030501J01J0302	(2) 架设	孔	83 889	351	29 444 937	110.00	9 227 758	110	9 227 758	136	11 408 864	215	18 036 073
		030501J01J14	14. 支座	元		1 404		488.00		488		1 108		296	
		030501J01J1403	(3) 盆式橡胶支座	个	18 895	1 404	26 528 678	488.00	9 220 794	488	9 220 794	1 108	20 935 737	296	5 592 941
		030501J01J15	15. 桥面系	延长米		11 655	45 920 199	938.00	3 698 018	938	3 698 018	938	3 698 018	10 717	42 222 180
		030501J01J1501	(1) 混凝土梁桥面系	延长米	3 940	11 450	45 141 053	938.00	3 698 018	938	3 698 018	938	3 698 018	10 512	41 443 034
		030501J01J1503	(3) 钢管拱桥面系	延长米	3 801	205	779 146	0.00	0	0	0	0	0	205	779 146
		030502	三、一般特大桥<3 km 双线 (13座)	延长米	36 877	11 404.875	420 572 252	3 743	44 098 591	18 797	44 098 591		223 906 476	455 399	196 665 775
		030502J	I . 建筑工程费	延长米	36 877	11 404.875	420 572 252	3 743	44 098 591	18 797	44 098 591	3 831 567	223 906 476	455 399	196 665 775
		030502J01	(一) 基础	圬工方	1 145.36	79 322.71	90 852 929	1 300	1 310 386	2 420	1 310 386	82 637	76 863 831	10 071	13 989 101
		030502J0101	1. 明挖	圬工方	598.40	14 724.41	8 811 049	1 152	633 566	1 152	633 566	14 607	8 620 213	356	190 837
		030502J010101	(1) 混凝土	圬工方	536.76	14 724.41	7 903 474	1 146.86	615 589	1 147	615 589	14 369	7 712 657	355	190 818
		030502J010102	(2) 钢筋	t	3 812.70	238.04	907 575	4.72	17 977	4.715	17 977	238.04	907 556	0	19
		030502J0102	2. 承台	圬工方	498.67	33 150.14	16 531 007	0.00	454 504	1 120	454 504	33 302	16 253 502	684	277 506
		030502J010201	(1) 混凝土	圬工方	405.68	33 150.14	13 448 349	1 120.35	454 504	1 120	454 504	32 466	13 170 844	684	277 505
		030502J010202	(2) 钢筋	t	3 687.58	835.957	3 082 658	0.00	0	0	0	836	3 082 658	0	1
		030502J0105	5. 钻孔桩	m	1 497.08	43 759.1	65 510 873	148.50	222 316	149	222 316	34 728	51 990 116	9 031	13 520 758
		030502J02	(二) 墩台	圬工方	533.88	51 846.63	27 680 018	0.00	3 729 260	9 048	3 729 260	48 983	24 857 924	5 095	2 822 086

续表

章节别号	清单编码	工程项目费用名称	单位	综合单价	合同数量	合同价值	本季完成数量	本季完成价值	本年完成数量	本年完成价值	开累完成数量	开累完成价值	剩余数量	剩余价值
	030502J0201	1. 混凝土	圬工方	367.41	51 846.63	19 048 970	8 932.04	3 281 721	8 932	3 281 721	47 024	17 276 930	4 823	1 772 040
	030502J0202	2. 钢筋	吨	3 868.30	2 231.225	8 631 048	115.69	447 539	115.69	447 539	1 960	7 580 994	271.45	1 050 046
	030502J03	(三) 预应力混凝土简支箱梁	孔	595 174.14	336	199 978 511	0.00	25 737 190	89	25 737 190	214	67 264 730	458	132 713 781
	030502J0301	1. 预制	孔	497 593.49	336	167 191 413	0.00	21 346 061	44	21 346 061	116	57 701 827	220	109 489 586
	030502J030101	(1) 24 m 预应力混凝土简支箱梁	孔	359 716.07	17	6 115 173	6.00	2 158 296	6	2 158 296	6	2 158 296	11	3 956 877
	030502J030102	(2) 32 m 预应力混凝土简支箱梁	孔	504 941.19	319	161 076 240	38.00	19 187 765	38	19 187 765	110	55 543 531	209	105 532 709
	030502J0302	2. 架设	孔	97 580.65	336	32 787 098	45.00	4 391 129	45	4 391 129	98	9 562 903	238	23 224 195
	030502J06	(六) 预应力混凝土连续梁 (刚构) 2 联	圬工方	2 584.85	6 180.89	15 976 683	0.00	0	0	0	5 911	13 598 317	1 564	2 378 366
	030502J0601	1. 混凝土	圬工方	1 307.36	6 180.89	8 080 648	0.00	0	0	0	4 651	6 080 374	1 530	2 000 274
	030502J0602	2. 预应力钢筋	吨	11 232.69	375.63	4 219 335	0.00	0	0	0	342	3 841 243	34	378 092
	030502J0603	3. 普通钢筋	吨	4 003.55	918.36	3 676 700	0.00	3 405 040	180	3 405 040	918	3 676 700	0	0
	030502J12	(十二) 金属支座	元			25 973 480	0.00	3 405 040	180	3 405 040	642	12 144 643	709	13 828 837
	030502J1201	(1) 弧形支座	孔	78 454	7	549 180	0.00	0	0	0	0	0	7	549 180
	030502J120101		个	18 917	1 344	549 180	0.00	0	0	0	642	12 144 643	7	549 180
	030502J1203	3. 盆式橡胶支座	延长米	3 902	11 404.875	44 504 217	2 443.25	9 534 075	2 443	9 534 075	5 589	21 810 428	5 816	13 279 657
	030502J13	(十三) 桥面系				12 465 027	0.00	382 640	4 616	382 640	546 204	4 225 216	43 1687	22 693 790
	030502J14	(十四) 附属工程	元											8 239 814

续表

章节别号	清单编码	工程项目费用名称	单位	综合单价	合同 数量	合同 价值	本季完成 数量	本季完成 价值	本年完成 数量	本年完成 价值	开累完成 数量	开累完成 价值	剩余 数量	剩余 价值
	030502J1401	1. 土方	m³	14	487 369	6 740 313	0.00	0	0	0	71 675	991 263	415 694	5 749 051
	030502J1403	3. 干砌石	m³	92	723.2	66 563	266.88	24 564	267	24 564	500	46 057	223	20 507
	030502J1404	4. 浆砌石	圬工方	141	10 501.6	1 478 625	710.80	100 081	711	100 081	5 285	744 185	5 216	734 441
	030502J1405	5. 混凝土	圬工方	231	7 694.78	1 780 033	-28.20	6 524	28	6 524	1 610	372 419	6 085	1 407 615
	030502J1406	6. 钢筋混凝土	圬工方	588	972	571 274	0.00	0	0	0	939	552 090	33	19 184
	030502J1407	7. 台后及锥体填筑	m³	70	19 775.5	1 377 364	3 610.50	251 471	3 611	251 471	15 339	1 068 347	4 437	309 016
	030502J1409	9. 其他	元		1	450 855	0.00	0	0	0	450 855	450 855	0	0
	030502J15	(十五) 基础施工辅助设施	元		1	3 141 387	0.00	0	0	0	3 141 387	3 141 387	0	0
	30504	四、一般特大桥单线(1座)	延长米	20 294.35	1 615.26	32 780 645	0.00	1 771 271	5 180	1 771 271	24 577	25 273 339	4 806	7 507 308
	030504J	(一) 建筑工程费	延长米	20 294.35	1 615.26	32 780 645	0.00	1 771 271	100	1 771 271	24 577	25 273 339	4 806	7 507 308
	030504J01	(一) 基础	圬工方	945.22	7 173.7	6 780 751	0.00	62 000	100	62 000	6 396	5 852 067	960	928 684
	030504J0101	1. 明挖	圬工方	676.39	2 626.9	1 776 817	0.00	62 000	100	62 000	2 060	1 398 667	610	378 150
	030504J010101	(1) 混凝土	圬工方	620.00	2 626.9	1 628 678	100.00	62 000	0	62 000	2 017	1 250 528	610	378 150
	030504J010102	(2) 钢筋	t	3 453.12	42.9	148 139	0.00	0	0	0	43	148 139	0	0
	030504J0102	2. 承台	圬工方	402.58	1 967.1	791 907	0.00	0	0	0	2 007	791 793	0	114
	030504J010201	(1) 混凝土	圬工方	328.34	1 967.1	645 878	0.00	0	0	0	1 967	645 875	0	3
	030504J010202	(2) 钢筋	t	3 687.59	39.6	146 029	0.00	0	0	0	40	145 918	0	111
	030504J0105	5. 钻孔桩	m	1 572.18	2 679.1	4 212 027	0.00	0	0	0	2 329	3 661 607	350	550 420
	030504J02	(二) 墩台	圬工方	516.26	7 001.73	3 614 731	0.00	0	0	0	7 233	3 545 319	17	69 414

续表

章别	书号	清单编码	工程项目费用名称	单位	综合单价	合同 数量	合同 价值	本季完成 数量	本季完成 价值	本年完成 数量	本年完成 价值	开累完成 数量	开累完成 价值	剩余 数量	剩余 价值
		030504J0201	1. 混凝土	圬工方	374	7 001.73	2 621 728	0.00	0	0	0	7 002	2 621 728	0	0
		030504J0202	2. 钢筋	t	3 998	248.35	993 003	0.00	0	0	0	230.989 5	923 591	17	69 414
		030504J04	(四)制架(钢筋)预应力混凝土T梁	孔	266 858	45	12 008 617	0.00	0	0	0	61	10 170 446	29	1 838 171
		030504J0401	1. 预制	孔	203 473	45	9 156 283	0.00	0	0	0	45	9 156 283	0	0
		030504J040101	(1) 24 m 预应力混凝土T梁	孔	126 764	3	380 293	0.00	0	0	0	3	380 293	0	0
		030504J040102	(2) 32 m 预应力混凝土T梁	孔	208 952	42	8 775 990	0.00	0	0	0	42	8 775 990	0	0
		030504J0402	2. 架设	孔	63 385	45	2 852 334	0.00	0	0	0	16	1 014 163	29	1 838 171
		030504J06	(六)预应力混凝土连续梁(刚构)	圬工方	2 086	1 918.77	4 003 216	0.00	0	0	0	1 527.932	3 235 314		
		030504J0601	1. 混凝土	圬工方	1 028	1 918.77	1 973 206	700.00	767 902	712	767 902	1 219	1 253 347		
		030504J0602	2. 预应力钢筋	t	10 786	109.72	1 183 489	0.00	0	700	719 859	110	1 183 489		
		030504J0603	3. 普通钢筋	t	4 004	211.442	846 521	12.00	48 043	12	48 043	199	798 478		
		030504J12	(十二)支座	元			1 538 470	0.00	65 467	8	65 467	188	1 538 470	0	0
		030504J1203	3. 盆式橡胶支座	个	8 183	188	1 538 470	8.00	65 467	8	65 467	188	1 538 470	0	0
		030504J13	(十三)桥面系	延长米	1 726	1 615.26	2 788 181	160.00	276 184	160	276 184	844	1 456 871	771	1 331 310
		030504J14	(十四)附属工程	元			2 001 357	0.00	599 718	4 200	599 718	9 143	1 896 942	1 500	104 415
		030504J1401	1. 土方	m³	15	2 225.26	32 622	0.00	0	0	0	2 225	32 622	0	0
		030504J1403	3. 干砌石	m³	95	21.648	2 061	0.00	0	0	0	22	2 061	0	0
		030504J1404	4. 浆砌石	圬工方	143	5 764.01	823 043	0.00	0	4 200	599 718	5 764	823 043	0	0
		030504J1405	5. 混凝土	圬工方	260	130.2	33 800	0.00	0	0	0	130	33 800	0	0

续表

章别	节号	清单编码	工程项目费用名称	单位	综合单价	合同数量	合同价值	本季完成数量	本季完成价值	本年完成数量	本年完成价值	开累完成数量	开累完成价值	剩余数量	剩余价值
		030504J1406	6. 钢筋混凝土	圬工方	594	624	370 594	0.00	0	0	0	624	370 594	0	0
		030504J1407	7. 台后及锥体填筑	m³	70	1 876.8	130 644	0.00	0	0	0	377	26 229	1 500	104 415
		030504J1409	9. 其他	元		1	608 593	0.00	0	0	0	1	608 593	0	0
		0305 04J15	（十五）基础施工辅助设施	元		1	45 322	0.00	0	0	0	1	45 322	0	0
6		0306	大桥（20 座）	延长米	30 249.49	6 046.66	182 908 408	0.00	31 935 965	21 847	31 935 965	782 029	108 346 946	8 541	74 561 457
		0306X	甲、新建（20 座）	延长米	30 249.49	6 046.66	182 908 408	0.00	31 935 965	20 743	31 935 965	767 655	108 346 946	7 556	74 561 457
		0306X02	二、一般梁式大桥（15 座）	延长米	37 247.54	4 042.83	150 585 480	0.00	28 722 855	20 743	28 722 855	767 655	78 514 990	7 556	72 070 489
		0306X02J	Ⅰ. 建筑工程费	延长米	37 247.54	4 042.83	150 585 480	0.00	28 722 855	5 222	28 722 855	33 950	78 514 990	3 514	72 070 489
		0306X02J01	（一）基础	圬工方	1 250.47	30 801.8	38 516 766	0.00	4 483 753	1 686	4 483 753	4 309	33 223 240	336	5 293 525
		0306X02J0101	1. 明挖	圬工方	748.47	4 583.76	3 430 788	0.00	1 209 054	1 675	1 209 054	4 248	3 196 591	336	234 197
		0306X02J010101	（1）混凝土	圬工方	697.87	4 583.76	3 198 869	1 675.10	1 169 001	11	1 169 001	61	2 964 676	0	234 193
		0306X02J010102	（2）钢筋	t	3 811.32	60.85	231 919	10.51	40 053	1 981	40 053	14 276	231 915	7	4
		0306X02J0102	2. 承台	圬工方	406.09	13 955.52	5 667 202	0.00	804 870	1 929.5	804 870	13 956	5 640 694	0	26 507
		0306X02J0201	（1）混凝土	圬工方	319.64	13 955.52	4 460 742	1 929.50	616 745	51.035	616 745	320	4 460 742	7	0
		0306X02J0202	（2）钢筋	t	3 686.20	327.291	1 206 460	51.04	188 125	1 556.2	188 125	15 365	1 179 952	3 171	26 507
		0306X02J0105	5. 钻孔桩	m	1 587.09	18 536.3	29 418 776	1 556.20	2 469 829	6 447.9	2 469 829	22 997	24 385 955	329	5 032 821
		0306X02J02	（二）墩台	圬工方	543.84	22 345.46	12 152 454	0.00	3 224 242	6 214.84	3 224 242	22 080	11 804 471	265	347 982
		0306X02J0201	1. 混凝土	圬工方	371.99	22 345.46	8 312 288	6 214.84	2 311 858	233.02	2 311 858	917	8 213 606	64	98 682
		0306X02J0202	2. 钢筋	t	3 915.56	980.745	3 840 166	233.02	912 384		912 384		3 590 865		249 300

续表

章别	节号	清单编码	工程项目费用名称	单位	综合单价	合同数量	合同价值	本季完成数量	本季完成价值	本年完成数量	本年完成价值	开累完成数量	开累完成价值	剩余数量	剩余价值
		0306X02J03	(三)预应力混凝土简支箱梁	孔	599 253.13	120	71 910 375	0.00		47	10 667 679	63	18 831 170	177	53 079 206
			1. 预制	孔	498 760.21	120	59 851 225	0.00		16	7 552 398	32	15 715 889	88	44 135 336
		0306X02J030101	(1)24 m 预应力混凝土简支箱梁	孔	357 444.99	9	3 217 005	4.00	1 429 780	4	1 429 780	4	1 429 780	5	1 787 225
		0306X02J030102	(2)32 m 预应力混凝土简支箱梁	孔	510 218.20	111	56 634 220	12.00	6 122 618	12	6 122 618	28	14 286 109	83	42 348 111
		0306X02J0302	2. 架设	孔	100 492.92	120	12 059 150	31.00	3 115 281	31	3 115 281	31	3 115 281	89	8 943 870
		0306X02J12	(十二)支座	元			9 354 398	0.00	2 416 553	124	2 416 553	124	2 416 553	356	6 937 845
		0306X02J1203	3. 盆式橡胶支座	个	19 488	480	9 354 398	124.00	2 416 553	124	2 416 553	124	2 416 553	356	6 937 845
		0306X02J13	(十三)桥面系	延长米	3 756	4 042.83	15 184 506	1 924.58	7 228 542	1 925	7 228 542	2 425	9 106 497	1 618	6 078 009
		0306X02J14	(十四)附属工程	元			2 805 351	0.00	702 086	6 977	702 086	46 466	2 471 429	1 562	333 922
		0306X02J1401	1. 土方	m³	14	22 737.7	322 421	0.00	0	0	0	22 738	322 421	0	0
		0306X02J1403	3. 干砌石	m³	92	829.6	76 033	350.24	32 099	350	32 099	662	60 635	168	15 397
		0306X02J1404	4. 浆砌石	圬工方	145	4 362.6	630 570	1 921.92	277 794	1 922	277 794	4 242	613 168	120	17 403
		0306X02J1405	5. 混凝土	圬工方	236	2 740.27	647 690	503.57	119 024	504	119 024	1 466	346 568	1274	301 122
		0306X02J1407	7. 台后及锥体填筑	m³	65	17 358.3	1 128 637	4 201.30	273 169	4 201	273 169	17 358	1 128 637	0.0	0
		0306X02J15	(十五)基础施工辅助设施	元		1	661 630	0.00	0	0	0	661 630	661 630	0	0
		0306X04	四、一般单线 T 梁式大桥(5 座)	延长米	16 131	2 003.83	32 322 928		3 213 110	1 104	3 213 110	14 374	29 831 957	984	2 490 968

177

续表

章别	节号	清单编码	工程项目费用名称	单位	综合单价	合同 数量	合同 价值	本季完成 数量	本季完成 价值	本年完成 数量	本年完成 价值	开累完成 数量	开累完成 价值	剩余 数量	剩余 价值
		0306X04J	Ⅰ.建筑工程费	延长米	16 131	2 003.83	32 322 928	0.00	3 213 110	1 104	3 213 110	14 374	29 831 957	984	2 490 968
		0306X04J01	（一）基础	坊工方	1 328	7 457	9 899 161	0.00	0	0	0	8 332	8 391 672	947	1 507 487
		0306X04J0101	1.明挖	坊工方	1 275	500	637 530	0.00	0	0	0	500	637 530	0	0
		0306X04J010101	（1）混凝土	坊工方	1 275	500	637 530	0.00	0	0	0	500	637 530	0	0
		0306X04J0102	2.承台	坊工方	420	3 872.7	1 625 658	0.00	0	0	0	3 978	1 624 625	0	1 032
		0306X04J010201	（1）混凝土	坊工方	320	3 872.7	1 237 870	0.00	0	0	0	3 873	1 237 869	0	0
		0306X04J010202	（2）钢筋	t	3 686	105.2	387 788	0.00	0	0	0	105	386 756	0	1 032
		0306X04J0105	5.钻孔桩	m	1 590.43	4 801.2	7 635 973	0.00	0	0	0	3 854	6 129 517	947	1 506 455
		0306X04J02	（二）墩台	坊工方	605	3 456.87	2 090 603	0.00	0	0	0	3 650	2 090 603	0	0
		0306X04J0201	1.混凝土	坊工方	383	3 456.87	1 324 569	0.00	0	0	0	3 457	1 324 569	0	0
		0306X04J0202	2.钢筋	t	3 967	193.104	766 034	0.00	0	0	0	193	766 034	0	0
		0306X04J04	（四）制架（钢筋）预应力混凝土T梁	孔	175 883	71	12 487 660	0.00	0	0	0	105	11 882 510	37	605 149
		0306X04J0401	1.预制	孔	159 527	71	11 326 428	0.00	0	0	0	71	11 326 427	0	0
		0306X04J0402	2.架设	孔	16 355	71	1 161 232	0.00	0	0	0	34	556 083	37	605 149
		0306X04J0403	3.现浇	孔	0		0	0.00	0	0	0	0	0	0	0
		0306X04J12	（十二）支座	元		284	1 638 671	0.00	0	0	0	284	1 638 672	0	0
		0306X04J1203	3.盆式橡胶支座	个	5 770	284	1 638 671	0.00	0	0	0	284	1 638 672	0	0
		0306X04J13	（十三）桥面系	延长米	1 451	2 003.83	2 906 956	1 103.83	1 601 326	1 103.83	1 601 326	2 003.83	2 906 956	0	0
		0306X04J14	（十四）附属工程	元			3 299 877	0.00	1 611 784		1 611 784		2 921 544		378 332

178

续表

章别	序号	清单编码	工程项目费用名称	单位	综合单价	合同 数量	合同 价值	本季完成 数量	本季完成 价值	本年完成 数量	本年完成 价值	开累完成 数量	开累完成 价值	剩余 数量	剩余 价值
		0306X04J1401	1. 土方	m³	15	5 074.1	75 147	0.00	0	0	0	4 892	72 444	183	2 703
		0306X04J1403	3. 干砌石	m³	92	108.24	9 920	43.30	3 968	43	3 968	108	9 920	0	0
		0306X04J1404	4. 浆砌石	圬工方	135	19 449.94	2 631 188	11 885.10	1 607 816	11 885	1 607 816	19 293	2 609 895	157	21 293
		0306X04J1405	5. 混凝土	圬工方	293	23.9	7 001	0.00	0	0	0	24	7 001	0	0
		0306X04J1407	7. 台后及锥体填筑	立方米	67	8 641.1	576 621	0.00	0	0	0	3 331	222 284	5 310	354 336
8		0308	小桥（6座）	延长米	87 808.33	116	10 185 766	0.00	3 702 162	935	3 702 162	6 023	9 676 632	778	509 134
		0308J	Ⅰ. 建筑工程费	延长米	87 808.33	116	10 185 766	0.00	3 702 162	935	3 702 162	6 023	9 676 632	778	509 134
		0308JX	甲、新建（6座）	延长米	87 808.33	116	10 185 766	0.00	3 702 162	935	3 702 162	6 023	9 676 632	778	509 134
		0308JX03	三、框架式桥（6座）	顶平米	4 783.17	2 129.5	10 185 766	0.00	3 702 162	935	3 702 162	6 023	9 676 632	778	509 134
		0308JX0301	（一）明挖	顶平米	4 783.17	2 129.5	10 185 766	0.00	3 702 162	935	3 702 162	6 023	9 676 632	778	509 134
		0308JX030101	1. 框架桥身及附属	顶平米	3 961.48	2 129.5	8 435 972	934.54	3 702 162	934.540	3 702 162	2 129.500	8 435 972	0	0
		0308JX030102	2. 明挖基础（含承台）	圬工方	318.69	3 893	1 240 660	0.00	0	0	0	3 893	1 240 660	0	0
		0308JX030102O1	（1）混凝土	圬工方	318.69	3 893	1 240 660	0.00	0	0	0	3 893	1 240 660	0	0
		0308JX030103	3. 地基处理	无		777.6	509 134	0.00	0	0	0	0	0	777.6	509 134
		0308JX03010316	（16）挖孔桩	圬工方	655	777.6	509 134	0.00	0	0	0	0	0	778	509 134
9		0309	涵洞（152座）	横延米	11 217	3 889.96	43 634 287	0.00	5 499 023		5 499 023		42 744 069		890 223
		0309J	Ⅰ. 建筑工程费	横延米	11 217	3 889.96	43 634 287	0.00	5 499 023		5 499 023		42 744 069		890 223
		0309JX	甲、新建（152座）	横延米	11 217	3 889.96	43 634 287	0.00	5 499 023		5 499 023		42 744 069		890 223
		0309JX05	五、框架涵（150座）	横延米	11 375	3 495.72	39 764 668	0.00	3 300 277		3 300 277		38 874 449		890 223
		0309JX0501	（一）明挖（150座）	横延米	11 375	3 495.72	39 764 668	0.00	3 300 277		3 300 277		38 874 449		890 223

续表

章别	节号	序号	清单编码	工程项目费用名称	单位	综合单价	合同数量	合同价值	本季完成数量	本季完成价值	本年完成数量	本年完成价值	开累完成数量	开累完成价值	剩余数量	剩余价值
			0309JX050101	1.单孔(150座)	横延米	11 375	3 495.72	39 764 668	0.00	3 300 277		3 300 277	3 387.246	38 874 449		890 223
			0309JX05010101	(1)涵身及附属	横延米	6 693	3 495.72	23 396 225	181.01	1 211 467	181.01	1 211 467	3 387.246	22 670 254	108.474	725 975
			0309JX05010102	(2)明挖基础(含承合)	吨工方	235	65 315.5	15 332 160	0.00	2 088 810	8 898	2 088 810	64 616	15 167 913	700	164 248
			0309JX0501010201	①混凝土	吨工方	235	65 315.5	15 332 160	8 898.40	2 088 810	8 898	2 088 810	64 616	15 167 913	700	164 248
			0309JX0501010103	(3)地基处理	元			1 036 283	0.00	0	0	0	13 635	1 036 282	0.00	0
			0309JX0501010301	①换填砂	m³	76	13 635.3	1 036 283	0.00	0	0	0	13 635.3	1 036 282		0
			0309JX08	八、渡槽(2座)	横延米	9 815	394.24	3 869 619	224.01	2 198 746	224.01	2 198 746	394.24	3 869 620		0
			第四章合计	隧道	元			43 116 571		4 117 349		4 117 349		40 307 582		2 808 990
四	10		0410	隧道(2座)	延长米	48 174.94	895	43 116 571	0.00	4 117 349		4 117 349		40 307 582		2 808 990
			0410X	甲、新建(2座)	延长米	48 174.94	895	43 116 571	0.00	4 117 349		4 117 349		40 307 582		2 808 990
			0410X01	一、L<1 km的隧道(2座)	延长米	48 174.94	895	43 116 571	0.00	4 117 349		4 117 349		40 307 582		2 808 990
			0410X0101	(一)×××隧道	延长米	48 174.94	895	43 116 571	0.00	4 117 349		4 117 349		40 307 582		2 808 990
			0410X0101J	Ⅰ.建筑工程费	延长米	48 174.94	895	43 116 571	0.00	4 117 349		4 117 349		40 307 582		2 808 990
			0410X0101J01	1.正洞	延长米	45 121.20	634	28 606 842	0.00	2 251 713	3 990	2 251 713	106 860	26 306 545	4 756	2 300 299
			0410X0101J0103	(3)Ⅲ级围岩	延长米	31 008.95	303	9 395 711	0.00	868 976	1 600	868 976	49 782	9 298 015	284	97 696
			0410X0101J010301	①开挖	m³	75.84	40 789.42	3 093 470	0.00	0	0	0	40 535	3 074 167	255	19 303
			0410X0101J010302	②支护	m³	4 710.05	303	1 427 145	0.00	0	0	0	288	1 356 494	15	70 651
			0410X0101J010303	③衬砌	吨工方	543.28	8 973.45	4 875 096	1 599.50	868 976	1 599.5	868 976	8 959	4 867 354	14	7 742
			0410X0101J0104	(4)Ⅳ级围岩	延长米	49 221.20	192	9 450 470	0.00	1 273 564	2 153	1 273 564	32 840	8 808 888	1 085	641 583
			0410X0101J010401	①开挖	m³	76.30	27 319.36	2 084 467	0.00	0	0	0	27 319	2 084 468	0	0

续表

章别	书号	清单编码	工程项目费用名称	单位	综合单价	合同 数量	合同 价值	本季完成 数量	本季完成 价值	本年完成 数量	本年完成 价值	开累完成 数量	开累完成 价值	剩余 数量	剩余 价值
		0410X0101J010402	②支护	延长米	18 645.08	192	3 579 855	0.00	0	0	0	192	3 579 855	0	0
		0410X0101J010403	③衬砌	坊工方	605.35	6 220.792	3 765 756	2 093.32	1 267 191	2 093.32	1 267 191	5 166	3 127 359	1 055	638 397
		0410X0101J010404	④拱顶压浆	延长米	106.21	192	20 392	60.00	6 373	60	6 373	162	17 206	30	3 186
		0410X0101J0105	（5）V级围岩	延长米	70 220.58	139	9 760 661	0.00	109 173	237	109 173	24 239	8 199 641	3 388	1 561 020
		0410X0101J010501	①开挖	m³	77.40	20 475.91	1 584 835	0.00	0	0	0	20 476	1 584 835	0	0
		0410X0101J010502	②支护	延长米	35 935.49	139	4 995 033	0.00	0	0	0	139	4 995 032	0	0
		0410X0101J010503	③衬砌	坊工方	460.80	6 872.45	3 166 825	236.92	109 173	237	109 173	3 485	1 605 805	3 388	1 561 020
		0410X0101J010504	④拱顶压浆	延长米	100.49	139	13 968	0.00	0	0	0	139	13 968	0	0
		0410X0101J02	2.明洞及棚洞	延长米	49 522.90	227	11 241 698	0.00	0	0	0	227	11 241 698	0	0
		0410X0101J04	4.洞门	坊工方	649.47	1 355.61	880 428	644.07	418 304	644	418 304	1 356	880 428	0	0
		0410X0101J05	5.附属工程	元			2 387 603	0.00	1 447 332	19 540	1 447 332	24 533	1 878 910	3 274	508 691
		0410X0101J050101	（1）洞口防护	元			524 716	0.00	81 367	220	81 367	364	130 391	1 263	394 324
		0410X0101J050101	①浆砌石	坊工方	241.90	736.72	178 213	0.00	0	0	0	120	29 028	617	149 185
		0410X0101J050102	②混凝土	坊工方	369.85	858.71	317 594	220.00	81 367	220	81 367	220	81 367	639	236 227
		0410X0101J050106	⑥喷混凝土	坊工方	716.19	30	21 486	0.00	0	0	0	23	16 473	7	5 013
		0410X0101J050107	⑦钢筋	吨	3 914.84	1.896	7 423	0.00	0	0	0	1	3 523	1	3 899
		0410X0101J0502	（2）地表加固	元			65 376	0.00	0	0	0	1 800	49 032	600	16 344
		0410X0101J050203	③锚杆	m	27.24	2 400	65 376	0.00	0	0	0	1 800	49 032	600	16 344
		0410X0101J0503	（3）洞口绿化	m²	5.29	1 000.84	5 294	461.94	2 444	461.94	2 444	461.94	2 444	539	2 851

续表

章别	节号	清单编码	工程项目费用名称	单位	综合单价	合同 数量	合同 价值	本季完成 数量	本季完成 价值	本年完成 数量	本年完成 价值	开累完成 数量	开累完成 价值	剩余 数量	剩余 价值
		0410X0101J0504	（4）隧道照明	元			1 204 505		1 204 505		1 204 505	0	1 204 505	0	0
		0410X0101J0508	（8）弃碴场处理	元			495 663	0.00	159 016	18 858	159 016	21 907	492 538	400	3 123
		0410X0101J050801	①浆砌石	吩工方	124.94	2 960.74	369 915	307.66	38 439	307.7	38 439	2 956	369 361	4	553
		0410X0101J050802	②场地平整、绿化、复垦	平方米	6.50	19 345.78	125 748	18 550.35	120 577	18 550.4	120 577	18 950	123 177	395	2 570
		0410X0101J0510	（10）接触网滑道	延长米	195.02	472	92 049	0.00		0		0	0	472	92 049
			第八章合计			55.451	13 023 265	0.00	405 431		405 431		911 760		12 111 496
八	20	0820	房屋	正线公里	234 860.78	55.451	13 023 265	0.00	405 431		405 431		911 760		12 111 496
		0820J	I.建筑工程费												12 111 496
		0820J01	一、生产及办公房屋	m²	1 681.07	7 747	11 111 055	0.00	183 712	245.08	183 712	7 501.92	10 927 334	245.08	
		0820J0101	（一）客运房屋	m²	1 434.24	7 747	7 947 327	0.00		0		0		3 230	7 947 318
		0820J010101	1.客运站房屋	m²	2 460.47	3 230	7 563 325	0.00		0		0		2 500	7 563 325
		0820J01010101	（1）客站	m²	3 025.33	2 500	7 563 325	0.00		0		0		2 500	7 563 325
		0820J0101010102	②中型	m²	3 025.33	2 500	7 563 325	0.00		0		0		2 500	7 563 325
		0820J010103	3.运转技术作业房屋	m²	526.03	730	384 002	0.00		0		0		730	384 002
		0820J0102	（二）通信房屋	m²	749.60	766	574 194	245.08	183 712	245	183 712	245	183 712	521	390 482
		0820J0103	（三）信号房屋	m²	676.39	2 410	1 630 100	0.00		0		0		2 410	1 630 100
		0820J0105	（五）电力房屋	m²	720.95	928	669 042	0.00		0		0		928	669 042
		0820J0106	（六）电力牵引(供电)房屋	m²	707.36	149	105 397	0.00		0		0		149	105 397
		0820J0107	（七）给排水房屋	m²	697.79	250	174 448	0.00		0		0		250	174 448
		0820J0109	（九）车辆房屋	m²	753.37	14	10 547	0.00		0		0		14	10 547

续表

章别	节号	清单编码	工程项目费用名称	单位	综合单价	合同 数量	合同 价值	本季完成 数量	本季完成 价值	本年完成 数量	本年完成 价值	开累完成 数量	开累完成 价值	剩余 数量	剩余 价值
		0820J03	三、附属工程	元			468 426	0.00	0	0	0	0	0	3 071	468 426
		0820J0301	（一）道路			730	49 151	0.00	0	0	0	0	0	730	49 151
		0820J030101	1. 混凝土路面	m²	67.33	730	49 151	0.00	0	0	0	0	0	730	49 151
		0820J0302	（二）围墙	m²	67.33	360	79 844	0.00	0	0	0	0	0	360	79 844
		0820J030201	1. 实体围墙	m	221.79	360	79 844	0.00	0	0	0	0	0	360	79 844
		0820J0303	（三）、其他	m	221.79		339 431	0.00	0	0	0	0	0	1 981	339 431
		0820J030304	4. 排水沟	元		460	77 556	0.00	0	0	0	0	0	460	77 556
		0820J030309	9. 绿化	m	168.60		48 746	0.00	0	0	0	0	0	1 400	48 748
		0820J0303090l	（1）栽植花草、灌木	元		1 400	48 746	0.00	0	0	0	0	0	1 400	48 748
		0820J030310	10. 取弃土（石）场处理	m²	34.82	1.00	200 000	0.00	0	0	0	0	0	1	200 000
		0820J030311	11. 电缆槽	元	200 000.00	120	13 127	0.00	0	0	0	0	0	120	13 127
		0820J04	四、房屋基础及地基处理	m	109.39		1 443 784	0.00	344	221 719	344	221 719	1 110	728 048	4 577	715 736
		0820J0401	（一）明挖基础	垦工方		40	20 834	0.00	40	20 834	40	20 834	40	20 834	0	0
		0820J040103	3. 混凝土	垦工方	520.85	40	20 834	0.00	40	20 834	40	20 834	40	20 834	0	0
		0820J0402	（二）地基处理	垦工方	520.86		1 422 950	40.00	304	200 885	304	200 885	1 070	707 214	4 577	715 736
		0820J040201	10. 换填砂	m³	86.55	4 021	348 018	0.00	0	0	0	0	0	4 021	348 018
		0820J040210	10. 挖孔桩	垦工方	661.09	1 626	1 074 932	303.87	0	0	0	0	0	556	367 718
			其他运营生产设备及建筑物	元		55.451	83 264 750	0.00	4 783 418		4 783 418		35 662 778		47 601 979
九	25	0925	站场	正线千米	1 501 591.50		83 264 750	0.00		4 783 418		4 783 418		35 662 778		47 601 979
			第九章合计													

续表

章别	清单编码	工程项目费用名称	单位	综合单价	合同数量	合同价值	本季完成数量	本季完成价值	本年完成数量	本年完成价值	开累完成数量	开累完成价值	剩余数量	剩余价值
	092501	一、站场建筑	元			78 102 302	0.00	3 838 047		3 838 047		33 429 733		44 672 575
	092501J	I. 建筑工程费	元			78 102 302	0.00	3 838 047		3 838 047		33 429 733		44 672 575
	092501J01	（一）旅客站台墙	m	866.61	8 408	7 286 457	1 060.00	918 607	1 060	918 607	4 256.52	3 688 743	4 151.48	3 597 718
	092501J0101	1. 旅客站台墙	m	866.61	8 408	7 286 457	0.00	0			4 256.52	3 688 743	4 151.48	3 597 718
	092501J02	（二）旅客站台面	m²	259.98	54 665	14 211 807	0.00	0		0	10 854.08	2 821 844	43 810.92	11 389 963
	092501J0201	1. 旅客站台面	m²	259.98	54 665	14 211 807	0.00	0		0	10 854	2 821 844	43 811	11 389 963
	092501J07	（七）地道	m	10 998.73	748.02	8 227 270	0.00	0		0	748	8 227 271	0	0
	092501J09	（九）站名牌	个	2 437.78	56	136 516	14.00	34 129	14	34 129	14	34 129	42	102 387
	092501J10	（十）雨棚	m²	961.77	49 915	48 006 750	3 000.00	2 885 310	3 000	2 885 310	19 157	18 424 243	30 758	29 582 506
	092501J12	（十二）上站台阶	m	389.17	600	233 502	0.00	0		0	600	233 502	0	0
	92503	三、站场附属工程	元			5 162 448	0.00	945 371	19 182	945 371	31 992	2 233 045	26 994	2 929 404
	092503J	I. 建筑工程费	元			5 162 448	0.00	945 371	19 182	945 371	31 992	2 233 045	26 994	2 929 404
	092503J01	（一）围墙	m	180.75	1 800	325 350	0.00	0	0	0	0	0	1 800	325 350
	092503J03	（三）道路	m²	79.72	4 725	376 677	0.00	0	0	0	0	0	4 725	376 677
	092503J0301	1. 混凝土路面	m²	79.72	4 725	376 677	0.00	0	0	0	0	0	4 725	376 677
	092503J030101	（1）面层厚度≤20厘米	m²	79.72	4 725	376 677	0.00	0	0	0	0	0	4 725	376 677
	092503J06	（六）排水沟	m	234.98	7 801	1 833 060	0.00	0	2468.6	591 749	2468.6	591 749	5 332.4	1 241 312
	092503J0601	1. 浆砌石	m	239.71	7 201	1 726 152	0.00	0	2469	591 749	2469	591 749	4 732	1 134 404
	092503J0602	2. 砖	m	178.18	600	106 908	0.00	0	0	0	0	0	600	106 908
	092503J07	（七）绿化、美化	元			65 814	0.00	0	0	0	0	0	2 100	65 814

续表

章别	节号	清单编码	工程项目费用名称	单位	综合单价	合同 数量	合同 价值	本季完成 数量	本季完成 价值	本年完成 数量	本年完成 价值	开累完成 数量	开累完成 价值	剩余 数量	剩余 价值
		092503J0701	1. 栽植花草、灌木	m²	31.34	2 100	65 814	0.00	0	0	0	0	0	2 100	65 814
		092503J09	(九) 电缆沟	m	106.42	6 600	702 372	0.00	0	0	0	0	0	6 600	702 372
		092503J10	(十) 拆除构筑物	元			1 859 175	0.00	945 371	19 182.31	945 371	29 523.2	1 641 296	6 436.8	217 879
		092503J1001	1. 站台墙	m³	171.41	2 310	395 957	646.10	110 748	646	110 748	1 852	317 486	458	78 471
		092503J1002	2. 雨棚	m²	57.16	12 900	737 364	10 517.00	601 152	10 517	601 152	12 287	702 325	613	35 039
		092503J1003	3. 站台面	m²	19.45	16 550	321 898	7 009.21	136 329	7 009	136 329	11 184	217 529	5 366	104 369
		092503J1006	6. 挖除土方	m³	96.18	4 200	403 956	1 010.00	97 142	1 010	97 142	4 200	403 956	0	0
	第十章合计		大型临时设施和过渡工程	元		55.451	39 159 868	0.00	1 680 488		1 680 488		39 159 868	0	0
十	28	1028	大型临时设施和过渡工程	正线公里	706 206.71	55.451	39 159 868	0.00	1 680 488	0	1 680 488		39 159 868	0	0
		1028J	一、大型临时设施	正线公里	706 206.71	55.451	39 159 868	0.00	1 680 488	0	1 680 488		39 159 868	0	0
		1028J01	(三) 汽车运输便道	元	38 865 778	1	38 865 778	0.00	0	0	0	1	38 865 778	0	0
		1028J0103	1. 新建干线	元	3 132 000	1	3 132 000	0.00	0	0	0	1	3 132 000	0	0
		1028J010301	3. 改(扩)建便道	元	2 565 000	1	2 565 000	0.00	0	0	0	1	2 565 000	0	0
		1028J010303	(四) 运梁便道	元	567 000	1	567 000	0.00	0	0	0	1	567 000	0	0
		1028J0104	(八) 制(存) 梁场	元	864 000	1	864 000	0.00	0	0	0	1	864 000	0	0
		1028J0108	(十一) 填料集中拌和站	元	33 609 778	1	33 609 778	0.05	1 680 488	0.05	1 680 488	1	33 609 778	0	0
		1028J0111	(十七) 电力干线	元	900 000	1	900 000	0.00	0	0	0	1	900 000	0	0
		1028J0117	二、过渡工程	元	360 000	1	360 000	0.00	0	0	0	1	360 000	0	0
		1028J02	(三) 站场	元	294 090	1	294 090	0.00	0	0	0	1	294 090	0	0
		1028J0203		元	294 090	1	294 090	0.00	0	0	0	1	294 090	0	0

续表

章别	序号	清单编码	工程项目费用名称	单位	综合单价	合同 数量	合同 价值	本季完成 数量	本季完成 价值	本年完成 数量	本年完成 价值	开累完成 数量	开累完成 价值	剩余 数量	剩余 价值
十一			第十一章合计	元			50 867 066	0.00	8 587 125		8 587 125		44 385 633		6 481 433
	29	1129	其他费	正线公里	917 333.61	55.451	50 867 066	0.00	8 587 125		8 587 125		44 385 633		6 481 433
		1129Q	其他费用	元		1	50 867 066	0.00	8 587 125		8 587 125		44 385 633		6 481 433
		1129Q03	Ⅳ. 其他费	元	2 488 9736	1.00	24 889 736	0.00	0		0		24 111 926		777 810
		1129Q05	三、安全生产费	元			25 977 330	0.00	8 587 125		8 587 125		20 273 707		5 703 623
		1129QQ0504	五、配合辅助工程费	元			25 977 330						20 273 707		5 703 623
		1129QQ050401	（三）跨线公路桥	顶面/m²	2 645.22	9 820.48	25 977 330	3 246.28	8 587 125	3 246.28	8 587 125	7 664.28	20 273 707	2 156.20	5 703 623
			1. 跨线公路桥（16座）	顶面/m²	2 645.22	9 820.48	25 977 330	3 246.28	8 587 125	3 246.28	8 587 125	7 664.28	20 273 707	2 156.20	5 703 623
			激励约束考核费	元	9 009 959	1	9 009 959						0	1	9 009 959
			设备费	元											
			总承包风险费	元	6 932 827	1	6 932 827		0		0		3 563 438	1	3 369 389
			箱梁端加固暂定单价	孔	20 000										
			以上合同内费用合计	元			1 688 125 571		222 149 278		222 149 278		1 092 409 540		595 716 031
			甲供材料调差	元									16 807 202		
			计价合计	元	1 688 125 571	1	1 688 125 571		222 149 278		222 149 278		1 109 216 742		

2. 工程计价汇总表（表 6.4）

表 6.4 工程计价汇总

2009 年一季度

工程承包单位：中铁××集团有限公司　　　　　　　　　　　　单位：元

章别	节号	工程项目费用名称	合同价值	本季完成	本年完成	开工累计	剩余
一	1	拆迁工程	69 359 205	2 027 533	2 027 533	64 536 098	4 823 107
二		路基	404 479 027	40 484 188	40 484 188	327 202 312	77 276 715
三		桥涵	968 913 033	160 063 746	160 063 746	536 680 071	432 232 962
四	10	隧道	43 116 571	4 117 349	4 117 349	40 307 582	2 808 989
八	20	房屋	13 023 265	405 431	405 431	911 760	12 111 505
九	25	其他运营生产设备及建筑物	83 264 750	4 783 418	4 783 418	35 662 778	47 601 972
十	28	大型临时设施和过渡工程	39 159 868	1 680 488	1 680 488	39 159 868	0
十一	29	其他费用	50 867 066	8 587 125	8 587 125	44 385 633	6 481 433
		激励约束考核费	9 009 959				9 009 959
		总承包风险费	6 932 827	0	0	3 563 438	3 369 389
		箱梁梁端加固暂定单价		0	0	0	0
		以上合同内费用合计	1 688 125 571	222 149 278	222 149 278	1 092 409 540	595 716 031
		甲供料调差			0	16 807 202	
		以上合计（元）		222 149 278	222 149 278	1 109 216 742	
		××站改造信号配合工程		0	0	14 336 348	
		以上总计（元）		222 149 278	222 149 278	1 123 553 090	

3. 计价费用分类汇总表（表 6.5）

合同内外费用汇总。

表 6.5 计价费用分类汇总

序号	工程项目及费用名称	本季计价		本年计价		开累计价		备注
		报批金额（元）	批准金额（元）	报批金额（元）	批准金额（元）	报批金额（元）	批准金额（元）	
一	合同内费用	222 149 278		222 149 278		1 092 409 540		
二	一类变更							
三	其他					31 143 550		
	甲供料调差					16 807 202		
1	××站改造信号电力配合工程					14 336 348		
2	以上合计	222 149 278		222 149 278		1 123 553 090		

承包单位：　　　　　　　监理单位：　　　　　　　建设单位：
负责人：　　　　　　　　总监理工程师：　　　　　总工程师：　　　　　　总会计师：
编制人：　　　　　　　　计财部负责人：　　　　　概算工程师：

4. 验工计价封面

××铁路 CJQ-1 标

验 工 计 价 单

施工单位：中铁××局　　　　　2009 年第 1 季度

本次计价：<u>222149278 元</u>　　核准金额：＿＿＿＿　　批准金额：＿＿＿＿

本年计价：<u>222149278 元</u>　　年累计价：＿＿＿＿　　年累计价：＿＿＿＿

开累计价：<u>1123553090 元</u>　　开累计价：＿＿＿＿　　开累计价：＿＿＿＿

负责人：<u>×××</u>　　　　总监理工程师：＿＿＿＿　　批准人：＿＿＿＿

工程承包单位：<u>中铁××局</u>　　监理单位：＿＿＿＿　　建设单位：＿＿＿＿

填报日期：<u>2009 年 3 月 25 日</u>　审核日期：＿＿＿＿　　批准日期：＿＿＿＿

6.1.4 课业评价

任务完成后,采用教师检查,学生自评、互评的方式,进行完成任务情况检查。应检查如下任务:

1. 读懂工程验工计价表。
2. 读懂工程计价汇总表。
3. 读懂计价费用分类汇总表。
4. 读懂验工计价封面。

任务二 成本的控制

6.2.1 任务介绍

6.2.1.1 任务导入

工程项目部在承接工程任务后,开始了施工全过程管理,其中通过工程成本控制实现项目的预期成本目标。施工项目的成本控制是对施工现场正在发生和将要发生的各种成本费用进行有效的控制,包括人工费控制、材料费控制、机械使用费控制、施工管理费控制、临时设施费控制、工程变更及施工索赔等。

6.2.1.2 案例分析

某铁路双线桥梁工程10跨24 m简支预应力钢筋混凝土桥梁,跨越90 m宽长年流水性河流,中间8个矩形重力式桥墩,3个水中墩,最大水深8 m,5个岸滩墩,岸滩为卵石河床。两端桥台连接高路堤,桥台为埋入式重力桥台。墩台基础每墩12根桩,平均深度32 m、直径ϕ1.5 m钢筋混凝土钻孔桩,钢制盆式橡胶支座每墩4个共计44个。简支预应力钢筋混凝土梁共计40片,由该铁路线段总预制场预制,轨道车运送,架桥机顺序架设,水中墩基础采用钢吊箱围堰。施工工期为1年5个月,南岸设混凝土工厂一座,施工期间遇到环境因素的影响,汛期河流百年一遇洪水,市场材料价格增长20%,桥台设计更改,增加80万元的费用;征地造成工期推延3个月等,预制中有一片梁腹板出现开裂问题,造成20万元的损失;桥墩基础施工围堰由于河道变化,改筑岛围堰为钢围堰,引起施工方法改变等,费用增加60万元。由于桥头地段地质局部淤泥层较厚,业主提出延长桥梁,增加一跨,由设计院更改设计,增加费用240万元;施工中3#墩中部一根钻孔质量不合格,需变更设计扩大桥墩承台,增加2根桩,增加费用28万元。对本工程的成本是如何进行控制和计算的?哪些项目进行了变更设计?变更设计建议书和通知单如何填写?工程索赔意向书和报告书如何填写?

解:1. 对本工程进行成本运行与控制

(1)工程合同签约后,要积极核算全桥的施工成本,制定合理的施工组织设计,优化施工方案;充分做好施工准备工作,周密安排好施工进度;提高机械的利用率,减低机械空耗率,降低机械使用费;确保施工质量和安全,减低工程质量成本,减少安全事故成本。

(2)水中桥墩基础施工是本工程施工难点,施工条件不够明确,工程量变化较大。如根据现场提供的条件,拟采用筑岛施工,但对水下的情况了解不详细,可能会造成堆土抛石量的较大变化,大大超过预计的材料数量,增加施工成本。因此必须加强测量监控,制定相应的筑岛边坡维护措施,控制抛填土石方的数量,并考虑后期取土挖除方法、疏通河道的土石方数量及满足围堰的施工要求。

(3)铁路桥梁工程中,材料占总造价的60%~70%,其中水泥、砂石、钢筋及结构钢材占了主要的地位,材料的数量巨大,因此首先要控制好水泥、砂石、钢筋等大宗材料的价格,可以通过价格比选、经济批量采购价等手段,实现价格的优惠。对供应商进行挑选,保证材料的质量、供货进度，减少废品率，降低材料的成本。通过建立搅拌站等，降低原材料的制造成本。加强材料的现场验收，确保材料的数量和质量。

（4）对于24 m标准T梁的制造，应结合承包项目的情况进行整体考虑。如果本项目还有其他桥需要制梁，可考虑设立一个的地点，集中制梁，这样可降低梁场的制安费用。如果只有本桥需要梁，可采取现场制梁，但应安排较充分的时间，缩小梁场的规模，减低制梁的成本。选择架桥机顺序架设法，利用路基作为运送道路，通过路面轨道车或板车运输，减少临时工程的费用。

（5）控制和减少计日工的数量。通过合理安排供需之间的衔接，完善分包合同，减少合同内计日工的数量。合同外的计日工发生后，应及时签证和索赔。架子队模式是铁路工程企业推广的一种管理模式，架子队是施工现场的基层施工作业队伍，是以施工企业管理、技术人员和生产骨干为施工作业管理与监控层，以劳务企业的劳务人员和与施工企业签订劳动合同的其他社会劳动者（统称劳务作业人员）为主要作业人员的工程队。架子队已经成为铁路项目施工的基本作业组织形式。架子队组织正在逐步完善，对加强劳务管理，预防和减少劳务纠纷，提高效益起到了一定作用。由于架子队模式的普遍推行，架子队的核算也成为成本控制的重要一环。

2. 工程成本费用计算办法

工程成本是由人工费、材料费、机械使用费、施工管理费、临时工程费等组成的。分析施工阶段的费用，采取有效的措施进行控制。具体内容如下：

（1）人工费的控制。

人工费的控制采取的"量价分离"的方法。首先根据施工图预算、钢筋放样单或模板量计算单，依据人工定额，计算出定额人工工日，并将零星用工按定额工日的一定比例（一般15%~30%）综合确定，通过劳务合同与劳务队签订包干合同，控制用工量。

（2）材料费的控制。

材料费的控制采用"量价分离"的原则，依据材料消耗定额，分别对材料用量和材料价格进行控制。

① 材料用量的控制。

施工过程中，在保证工程质量的前提下，合理使用材料，减少材料消耗，避免不合格产品，达到控制材料用量的目的。具体方法有定额限额领料控制、计量控制、包干控制等。

② 材料价格的控制。

材料价格的控制主要在于采购时对供应商的选择，通过市场信息、询价、应用竞争机制和合同条款，控制材料的价格，制订合理的材料购置计划，应对市场价格的变化控制。

（3）机械使用费的控制。

机械设备是现代施工的重要工具，其费用约占工程造价的10%，机械设备，尤其是大型设备的合理使用，是降低机械使用费的重要途径。

机械费由台班数量和台班单价组成，为有效降低机械费，可以从以下几个方面进行控制：

① 合理安排施工生产，合理搭配的机械、人员，提高机械使用率，减少闲置率。

② 加强机械设备的租赁管理，避免闲置；机械的型号与工作要求一致。

③ 加强机械设备的维修及保养，提高完好率，避免造成不必要的停置。

（4）施工管理费用的控制。

施工管理费主要由管理人员工资、办公费、差旅交通费、固定资产使用费等项目组成，在成本中占有一定的比例，但是费用的使用弹性较大，控制比较困难。必须采取有效的控制措施，方可达到降低费用的目的。主要措施如下：

① 根据现场施工管理费所占比重，确定费用的多少，将其严格控制在限额内。

② 制定部门开支标准和范围，严格审批制度、费用管理程序。

（5）临时设施费用的控制。

临时设施费也是施工成本构成的重要部分。在施工过程中，主要是通过优化施工方案、减少临时设施的数量、使用周转材料、减小材料的消耗等，降低工程费用。

3. 工程变更

（1）铁路桥梁工程变更的类别。

依据铁路桥梁工程变更的具体规定，变更可分为如下几类：

① 完善设计的变更，是指对设计文件缺陷、错误、遗漏的修改、补充完善或优化。

② 工程质量事故的变更，是指按《铁路建设工程质量事故处理规定》（铁建设〔2003〕48号）界定的工程质量事故引起的变更设计。

③ 标准的变更，是指铁道部批准的技术标准、规范和规模的变化引起的变更设计。

④ 不可预见的变更，是指不可抗力、不可预见的外部因素等引起的变更设计。

⑤ 其他变更，是指不属于上述原因的变更设计。

由此可见，本案例中可以提出变更的有：

a. 由于桥头地段地质局部淤泥层较厚，业主提出延长桥梁，增加一跨，由设计院更改设计。

b. 施工中 $3^{\#}$ 墩中部一根钻孔质量不合格，需变更设计扩大桥墩承台，增加2根桩，增加费用28万元。

c. 桥台设计更改。

（2）工程变更的步骤和形成的文件。

变更设计由建设单位或施工单位提出，填写《变更设计建议书》（表6.6），建设单位组织施工单位、设计单位、监理单位参加变更设计会议，填写《变更设计会议纪要》，交由设计单位进行设计更新，提交《变更设计文件》，报部铁道部审批，形成《铁道部核核批复文件》，《变更设计审批表》、《变更设计通知单》（表6.7），完成设计变更。

表 6.6 变更设计建议书

编号：2012-0023

致：×××线铁路工程项目部	
事由、工程范围及工程费增减估算： 由于桥头地段地质局部淤泥层较厚，业主提出延长桥梁，增加一跨，由设计院更改设计。由于施工中 3# 墩中部一根钻孔质量不合格，需变更设计扩大桥墩承台，增加 2 根桩。	
	填报单位：××铁路桥梁公司项目部 填 报 人：刘×× 联系电话：13900000000
收件登记号：	收件日期：2012 年 9 月 12 日
审查意见： 根据实际情况，经过现场调查取证，同意提出设计变更要求，由原设计单位变更设计。	
	审查单位：×××线铁路工程项目部 审 查 人：张×× 日 期：2012 年 9 月 20 日

表 6.7 变更设计通知单

编号： 线 标 变 号

致：××铁路桥梁公司项目部
根据 2012-0023 号《变更设计建议书》对××铁路工程公司项目部，××铁路特大桥（单位工程、结构部位、里程）的变更建议，由×××线铁路工程项目部于 2012 年 9 月 18 日组织现场调查研究并签订《会议纪要》（编号： ），委托××线铁路设计院进行变更工程的设计，并经×××线铁路工程项目部审核，现予批准，依据本通知单施工、监理。 抄送：
签发单位：××线铁路设计院 签发人：王×× 2012 年 11 月 2 日
变更设计内容、工程数量及工程费增减：增加 24 m 梁 4 片，盆式橡胶支座 4 套，钻孔桩 6 根长 32 m，桥墩一座。
变更设计分类： 类。变更设计原因、责任单位及责任比重：
变更设计图目录： 作废图纸目录：
备注：
说明：变更设计通知单主送施工单位，抄送咨询、设计、监理单位。

4. 工程索赔

根据以上提出的变更要求，交铁路建设管理单位，指派设计单位进行设计变更，变更后，可根据责任方的具体责任，进行工程索赔。索赔包括工期索赔和费用索赔。索赔意向书和索赔报告书如表 6.8、表 6.9 所示。

表6.8 《关于未提供合格施工场地及暂停施工造成损失费用索赔意向书》

致：××铁路桥梁公司项目部

根据业主要求，我项目部于2011年10月1日进行开工典礼，并立即组织人员、机械设备进场，开展驻地建设及施工前期准备工作。由于以下原因造成我部无法按计划进行施工：

1. 2011年10月1日~2012年2月20日因业主征地、青苗赔偿未到位，森林砍伐证未办理，与"三杆"相关单位（部队、联通、移动、电力、电信、广电、国防光缆）赔偿款未协调达成一致，无法及时提供合格的施工场地。

2. 2012年2月24日，3月3日~11日当地村民借以征地、青苗补偿价格低为由，有组织地到施工现场无理阻工。

3. 根据实际情况，业主提出铁路桥梁9#桥墩附近有输电高压线没有按时拆迁，与电业部门未达成协议，涉及施工安全和输电安全，于2012年3月22日口头通知要求桥梁施工暂停止施工；除此外其他地方仍因房屋拆迁、"三杆"改移、青苗赔偿问题未解决而无法施工。

我部接到通知后积极组织人员于4月5日开始筹备该段施工准备工作。期间我标段发生了如下费用及损失：

1. 施工人员窝工；
2. 机械设备窝工；
3. 企业管理费、现场经费及资金利息的多余支付以及开工期间可赢利润；
4. 工期延误。

以上发生的损失，是一个有经验的承包商也无法预计的，按照协议书第×条第×项第×、×点及协议书第×条第×项的规定，请业主、监理对我部上述发生的费用给予补偿。

此致！

某工程项目部
2012年5月1日

表6.9 《××铁路线路××桥梁工程索赔报告书》

前言：××铁路桥梁工程有限公司的××项目部中标了××铁路桥梁合同段的施工任务。我工区主要承担××铁路桥梁的施工。为保证按期按质完成施工内容，进场施工前及施工过程中，在技术性民工很难招聘的情况下，承诺不低于××市2011年度平均工资待遇，且保证月月兑现和满足总工程量在××万以上，且承担民工单边路费的许诺下，从某地选聘了几十名优质民工，同时在相邻各地招聘了部分民工，均签署了劳务合同书。至2011年5月底，工地民工达到120人，加上劳务班组负责人，共计130余人。工区于2011年2月19日进场至2011年10月底，在此施工期间，由于征地拆迁、供电、杆线迁移、设计变更及雨期等影响造成局部和全面停工多次，由此造成我工区直接及间接经济损失近150万元。

索赔事项概述：

一、××铁路大桥：应项目部要求，2011年2月19日至3月26日，承担了梁场及搅拌站建设，至4月26日完成了搅拌站、预制场建设工作。4月20日业主发布开工令，项目部要求我工区在4月30日开工建设大桥。由于现场水、电、路不通，项目部要求我工区自购发电机。5月6日××大桥正式开钻，至5月31日（DN1600）成桩4根。6月份期间，因现场征地拆迁及架线等相关问题，我工区全线停工。直到7月5号，高迁大桥通电完成，具备二次开工条件，我工区再次组织施工。至8月中旬，××大桥生产基本正常。

二、北岸大桥工地：因征地拆迁和通电问题，自进场一直未开工，直至8月10日所在村通电完成。涂料厂拆迁未完成，施工范围较小，仅有2墩24根桩可组织生产施工。到9月10日，涂料厂拆除，应项目部要求实施过河便道，正式打开工作面，全面施工。在此期间，工区积极配合项目部对已具备开工条件部分进行施工，共成桩24根，大桥9月中旬才具备局部开工条件。至9月底，由于业主资金等一系列问题一直未解决，致使施工中止，现场人员产生息工情绪，要求停工补偿。工区在项目部

续表

要求下，为了稳定民工情绪，减少施工现场因民工问题而振荡和停工，顺利完成余下施工任务，立即抽调部分资金，进行调解安定、继续施工，并积极协商处理善后事宜，尽力减少因工程量减少及工期延误而造成的损失。工区在处理本事件中，付出了艰辛的劳动，化解了众多矛盾，协调了各方面关系，也支付了许多额外费用，工区认为在避免和减少损失方面，已竭尽全力。在索赔事件发生后，工区与项目部是积极配合的，在处理事件时是快速有效的，不存在任何过错和不当行为。

索赔要求：

由于我工区向你项目部索赔的事由是你项目部设计变更施工内容及前期征地拆迁未完成，故索赔要求包括下列方面：

（1）人工费。包括：A.2011年5~10月份，由于无法施工造成的窝工而支付的人工费用；B.因总工程量减少，按照劳务合同支付给民工的补偿金及路费。

（2）材料费。包括租赁材料（钢管、模板）、购买材料（水泥、钢材、木材）两方面。A.由于购买材料超过实际用量而增加的材料购买费用及相应资金利息损失；B.按原施工进度计划和组织设计租赁但超过实际需要的周转材料的租赁费损失；C.缩短使用期限，提前终止周转材料租赁合同违约金。

（3）施工机械损失（挖掘机、吊车）：A.2011年5月1日前，为了按计划完成施工任务而采用挖掘机、吊车使用费（含实际使用费和违约金）；B.因减少总工程量致使挖掘机、吊机租赁合同提前解除的违约损失。

（4）工地管理费。我工区按照计划工作量与实际工作量差异而额外支付的工地管理费。包括：A.增大活动板房、临时房屋等临时设施投资损失及生活用品损失；B.2011年5月1日起，为了满足你方施工期限要求，我方加大施工现场人员配置和各方面管理而增加的支出。

（5）利息。由于工程设计变更而我方实际多投资金的利息。包括：A.为满足施工需要，多支付商品混凝土合同预付款利息损失；B.多垫付工程款资金利息损失。

（6）利润。指原计划和现在实际施工部分利润差额。

索赔编写组及审核人员：编写组成员：×××　　　　施工现场负责人：×××
　　　　　　　　　　　施工现场技术负责人：×××　　施工现场材料采购负责人：×××
　　　　　　　　　　　审核人员：×××　　　　　　　公司总负责人：×××
　　　　　　　　　　　索赔事宜联系人：×××
　　　　　　　　　　　13900000000

计算部分　索赔总额：

依据本事件产生的原因和涉及的范围，我工区按照建筑行业施工索赔及我工区实际损失分为以下几项，共计索赔总额为：×××元

各项计算单列如下：

一、5月份：（1）基础开挖后由于软基处理等待设计变更，误工1个月。误工补助（含桥梁钢筋工）：45个工人×600元/月＝27 000。

（2）××大桥：由于通电未完成，应项目部要求购买发电机进行施工。完成产值（成桩4根）96 m×1 768.85元/m＝169 810元，实际发生成本：

人工费：96 m×400元/m＝38 400元。

材料费：甲供混凝土为193 m³×393元/m³＝75 849元；

钢　材（亏损部分）为700元/t×0.113 t/m×96 m＝7 594元。

发电机燃油费：79 000元。

机械费：吊车、挖机租赁费50 000元。

管理费：8人×4 000元/月＝32 000元。

其他费用及辅材：30 000元。

合计成本：312 843元。

5月份直接亏损值：169 810－312 843＝143 033元。

合计：5月份索赔金额27 000＋143 033＝170 033元。

续表

> 二、6月份：由于征地拆迁、架线通电等原因全线停工一个月。
> 民工补助：45个工人×600元/月＝27 000元。
> 管理人员工资：管理人员工资8人×4 000元/月＝32 000元。
> 吊车、挖机租赁费50 000元。
> 合计：6月份索赔金额27 000＋32 000＋50 000＝109 000元。
> 三、7月份：××大桥由于天气影响20天未施工（按招标文件内容，30年一遇的天气影响予以调整补偿）。
> 民工补助：80个工人×20元/天×20天＝32 000元。
> 管理人员工资：8人×4 000元/月×2/3月＝21 333元。
> 吊车、挖机租赁费：50 000元×2/3＝33 333元。
> 合计：7月份索赔金额86 666元。
> 四、8月份：（1）××大桥：受设计变更影响，下部结构不能施工。
> 民工补助：45个工人×600元/月＝27 000元。
> 管理人员工资：4人×4 000元/月＝16 000元。
> 吊车、挖机租赁费50 000元。
> 合计：93 000元。
> （2）由于涂料厂征地拆迁、通电等原因影响20天未施工。
> 民工补助：45个工人×600元/月×2/3月＝18 000元。
> 管理人员工资：4人×4 000元/月×2/3月＝10 667元。
> 吊车、挖机租赁费50 000元。
> 合计：78 667元。
> 合计：8月份索赔金额171 667元。

6.2.1.3　完成任务

工程成本应该从哪些方面进行控制？工程变更和工程索赔如何办理？

6.2.2　知识链接

施工阶段造价的控制是建设项目全过程造价控制不可缺少的重要环节，通常把计划投资额作为造价控制的目标值，在实施过程中，以实际支出额与造价控制目标之间的偏差，分析产生偏差的原因，并采取有效措施加以控制，保证造价控制目标的实现。在施工过程中，成本的控制是造价管理的核心内容。铁路桥梁工程施工项目的成本控制通常是指在桥梁工程项目成本的形成过程中，对施工生产所消耗的人工、机械、物资材料和费用开支，进行计划、核算、调整和限制，及时纠正将要发生和已经发生的成本偏差，把各项生产费用控制在计划成本的范围之内，以保证成本目标的实现。因此，成本管理一般从制定成本目标开始，在项目实施过程中，不断进行对比核算，纠正偏差，保证成本目标的实现。

施工项目成本目标的制定可以根据两个方面的原因，取其较大者：其一是施工项目由内部承包合同规定的；其二是根据签订施工合同目标，而由项目自行制订的计划，就是把工程造价控制在扣除企业收益后的承包合同价或施工图预算价内。具体实施中，由项目成本管理部门结合施工项目的具体情况，根据成本计划目标，制订明细、具体的成本实施计划，使之成为"计划明确、操作方便、责任到人、奖罚分明"的实施性文件，达到降低项目成本，提高经济效益的最终目的。

在铁路桥梁工程中，成本的控制一般包括降低施工成本和非施工方原因引起的造价增加或减少，即工程变更和索赔。通过对合同单价的分析，结合施工过程和方法，深入掌握降低成本的方法，达到控制的目的。

6.2.2.1 合同成本分析与控制

合同单价是以清单综合单价的形式签订，工程结算时也是以清单综合单价结算。施工中，主要以施工预算为成本核算对象，结算时应转变为综合单价计价。在合同单价分析时，对照现场的实际情况，结合定额单价和合同单价的差异，重点按照造价费用的基本组成进行分析，主要涉及人工费、材料费、机械台班使用费、措施费等。通过数量和单价的分析，做好分项工程的计量和计价的控制。

1. 人工费分析与控制

人工费在工程造价中所占的比例在20%左右，一般按定额数量计列。这在实际控制中，具有一定的难度。我们在人工控制时，可以从实际情况出发，在充分积累经验的基础上，按实际用工和实际发生的进行分析和控制。可按定额人工费控制施工生产中的人工费，以承包的用工模式将人工费限制在内。施工组织中尽量合理安排用工，减少窝工和多余用工，将人工成本降至最低。遇到合同价款或预算以外的内容，应适时报验，及时进行签证。

2. 工程材料费分析与控制

工程材料是桥梁工程造价工程的主要内容，尤其是建筑常用的水泥、砂石、钢筋、钢材等材料，其使用量大，规格多，材料费用大，控制好材料消耗和费用支出，是降低成本的要点。

（1）选择信誉良好的材料供应商，保证材料的合格率。

（2）准确的市场信息，稳定的材料价格，优惠的材料价格。

（3）优化采购方案，保证采购质量，努力降低采购成本。

（4）根据施工进度计划，做好材料的分期计划，减少工地积压和确保材料的使用。

（5）认真履行工地限额领料制度，保管好材料，减少材料的损失。

（6）合理使用周转材料：合理控制施工进度，减少模板的投入量，发挥其周转效率；控制好工期，做到不拖延工期或合理提前工期；做好周转材料的保管、保养工作，延长周转使用次数以降低摊销费。

（7）合理规划施工现场的平面布置，减少二次搬运。对土方工程进行合理的土方调配，减少搬运的距离和数量。

3. 机械设备使用费分析与控制

（1）合理安排施工进度，连续均衡使用机械设备，减少窝工、超时使用。

（2）严格机械使用管理，选择合适的机械，减少机械功率等的浪费。

（3）合理安排机械设备的进出场时间，减少租赁的时间。

6.2.2.2 工程变更

1. 工程变更

工程变更就是指在施工过程中，出现了与签订的合同条款数量不一致的情况，而需改变原定施工承包范围内的某些内容。在工程建设中，各行业或企业对工程变更作出了具体的规定，我们应遵照执行。

2. 工程变更的原因

在合同履行的过程中，发生以下事件，经业主方同意，监理人按约定的变更程序，向承包人发出变更指令，进行工程变更。具体要求如下：

（1）业主由于某种客观原因，取消合同中的某一项工作。

（2）改变合同中任何一项工作的质量或其他特性。

（3）改变合同工程的基线、标高、位置或尺寸。

（4）改变已批准的施工工艺或顺序。

（5）为完成工程需要追加的额外工作。

3. 工程变更的处理程序

（1）建设单位须对原工程设计进行变更。

建设单位应不迟于变更前14天以书面形式向承包方发出变更通知，变更超过原设计标准或批准的建设规模时，须经原规划管理部门和其他有关部门审查批准，并由原设计单位提供变更的相应图纸和说明。因变更导致的合同价款的增减及造成的承包方损失，由建设单位承担，延误的工期相应顺延。

（2）承包商要求对原工程进行变更。

① 施工中承包方不得擅自对原工程设计进行变更，否则因此发生的费用和导致甲方的直接损失，由承包方承担，延误的工期不予顺延。

② 承包方在施工中提出的合理化建议涉及设计图纸或施工组织设计的变更及对原材料、设备的换用，须经监理工程师或建设单位同意。未经同意擅自更改或换用，承包方承担由此发生的费用，并赔偿建设方的有关损失，延误的工期不予顺延。

③ 监理工程师同意采用承包方的合理化建议，须发生的费用和获得的收益，建设和承包双方另行约定分担或分享。

4. 工程变更价款的计算方法

工程变更价款的确定应在双方协商的时间内，由承包商提出变更价格，报工程师批准后方可调整合同价或顺延工期，造价工程师进行审核、处理，主要有：

（1）乙方在双方确定变更后14天内不向工程师提出变更工程报告时，可视该项变更不涉及合同价款的变更。

（2）工程师收到变更工程价款报告之日起14天内，应予以确认。工程师无正当理由不确认时，自变更价款报告送出之日起14天后变更工程价款报告自行生效。

（3）工程师确认增加的工程变更价款作为追加合同价款，与工程款同期支付。

5. 合同价款的调整

（1）合同中已有适用于变更工程的价格，按合同已有的价格变更合同价款。

（2）合同中只有类似于变更工程的价格，可以参照类似价格变更合同价款。

（3）合同中没有适用或类似于变更工程的价格，由承包人提出适当的变更价格，经工程师确认后执行。

当工程量清单中工程量有误或工程变更引起实际完成的工程量增减超过工程量清单中相应工程量的10%或合同约定的幅度时，工程量清单项目的综合单价应予调整。

6.2.2.3 工程索赔

工程索赔是指合同实施过程中，合同一方因对方不履行或未能履行合同所规定的义务而受到损失，向对方提出赔偿要求。工程索赔的意义在于促进双方的管理，维护合同当事人的权益，使工程造价更为合理等。

1. 工程索赔产生的原因

（1）施工索赔：其产生的原因有业主的违约，合同变更，合同缺陷，不利自然条件和客观障碍，工程师的指令改变既有的计划或条件，国家政策、法律和法令的变更。

（2）业主索赔：也可称为反索赔，是防止建设过程中业主方损失的发生。它包括两方面的内容：

① 防止施工方提出的索赔。在招标文件和签订的合同中，尽量考虑周全，避免对方索赔的发生，或把索赔的损失降到最低。

② 反击施工方的索赔要求。通过严格合同分条例，减少或抵消一些索赔的费用，达到避免损失的目的。

2. 工程索赔的分类

（1）按工程索赔的目的分类：

① 工期索赔；② 费用索赔。

（2）按工程索赔的处理方式分类：

① 单项索赔，施工索赔通常采用的方式。

② 综合索赔：又称总索赔。特定情况下被迫采用的一种索赔方式。

（3）按工程索赔事件所处的合同状态分类：

① 正常施工索赔；

② 工程停工、缓建索赔提出；

③ 解除合同索赔。

3. 工程索赔的条件

（1）工程索赔是在现实中真实存在的损失，而且其损失是由对方造成的，为了弥补给对方造成的损失，而进行的一种补偿。

（2）工程索赔是在合同的基础之上进行的一种行为，也受到合同法和相关制度的保证，遵循法律和法规。

（3）工程索赔是在合同变更的前提下，遵照合同条款进行的一种行为。工程索赔是在实际发生损失的情况下的补偿。应提出合理的补偿，不应该夸大事实而多要补偿，改变条件提出高额补偿。

4. 工程索赔的基本程序及规定

（1）工程索赔的提出。

① 索赔意向书。承包商应在索赔事件发生后 28 天内，将其索赔意向通知监理工程师。如承包商未在规定的期限内提出索赔意向或通知，则会丧失在索赔中的主动和有利地位。

② 索赔申请报告。建设工程施工合同条件规定，承包商须在发出索赔意向通知后的 28 天内或经工程师同意的其他合理时间内，向工程师交一份详细索赔报告。如索赔事件对工程影响持续时间长，则承包商还应向工程师每隔一段时期提交中间索赔申请报告，并在索赔事

件影响结束后28天内，向业主或工程师提交最终索赔申请报告。

③ 索赔步骤：

a. 索赔事件发生后28天内，向监理工程师发出索赔意向通知。

b. 发出索赔意向通知后的28天内，向监理工程师提交补偿经济损失和延长工期的索赔报告及有关资料。

c. 监理工程师审核索赔报告，在收到承包人送交的索赔报告和有关资料后，于28天内给予答复。

d. 监理工程师在收到承包人送交的索赔报告和有关资料后，28天内未予答复或未对承包人作进一步要求，视为该项索赔已经认可。

e. 对于索赔意见不一致时，可先进行索赔谈判。无法达到一致时，进入索赔争端的解决过程，包括调解、仲裁或起诉。

（2）索赔报告的审核。

承包商索赔要求成立必须同时具备四个条件：

① 与合同相比较已造成了实际的额外费用增加或工期损失。

② 造成的费用增加或工期损失不是由于承包商自身的过失所造成的。

③ 这种经济损失或权利损害也不是由承包商应承担的风险所造成的。

④ 承包商在合同规定的期限内提交了书面的索赔意向通知和索赔报告。

我国建设工程合同条件规定：工程师在收到承包人送交的索赔报告和有关资料后于28天内给予答复，或要求承包人进一步补充索赔理由和证据。工程师在收到承包人送交的索赔报告和有关资料后28天内未予答复或未对承包人作进一步要求，视为该索赔报告已经认可。

（3）索赔的处理。经过认真分析研究，并与承包人、业主广泛讨论后，监理工程师应向业主和承包人提出自己的《索赔处理决定》，还需提出《索赔评价报告》作为决定的附件。承包人如持有异议，可提供进一步证明材料，向监理工程师说明不合理的理由。如监理工程师坚持决定而承包人仍不满意，可提交仲裁机构进行仲裁。

（4）业主审查索赔处理。

当监理工程师的索赔额超过其权限范围时，须报请业主批准。索赔报告经业主批准后，监理工程师即可签发有关证书。

5. 索赔证据和索赔文件

（1）对索赔证据的要求为：真实、全面、关联、及时、具有法律证明效力。

（2）索赔的依据有：合同文件、设计图纸、设计交底会议纪要、监理签发的工程量变更单等。

（3）承包商索赔的主要内容：

① 业主未能按合同约定的内容和时间完成应该做的工作；

② 监理（业主）指令错误，未能及时向承包商提供所需指令、批准费用；

③ 业主未能按合同约定时间提供图纸；

④ 业主要求延期开工；

⑤ 地质条件发生变化：开挖过程中遇到文物和地下障碍物时，业主没有完全履行告知义务，开挖过程中遇到地质条件显著异常；

⑥ 暂停施工或因非承包商原因一周内停水、停电、停气造成停工累计超过8小时；

⑦ 不可抗力造成的费用、损失费用和工期的索赔。

6. 索赔费用的组成和计算方法

（1）索赔款的主要组成部分：直接成本、间接成本、利润和其他应补偿的费用。

在工程索赔的实践中，以下几项费用一般是不允许索赔的：

① 承包商对索赔事项的发生原因负有责任的有关费用；
② 承包商对索赔事项未采取减轻措施因而扩大的损失费用；
③ 承包商进行索赔工作的准备费用；
④ 索赔款在索赔期间的利息；
⑤ 工程有关的保险费用。

（2）索赔费用的计算方法。

索赔费用的计算方法有：实际费用法、总费用法和修正的总费用法。

① 实际费用法。

实际费用法是计算工程索赔时最常用的一种方法。这种方法的计算原则是以承包商为某项索赔工作所支付的实际开支为根据，向业主要求费用补偿。用实际费用法计算时，在直接费的额外费用部分的基础上，再加上应得的间接费和利润，即是承包商应得的索赔金额。由于实际费用法所依据的是实际发生的成本记录或单据，所以，在施工过程中，系统而准确地积累记录资料是非常重要的。

② 总费用法。

总费用法就是当发生多次索赔事件以后，重新计算该工程的实际总费用，实际总费用减去投标报价时的估算总费用，即为索赔金额，即

$$索赔金额 = 实际总费用 - 投标报价估算总费用$$

③ 修正的总费用法。

修正的总费用法是对总费用法的改进，即在总费用计算的原则上，去掉一些不合理的因素，使其更合理。修正的内容如下：将计算索赔款的时段局限于受到外界影响的时间，而不是整个施工期；只计算受影响时段内的某项工作所受影响的损失，而不是计算该时段内所有施工工作所受的损失；与该项工作无关的费用不列入总费用中；对投标报价费用重新进行核算：按受影响时段内该项工作的实际单价进行核算，乘以实际完成的该项工作的工程量，得出调整后的报价费用。

按修正后的总费用计算索赔金额的公式如下：

$$索赔金额 = 某项工作调整后的实际总费用 - 该项工作的报价费用$$

7. 索赔报告的编制

（1）索赔报告的基本内容构成。

索赔报告的具体内容，应根据索赔事件的性质和特点而有所不同。但从报告的必要内容与文字结构方面而论，一个完整的索赔报告应包括以下四个部分。

① 索赔事件总论。

总论部分的阐述要求简明扼要，说明问题。它一般包括序言、索赔事项概述、具体索赔要求、索赔报告编写及审核人员名单。文中首先应概要地叙述索赔事件的发生日期与过程，承包商为该索赔事件所付出的努力和附加开支，以及承包商的具体索赔要求。在总论部分末

尾，附上索赔报告编写组主要成员及审核人员的名单，注明有关人员的职称、职务及施工经验，以表示该索赔报告的严肃性及权威性。

② 索赔根据。

索赔根据主要是说明自己具有的索赔权利，这是索赔能否成立的关键。该部分的内容主要来自该工程的合同文件，并参照有关法律规定。承包商的索赔要求有合同文件的支持，应直接引用合同中的相应条款。强调这些是为了使索赔理由更充足，使业主和仲裁人在感情上易于接受承包商的索赔要求，从而获得相应的经济补偿或工期延长。

③ 索赔费用及工期计算。

索赔计算的目的，是以具体的计算方法和计算过程，说明自己应得经济补偿的款额或延长的工期。如果说索赔根据部分的任务是解决索赔能否成立，则计算部分的任务就是决定得到多少索赔款额和工期，前者是定性的，后者是定量的。

在款额计算部分，承包商必须阐明下列问题：索赔款的要求总额；各项索赔款的计算，如额外开支的人工费、材料费、管理费和所损失的利润；指明各项开支的计算依据及证据资料。承包商应注意采用合适的计价方法，至于采用哪一种计价法，应根据索赔事件的特点及自己所掌握的证据资料等因素来确定。其次，应注意每项开支款的合理性，并指出相应证据资料的名称及编号。切忌采用笼统的计价方法和不实的开支款额。

④ 索赔证据。

索赔证据包括该索赔事件所涉及的一切证据资料，以及对这些证据的说明。证据是索赔报告的重要组成部分，没有翔实可靠的证据，索赔是不可能成功的。索赔证据的范围很广，它可能包括工程项目施工过程中所涉及的有关政治、经济、技术、财务等资料，具体可进行如下分类：政治经济资料、施工现场记录报表及来往函件、工程项目财务报表。

（2）编写索赔报告的基本要求。

索赔报告是具有法律效力的正规书面文件，编写索赔报告的一般要求有以下几个方面：

① 索赔事件应是真实的。

事件的真实性是整个索赔的基本要求，直接关系到承包商索赔的成败。如果承包商提出索赔要求，缺乏根据，不真实，不合情理，监理工程师会直接拒绝，而且会影响今后的索赔。索赔报告中所提出的索赔事件必须有真实、可靠的证据来证明。

② 责任分析应清楚、准确、有据可依。

索赔报告应仔细分析事件的责任，明确指出索赔所依据的合同条款或法律条文，且说明承包商的索赔是完全按照合同规定程序进行的。一般索赔报告中所提出的事件，应该是由对方责任引起的，有足够的理由和证明。不可有含混的语言或不准确的依据，否则会丧失自己在索赔中的有利地位。并应特别强调事件的不可预见性和突发性，即使一个有经验的承包商对它也不可能有预见和准备。

③ 充分论证事件造成承包商的实际损失。

索赔的原则是赔偿由事件引起的承包商所遭受的实际损失，所以索赔报告中应强调由于事件影响与实际损失之间的直接因果关系，报告中还应说明承包商在事件发生后已立即将情况通知了监理工程师，听取并执行监理工程师的处理指令，或承包商为了避免、减轻事件的影响和损失已尽了最大的努力，采用必要的措施，尽量降低了事件的损失，并论述所采取措施的效果。

④ 索赔计算必须合理、正确。

要采用合理的计算方法和数据,正确计算出应取得的经济补偿款额或工期延长数额。计算中应力求避免漏项或重复计算,不出现计算上的错误。索赔报告文字要精炼、条理要清楚、语气要中肯,必须做到简洁明了、结论明确、富有逻辑性;索赔报告的逻辑性,主要在于将索赔要求(工期延长、费用增加)与事件的责任、合同条款及影响连成一条完整的链。同时在论述事件的责任及索赔根据时,所用词语要肯定,忌用强硬或命令的口气。

(3)索赔意向书和索赔报告。

6.2.3 任务实施

某桥梁工程项目,项目部编制的施工方案和进度计划已获监理工程师批准。该工程的部分基坑开挖土方量为 5 600 m³,假设直接费单价为 3.3 元/m³,综合费费率为直接费的 20%。基坑施工方案规定:土方工程采用租赁一台斗容量为 1 m³ 的反铲挖掘机施工(租赁费 750 元/台班)。甲乙双方合同约定 5 月 11 日开工,5 月 25 日完工。在实际施工中发生如下几件事件:

(1)因租赁的挖掘机大修,晚开工 2 天,造成人员窝工 10 工日。

(2)施工过程中,因遇到软弱土层,接到监理工程师 5 月 20 日停工的指令,进行地质复查,配合用工 15 个工日。

(3)5 月 23 日接到监理工程师于 5 月 25 日下达的复工令,同时提出基坑开挖深度加深 2 m 的设计变更通知单,由此增加土方开挖量 500 m³。

(4)5 月 25 日~5 月 28 日,因下百年不遇的大雨迫使基坑施工开挖暂停,造成人员窝工 10 个工日。

(5)5 月 29 日,用 12 个工日修复冲毁的永久公路,6 月 2 日恢复工作,直到挖完基坑。

问题:

① 项目部对上述哪些事件可以向业主要求索赔?哪些事件不可以要求索赔?说明原因。

② 每项事件工期索赔各是多少天?总计多少天?

③ 假设人工费单价为 46 元/工日，因增加的用工所需的管理费为增加的人工费的 30%，则合理的费用索赔金额是多少？

④ 项目部应该向厂方提供哪些索赔文件？

6.2.4 课业评价

任务完成后，采用教师检查，学生自评、互评的方式，进行完成任务情况检查。应检查如下任务：

1. 正确理解工程成本、工程索赔的概念。
2. 正确计算人工费、材料费、机械台班使用费。
3. 能够正确提出工程索赔，编写索赔报告，计算索赔费用。

情境七　工程造价软件的介绍和运用

学习目标：
1. 知道国内外工程造价软件的发展现状。
2. 能够知道工程造价软件的主要技术内容。
3. 能够了解工程造价软件的各种类型和应用状况。
4. 能根据工程造价软件的上机步骤运用软件编制概预算。

任务一　软件的介绍

7.1.1　任务介绍

7.1.1.1　任务导入

从 20 世纪 60 年代开始，工业发达国家已经开始利用计算机做估价工作，这比我国要早 10 年左右。它们的造价软件一般都重视已完工程数据的利用、价格管理、造价估计和造价控制等方面。由于各国的造价管理具有不同的特点，造价软件也体现出不同的特点，这也说明了应用软件的首要原则应是满足用户的需求。国内外的工程造价软件的发展现状是怎样的？我国工程造价管理的主要技术内容是什么？常用的造价软件有哪些？

7.1.1.2　案例分析

1. 工程简介

由香港商人投资兴建的东方广场工程坐落于北京长安街与王府井大街交叉口。总投资逾百亿元，总建筑面积达 90 多万平方米，是国内最大的单体工程之一。其规模的宏大在世界范围内也是不多见的。仅其地下部分的面积就相当于 16 个王府井百货大楼，消耗混凝土达 50 万立方米，所用钢筋的总长度可沿赤道绕地球 4 周半。

2. 软件应用情况

1997 年，某大型施工企业准备承揽此项工程，由于业主规定的投标时间短，且全部采用香港投标报价模式，使得投标报价工作量和复杂性远超出了常规范围。该施工企业集中了企业内大量的报价骨干，调集了一部分技术力量作为支持，组建了豪华阵容的报价工作组，以期高效高质地完成投标报价任务。报价期间，一个突出的问题是工程量的计算问题。由于东方广场工程在平面布置上采用了很多弧形布置方案，存在大量异形梁体、房间的装修量计算复杂等问题，都给紧张的报价工作带来了巨大的压力。为了更好、更快地完成这项艰巨任务，该公司引入了广联达工程造价管理系统。其中的图形计算工程量软件为快速计算工程量提供了可行的工具，通过将施工图上的实体描绘到系统内，软件快速地计算出结构工程量和装修工程量，大大降低了人工计算工作量。根据甲方的要求，在报价期间需要将全部钢筋用量计算出来。由于工程全部采用钢筋混凝土结构,钢筋用量浩大,仅靠手工计算实难完成。采用广联达钢筋计算软件将操作人员从烦琐重复的"打计算器"工作中解脱出来,集中精力在识图和录入图纸参数上,计算、汇总、报表输出由软件完成。

在报价期间遇到的另一个主要问题是,按香港单项报价法,需要按照工程的实际情况由承包商自行组成各项单价。由于内地这方面的资料较少,缺乏经验,报价人员一时难以应对。最后决定根据"定额量、市场价、根据企业情况调整费用"的原则组价。首先,根据传统的报价方式计算出工料,按市场价格调整工料价格,反算出子目单价。方式和方法是明确的,但实际操作上有着很大的难度,特别是用工料价格反算出子目单价。采用广联达工程概预算软件后,由于其中有"工料价格反算子目单价"的功能,简单直观地解决了这一问题。经过商场上的激烈较量,该施工企业如愿以偿地得到了东方广场工程项目。在项目组织的过程中,其领导者为进一步的工程造价工作确定了全面的科学化、电算化管理方向。当然,现实的系统在运行中还存在一些问题,如造价管理系统对相邻相近工作的辐射作用还较浅,各子系统之间的集成度还需进一步提高等。要解决这个问题,不但需要软件公司的努力,更重要的是需要国内施工项目管理的理论和实践水平也能得到新的提高。

7.1.1.3 完成任务

(1)知道国内外工程造价软件发展现状。

(2)能够知道工程造价软件的主要技术内容。

(3)能够了解工程造价软件的各种类型和应用状况。

7.1.2 知识链接

1. 国内外发展现状

造价估计方面,英美等国都有自己的软件,他们一般针对计划阶段、草图阶段、初步设计阶段、详细设计和开标阶段,分别开发有不同功能的软件。其中预算阶段的软件开发也存在一些困难,例如工程量计算方面,国外在与 CAD 的结合问题上,从目前资料来看,并未获得大的突破。造价控制方面,加拿大的 Revay 公司开发的 CT4(成本与工期综合管理软件)则是一个比较优秀的代表。

我国造价管理软件的情况是,各省市的造价管理机关,在不同时期也编制了当地的工程造价软件。20 世纪 90 年代,一些从事软件开发的专业公司开始研制工程造价软件,如武汉海文公司、海口神机公司等。北京广联达公司先后在 DOS 平台和 Windows 平台上,研制了工程造价的系列软件,如工程概预算软件、广联达工程量自动计算软件、广联达钢筋计算软件、广联达施工统计软件、广联达概预算审核软件等。这些产品的应用,基本可以解决目前的概预算编制、概预算审核、工程量计算、统计报表以及施工过程中的预算问题,也使我国的造价软件进入了工程计价的实用阶段。

2. 主要技术内容

(1)通用性问题。

我国工程造价管理体制是建立在定额管理体制基础上的。建筑安装工程预算定额和间接费定额由各省、自治区和直辖市负责管理,有关专业定额由中央各部负责修订、补充和管理,形成了各地区、各行业定额的不统一。这种现状,使得全国各地的定额差异较大,且由于各地区材料价格不同、取费的费率差异较大等地方特点，使得编制造价软件解决全国通用性问题非常困难。目前有些适用性较强的软件，往往设置的参数较多，功能使用上较复杂；适用性较差的软件可能在遇到不同情况时难以使用，或者需要修改软件，软件的维护代价相对较高。解决这个问题比较可行的一种办法是，通用性软件要开发，专用性软件也要开发。

如果客观地分析一下工程造价的编制办法会发现，虽然各地、各行业的定额差异较大，但计价的基本方法相同。通用的造价软件，可以使定额库和计价程序分离，做到使用统一的造价计算程序外挂不同地区、不同行业的定额库，用户可任意选用不同的定额库，相应地，操作界面也符合该定额特点的变化，各种参数的调整由软件自动完成，不增加用户的负担，给用户的感觉是该软件的操作比较简单。对于一些特殊的定额，由于其编制程序、定额取费、调价方式差异太大，例如房屋修缮定额、公路定额等，如果还要强行做到软件的通用化，编程的难度会更大，所以必要的专业化软件仍然需要。

北京广联达公司的软件解决方案正是这种思路，该公司不但有通用化的造价软件，还提供配套使用的全国各地区、各行业和各时期的定额100多套，因此一套软件可以在全国各地区、各行业使用。同时该公司还有一些专用的软件，例如房屋修缮概预算软件等。

（2）工程管理问题。

建筑产品是由许多部分组成的复杂综合体，如果想要计算建筑产品的造价，需要把建筑产品依次分解为建设项目、单项工程、单位工程、分部工程和分项工程。分项工程单价，是工程造价最基本的计算单位。建筑工程通常以单位工程造价作为考核成本的对象。运用软件处理工程造价时，当然希望它能体现工程造价管理的这一层次划分思想。目前，有些软件仅以单位工程为对象计算造价。这虽然简单，但体现不了工程项目之间的关系，也无法进行造价逐级汇总。

北京广联达公司的工程造价软件采用的是树状结构的项目管理方式。在建立项目的过程中，该软件明确提出了三级管理的概念，即建设项目、单项工程和单位工程。编制工程造价时，以单位工程为基本单位，各单位工程的概算文件可自动汇总成单项工程综合概算，各单项工程综合概算可自动汇总为建设项目总概算。这种设计层次，有利于大型项目的管理。而且，在一个单位工程内部，还提供了多级的自定义分部功能，即用户可定义自己需要的分部，在一个分部的下面仍然可以定义分层，分层的下面可定义分段和分项等。这种项目的层次划分，为施工企业内部造价管理提供了方便。

（3）定额套用问题。

目前的造价软件都建立有数据库，并且都提供了直接输入功能，即只要输入定额号，软件就能够自动检索出子目的名称、单位、单价及人材机消耗量等。这一功能非常适合于有经验的用户或者习惯于手工查套定额本的用户。

按章节检索定额子目也是造价软件通常提供的功能，这一功能模仿手工翻查定额本的过程，通过在软件界面上选择定额的章节选择定额子目。如果软件提供的定额库再完整一些，例如提供定额的章节说明、计算规则以及定额的附注信息等，一般用户基本上就可以脱离定额本，而完全使用软件来编制工程概预算。

有的造价软件提供按关键字查询定额子目的功能，例如，如果需要检索所有标号为C25的混凝土子目，只需在软件中输入关键字"C25"，所有包含该关键字的定额子目都能列出供选择。这一功能主要用于查找不太常用的、难以凭记忆区分章节的子目。

另外，工程造价的编制一般都离不开标准图集，如门窗、装修、预制构件等。北京广联达公司的造价软件，在常用定额检索方法的基础上，提供了对门窗、装修做法及预制构件图集的全面支持。以北京地区为例，仅门窗就提供了 42 套图集共 17 000 余条目。这样，在使用该软件计价时，只要知道图纸上的图集名称和标准做法代号，在软件中输入该标准代号，然后输入门窗个数，软件能够智能地检索出需要的子目及其工程量，从而大大节约了时间。

（4）工程量计算问题。

计价中工程量计算工作量大，其计算的速度和准确性对造价文件的质量起着重要作用。由于各地定额项目划分不同、施工中一些习惯做法不同，因此，工程量计算规则全国各地不完全一致。利用计算机来解决工程量计算问题也经历了多个阶段。早期的造价软件中，工程量需手工计算，在软件中输入工程量结果。后来，造价软件提供了表达式输入方法，即把计算工程量的表达式输入到软件中，这省去了手工操作计算器的工作。近年来，解决工程量计算问题在图形算量方面取得较大的进展。国内一些专业软件公司先后开发出了图形工程量自动计算软件，从不同的角度和层面解决了工程量计算问题。

① 采用与定额库的挂接。在定义工程对象的同时能够查套定额子目，所以当做完一个工程后，软件提供的不单是工程量清单，而且能够提供一份完整的预算书。

② 提供标准图集的处理功能。在定义如门窗、装修、标准构件等标准设计实体时，只要输入标准代号，软件就能够自动检索定额子目和相关工程量。

③ 标准单元拼接功能。提供了标准单元的复制、镜像、移动等功能，大大提高了采用标准单元设计的工程（如住宅等）的画图速度和精度。

④ 快速布置工程实体功能。例如，只要生成轴线网后，可以快速地布置内外墙、柱网；当画好墙后，能够布置生成梁、房间、条基、板等；画好柱后，可以快速布置柱基等。

图形算量软件经历了 20 世纪 90 年代的发展后，已经达到了实用的阶段。下一步将朝着与 CAD 设计软件的接口及图形扫描输入的方向发展。相信经过大量软件开发人员的不懈努力，更先进的工程量计算方法还将不断涌现，这将进一步减轻广大工程造价人员的工作量。

（5）钢筋计算问题。

建筑结构中普遍采用钢筋混凝土结构，钢筋用量大，且单价高，钢筋计算的准确程度直接影响着造价的准确度，因此钢筋计算越来越受到业内的广泛重视，钢筋计算软件的研制也成为工程造价领域的一个研究热点。

钢筋计算软件需要解决的问题主要有：

① 计算过程要严格遵循有关规范。例如，钢筋计算过程中，各种长度之间需要进行多值比较，如构造长度和锚固长度比较等。手工计算时，由于投标时间短，计算人员不得不采取粗略的计算或估算方法，难以达到准确的要求。软件则不同，它的优势就在于计算速度和准确性，因此，如何利用计算机解决准确性问题是钢筋计算软件的一个基础。

② 输入构件数据，自动计算锚固长度，而非输入钢筋本身的长度。

③ 解决各种钢筋表示法的问题。结构施工图中，常见的钢筋表示方式有三种：一是传统的剖面表示法；二是表格表示法；三是平面整体表示法。如果钢筋软件不能按照图纸表示的方法输入，那么需要人工整理加工的工作量就太大了。

④ 解决和造价软件的接口问题。招投标阶段计算钢筋量主要是为了计算工程造价，所以抽取钢筋量后，自动查套定额子目，并将结果传递到工程造价软件中也非常重要。

⑤ 提供特殊钢筋的直接计算方法。一些特殊构配件采用表格法或平面整体法目前还难以

解决问题，必须提供大量钢筋图样，并提供一些钢筋根数计算方法以及缩尺配筋计算功能。北京广联达公司开发的钢筋软件中提供了500多种钢筋图样，已能满足工作的需要。由于国内设计方法仍然在变化，平面整体法所能设计的构件数量依然有限，造成了钢筋软件编制难度较大。下一步，钢筋软件作为工程量计算的一部分，需要和工程量计算软件以及设计软件结合使用，以提高软件之间的数据共享。

（6）新材料、新工艺问题。

定额是综合测定和定期修编的，但工程项目千差万别，新工艺、新材料不断出现，因此，计价时，遇到定额缺项是常见的现象。为此，需要编制补充定额项目，或以相近的定额项目为蓝本进行换算处理。软件具备的换算功能能做的工作有：

① 如果已知定额子目中换算材料名称，或人材机的增减量，一般的造价软件都提供了直接修改子目消耗量的功能，消耗量修改后，都能自动计算新的子目单价。

② 对于一些常用的换算，如砂浆、混凝土换算，一些造价软件还提供了在定额号后附带换算信息进行换算的功能，这样，解决了在输入的过程中完成换算的问题。

③ 有些造价软件，根据定额说明或附注，将允许换算的信息建立在数据库中，输入定额子目后，系统提示用户做相应的换算，用户输入后，软件自动完成换算处理过程。如广联达造价软件，需要对混凝土强度等级做换算，软件会弹出新强度等级混凝土的名称供选择；输入后，自动完成换算处理等。补充子目的处理，造价软件一般都提供直接新建补充子目或借用定额子目建立补充子目的功能。建立补充子目，输入或调整其消耗量后，系统完成子目单价的计算。有些造价软件还提供了补充子目的存档和检索功能。

（7）调价问题。

手工计价时，调价的处理首先基于准确的工料分析，在工料分析的基础上，通过查询材料的市场价，确定每种材料的价差，最后汇总所有材料的价差值。利用软件处理调价的方法通常是允许用户输入或修改每种材料的市场价，工料分析、汇总价差由软件自动完成。更好的处理方式是采用"电子信息盘"。工程造价管理机构一般会定期发布造价信息；优秀的软件公司，应能及时向用户提供造价信息的电子版。如广联达公司的造价信息电子版可以以软盘的方式向用户邮寄，用户也可通过国际互联网上的广联达公司网页下载，或直接到当地服务机构索取等。获得信息盘后，根据软件提供的安装功能装入，这样，需要调价时只要选择适合的造价信息，所有的材料价格将由软件自动调整。

（8）取费问题。

现行的造价计算，是在"直接费"基础上计算其他各项费用。由于财政、财务、企业等管理制度的变化，各地费用构成不统一。为了适应各地计价的要求，造价软件必须提供自定义取费项的功能，以便处理费用地区性的差异。目前比较常见的做法是取费文件对使用者开放，使用者能够随时对取费的变化做出反应。一个好的造价软件还应能对直接费部分做出各种划分，在取费文件中调用直接费的各划分数据，以满足不同定额项目对应不同取费的要求。

（9）自由报表问题。

报表是造价文件的最终表现结果，报表数据的完整性及美观程度反映了企业的形象。用户一般都要求报表格式灵活、美观。事实上，由于我国没有统一的造价报表规范，各地区对造价报表的格式要求存在很大的差异。即使是同一地区，报表形式也千差万别，如有的要求预算表中只要列出子目的单价和合价，有的则需要列出人材机的费用等。另一方面，对打印纸幅面要求也不同，如有的用 A4，有的用 B5，有的用窄行连续纸，而有的则用宽行连续纸等。

3. 常用的工程预算软件

每个地区都有不同的软件，工程建筑预算软件有广联达、鲁班、红利、英特、斯维尔算量三维算量软件、蓝博清单计价软件、铁路概预算软件、公路预算软件等。最常用的是广联达、鲁班。根据不同地区，比较常用的是广联达软件。广联达软件是集钢筋、算量、计价与一体的软件，实用性能好，范围广。目前广联达又推出了安装算量和审核计价软件。

7.1.3 任务实施

1. 明白工程造价软件在工程中的作用，清楚工程造价软件的发展状况。

2. 工程造价软件具体应用到实际工程中应注意哪些方面？

3. 结合上述实例探讨工程造价软件的应用。

7.1.4 课业评价

任务完成后，采用教师检查、学生自评、互评的方式，进行完成任务情况检查。应检查如下任务：

1. 工程造价软件的作用、软件发展状况。
2. 工程造价软件具体应用到实际工程中应注意哪些方面？
3. 工程造价软件的应用。

任务二 铁路概预算软件运用

7.2.1 任务介绍

将表 7.1 的内容用软件输出。

表 7.1 单项概预算

建设名称	新建××铁路		编号	YS-01	
工程名称	沙河特大桥		工程数量	899.70	延长米
工程地点	DK2+000～DK2+899.70		概预算价值		元
所属章节	三章 5 节		概预算指标		元/延长米
定额编号	工作项目或费用名称	单位	数量	单价	合价	单位重	合重
	Ⅰ.建筑工程费	延长米	899.70				
	1. 基础	圬工方	91.96				
	（1）明挖	圬工方	91.96				
	① 混凝土	圬工方	91.96				
QY-3	挖基 3 m 以内无水	10 m^3	17.13	73.57	1 260		
QY-337	C15 片石混凝土墩台基础	10 m^3	9.20	1 642.14	15 108	24.987	22.880
QY-45	基坑回填	10 m^3	7.94	62.43	496		

7.2.2 知识链接

7.2.2.1 用户登录及项目管理

1. 登录身份与个人密码（网络版）

网络版登录（图 7.1）项目时有 3 种身份。

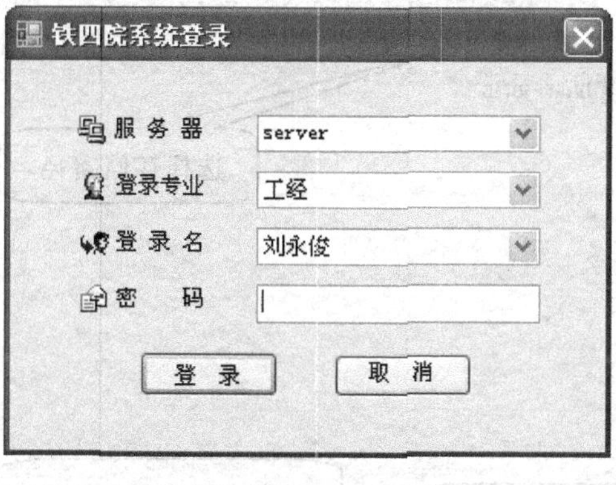

图 7.1

（1）系统管理员：允许登录和修改所有项目。
（2）编制人员：选择专业与姓名进行登录，允许登录和修改自己参编的项目。
（3）审查人员：允许登录和查看所有项目，不能修改。

其中[密码]为个人密码，初始密码由系统管理员设置，用户登录到系统后，在菜单[项目管理]→[修改密码]中自行修改。请用户保管好自己的个人密码，否则其他人就可能以你的身份修改项目数据。

2. 项目创建与删除

(1) 单机版：启动铁路工程投资控制系统单机版，如图 7.2。

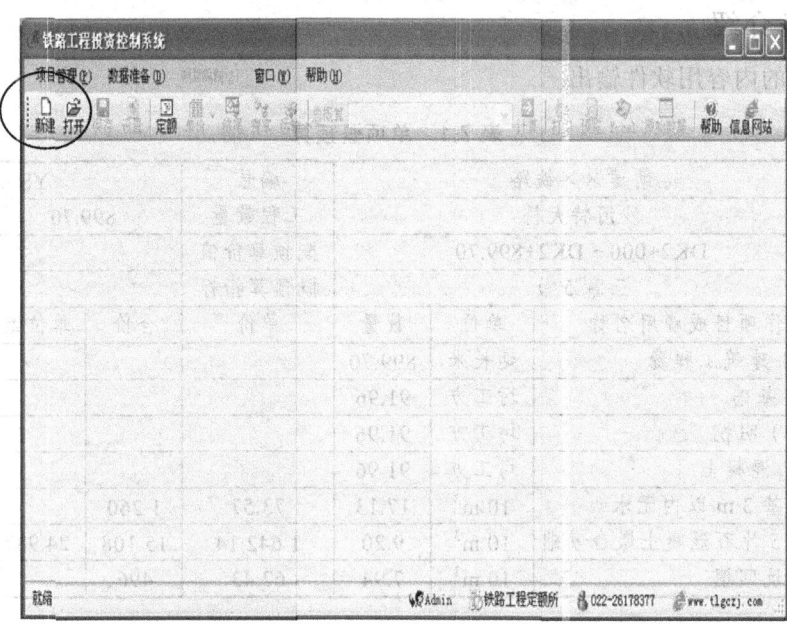

图 7.2

点击[新建]将弹出[创建项目]对话框，输入文件名称，在[保存类型]中选择编制办法文号，点击[保存]创建项目，如图 7.3。

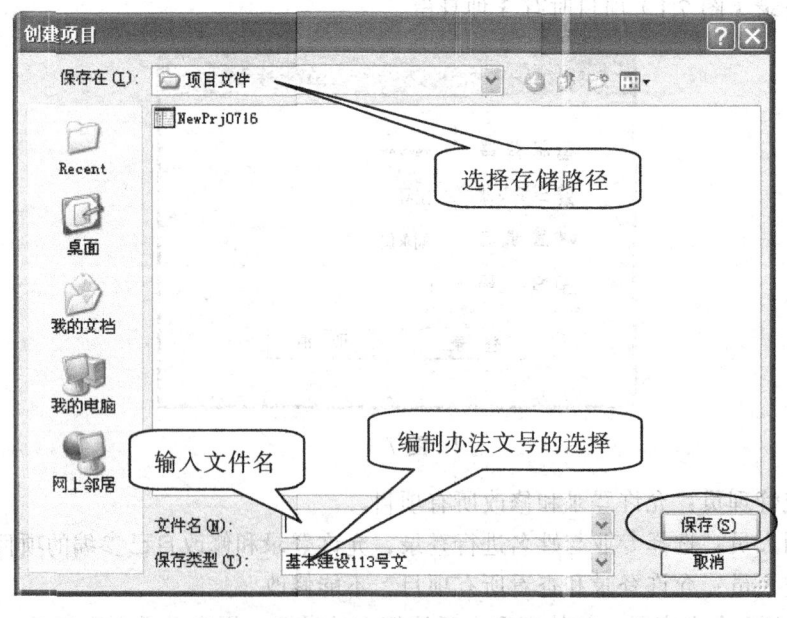

图 7.3

项目创建成功后，此项目以一个文件的形式存储于软件安装目录下的[项目文件]文件夹内，如图 7.4 所示，用户可以直接操作此文件实现复制、备份或删除操作。也可以在[创建项目]对话框中指定其他存储位置。

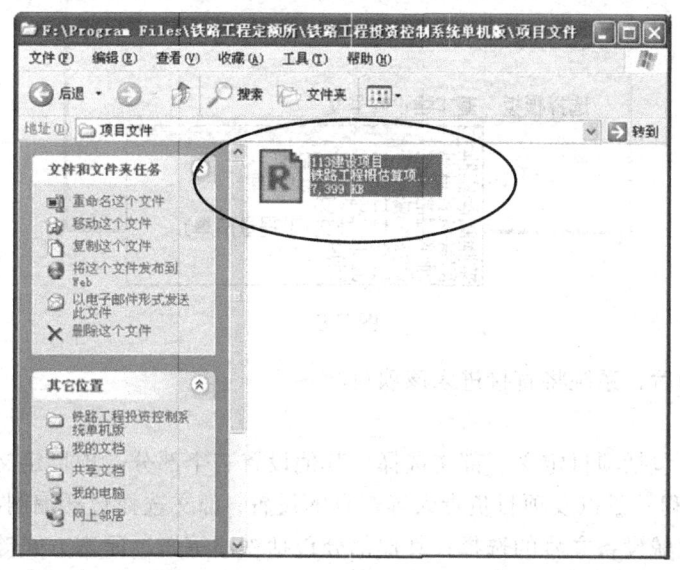

图 7.4

（2）网络版：登录系统后，点击菜单[项目管理]→[打开]或点击工具条上的[打开]打开窗体（图 7.5）。

点击[创建项目]将弹出图 7.6 所示的对话框，用户输入建设项目名称，并根据编制办法类型在下拉列表框中选择项目模板，点击[确定]，系统将创建项目，并将创建者的名字默认为项目负责人。

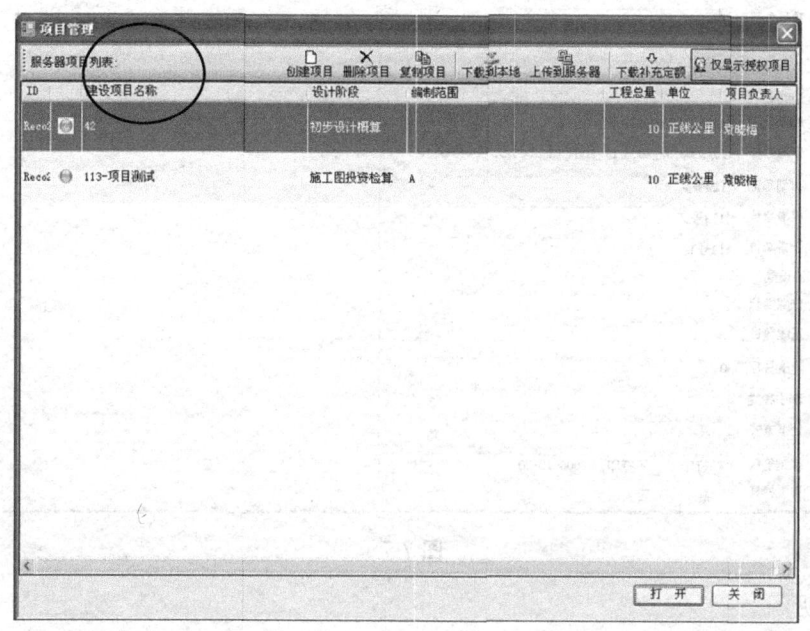

图 7.5

213

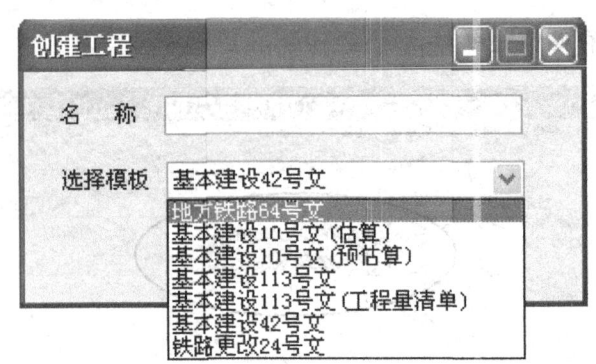

图 7.6

创建项目成功后,系统将直接进入该项目。

3. 项目信息

项目信息窗口包括项目定义、部文选择、其他设置三个部分。项目定义包括建设项目名称、项目简称、工程总量以及项目负责人等信息的设置;部文选择包括编制办法文号的选择、定额选择、材料机械设备文号的选择;其他部分包括铁路等级、闭塞方式等信息。

从主菜单选择[项目管理]→[项目设置](或直接单击主窗体工具栏上的[设置])打开窗体(图 7.7)。

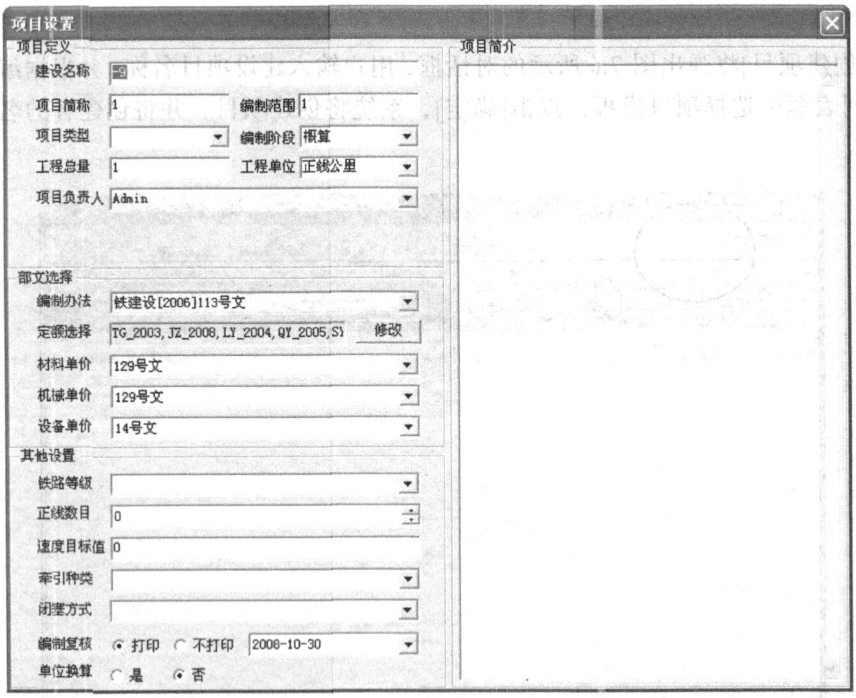

图 7.7

操作说明:

(1)在项目定义设置中,用户可以填写项目简称,此简称的长度要求在 10 位之内;建设名称、编制阶段、工程单位、项目负责人不允许为空,项目负责人的名字可以直接填写。其中编制阶段包括概算、估算、预算、预估算四个阶段，不同阶段的选择直接反映到总概算表、综合概算表、单项概算表的表头名称。例如，编制阶段选择[估算]，在出表的时候，总概算表的表名变为总估算表，综合概算表的表名变为综合估算表，单项概算表的表名变为单项估算表。

（2）在部文选择设置中，对于编制办法文号、材料文号、机械文号、设备文号，用户可以在其对应的下拉列表框中进行选择，并且不允许为空。

（3）软件可使用所有现行部颁定额，但对于不同年份的专业定额，需要项目负责人根据实际情况选择使用。点开[定额选择]旁边的按钮，打开定额选择的窗体（图 7.8），用户可以看到所有的具有多个年份的定额——互斥定额。每个专业只能选择一个年份的定额，不能同时使用多个年份定额。

图 7.8

（4）在其他设置中，铁路等级、闭塞方式、牵引种类、正线数目、速度目标值可以选择或输入。右边是项目简介，用户可以直接写入对项目的简介信息。

（5）[编制复核]是选择单项概算表页脚中是否打印编制人、复核人的姓名及日期，见图 7.9。

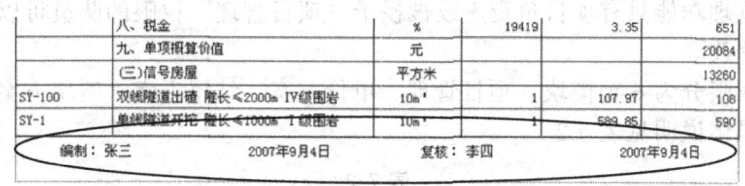

图 7.9

（6）[单位换算]：在输入定额的工程数量时，是否采用系统自动换算单位的功能。例如：输入定额 LY-100，单位为 100 m，此时想要输入 200 m，如果选择[是]，那么当我们输入了工程数量 200 时，系统自动换算，数量变为 2；如果选择[否]，系统不换算单位，当我们输入了工程数量 200 时，数量仍为 200，实际上相当于输入了 20 000 m 的工程数量。

4. 项目密码（网络版）

项目密码的初始密码为空，仅由项目负责人修改。除项目负责人外，其他任何人登录此项目前必须输入项目密码，见图 7.10。

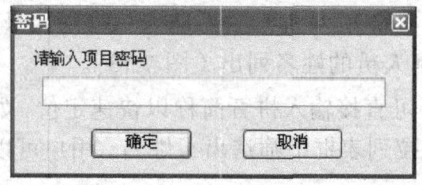

图 7.10

5. 团队管理（网络版）

从菜单[项目管理]→[团队管理]或直接点击工具栏的[团队]打开窗体，见图 7.11。

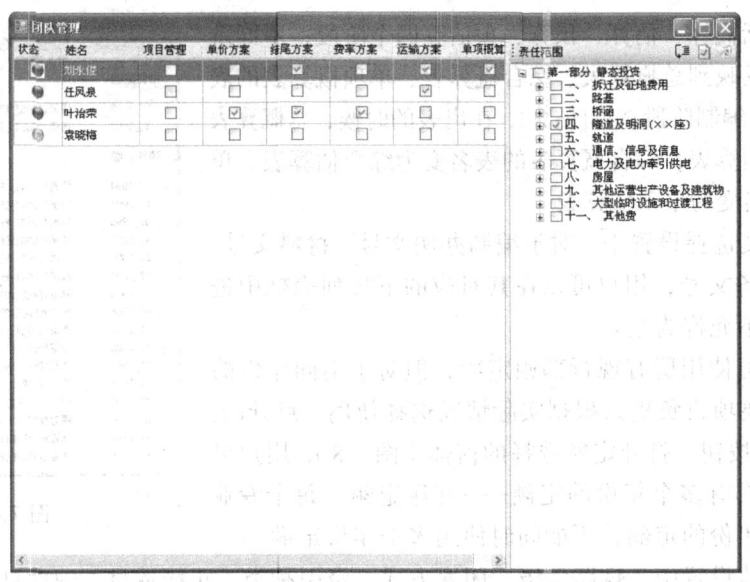

图 7.11

项目负责人可随时增减参与此项目的团队人员，并分别授予权限。

操作说明：

（1）团队管理功能只有项目负责人或被授予"项目管理"权限的队员可以使用，其他人只能查看不能修改。

（2）系统权限分为 6 个模块：项目管理、单价方案、结尾方案、费率方案、运输方案、单项概算，其具体说明见表 7.2。

表 7.2

序号	名　称	操作内容
1	项目管理	权力等同于项目负责人，可修改本项目内任何数据
2	单价方案	工费方案、料费方案、机械费方案、设备费方案的建立与修改
3	结尾方案	结尾方案的建立与修改
4	费率方案	费率方案的建立与修改
5	运输方案	运输方案的建立与修改
6	单项概算	为队员赋予专业章节的责任范围，例如，某队员被赋予第 5 章的权限，那么此人员在登录到项目后系统将只显示第 5 章的章节表，也就是说，他的权限操作范围为第 5 章

（3）右键菜单。

[添加]：点击[添加]（图 7.12），增加一条团队人员权限记录。点击姓名列表框，系统将所有编制人员的姓名列出（图 7.13）。

如果名字太多难以选择，可直接输入拼音简称以快速定位，如张三，在姓名框处输入"zs"，此时下拉列表框中筛选出了姓名，用户可以选择。

[删除]：删除当前选中行。

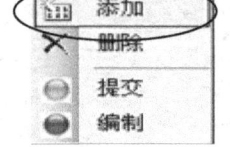

图 7.12

6. 数据提交（网络版）

图上的红绿灯表示团队人员的编制状态：红灯表示该队员未完成编制工作；绿灯表示已经完成并提交给项目负责人，此状态下该队员权限范围内的数据已锁定，该队员无法修改。

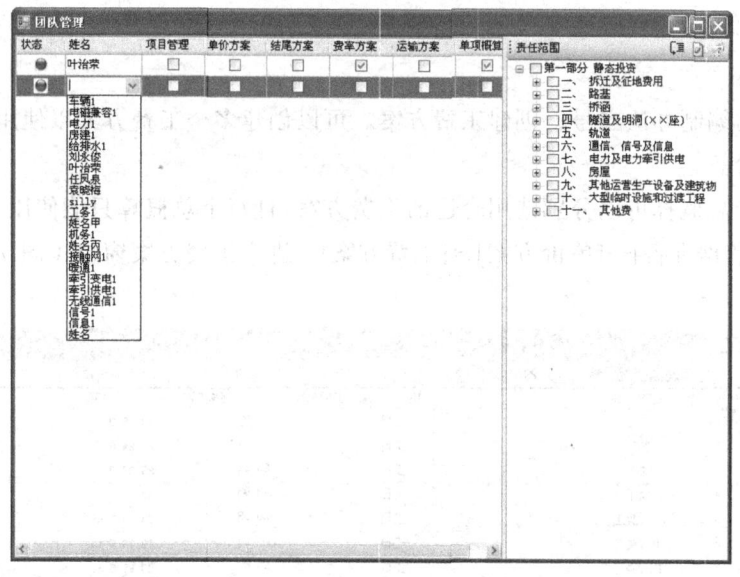

图 7.13

右键菜单[提交]/[编制]：队员完成工作后，点击[提交]，此团队人员的状态就由编制状态变为提交状态，他将不能再修改项目数据了。如需再次修改数据，必须由项目负责人重新将其状态改回"编制"，即红灯。

概算编制步骤见图 7.14。

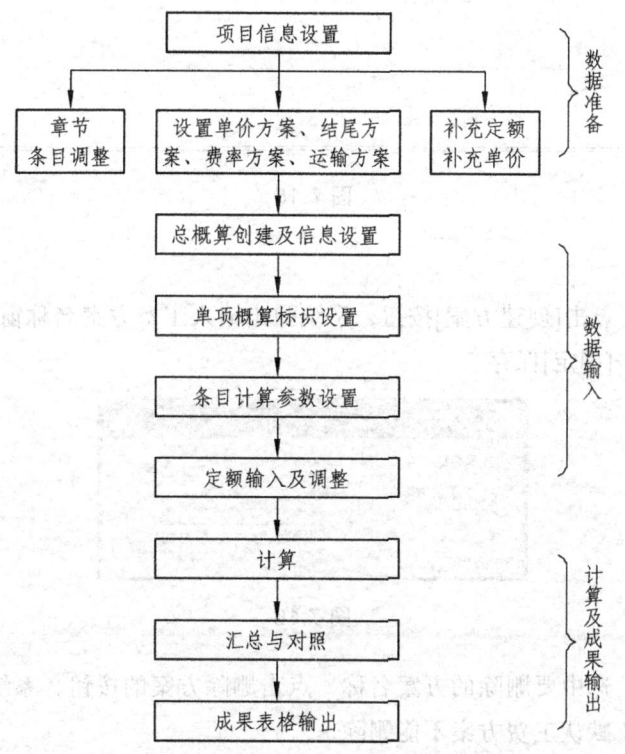

图 7.14 概算编制流程

7.2.2.2　数据准备

1. 工费方案

根据项目的编制办法文号，创建工费方案。可以创建多个工费方案以使用不同的基期单价和编制期单价。

项目中各个总概算可以分别选用合适的工费方案,且每个总概算只能使用一种工费方案。

点击菜单[数据准备]→[单价方案]→[工费方案]，进入工费方案窗口（图 7.15）。

电算代号	工资名称	单位	基期单价	编制期价	价差
1	I类工	工日	20.35	20.35	0
2	II类工	工日	24	24	0
3	III类工	工日	25.82	25.82	0
4	IV类工	工日	43.08	43.08	0
5	I-2类工	工日	20.35	23.83	3.48
6	II-2类工	工日	24	29.13	5.13
7	III-2类工	工日	25.82	30.95	5.13

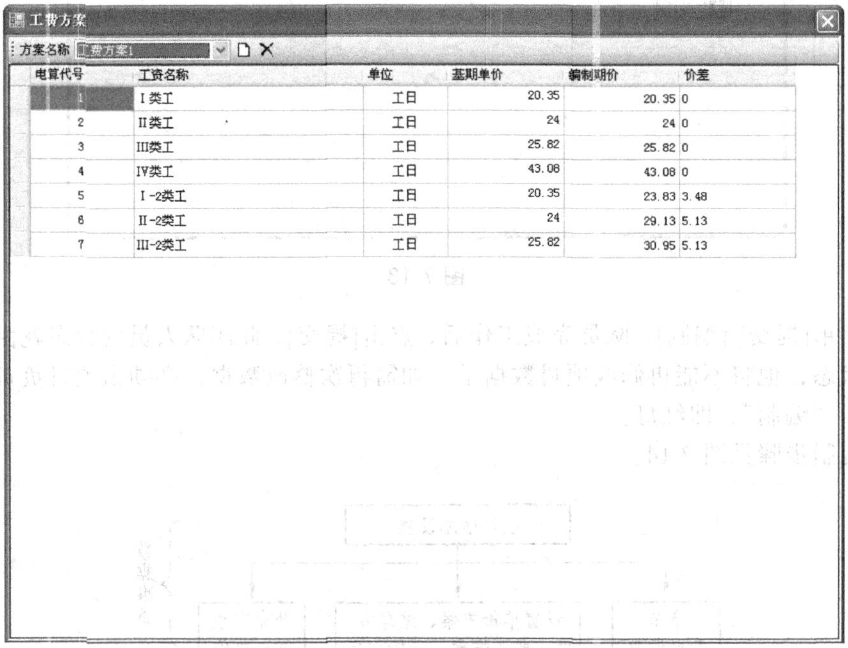

图 7.15

操作说明：

（1）创建方案：点击[创建方案]按钮，系统弹出输入工费方案名称窗口（图 7.16），输入工费方案名称后点击[确定]保存。

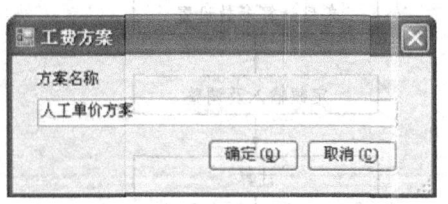

图 7.16

（2）删除方案：选中要删除的方案名称，点击删除方案的按钮，系统将删除当前的工费方案信息及其数据（默认工费方案不能删除）。

（3）工资的基期单价和编制期价均可修改，价差是系统自动计算的结果，不需要修改。

2. 料费方案

根据项目设置中的材料单价文号（如129号文），创建材料单价方案。材料单价方案可以创建一个或多个，可以修改基期单价、编制期单价、单重、主材标识等。项目中各个总概算可以分别选用合适的料费方案，每个总概算只能使用一种料费方案。

点击菜单[数据准备]→[单价方案]→[料费方案]，系统进入料费方案窗口（图7.17）。

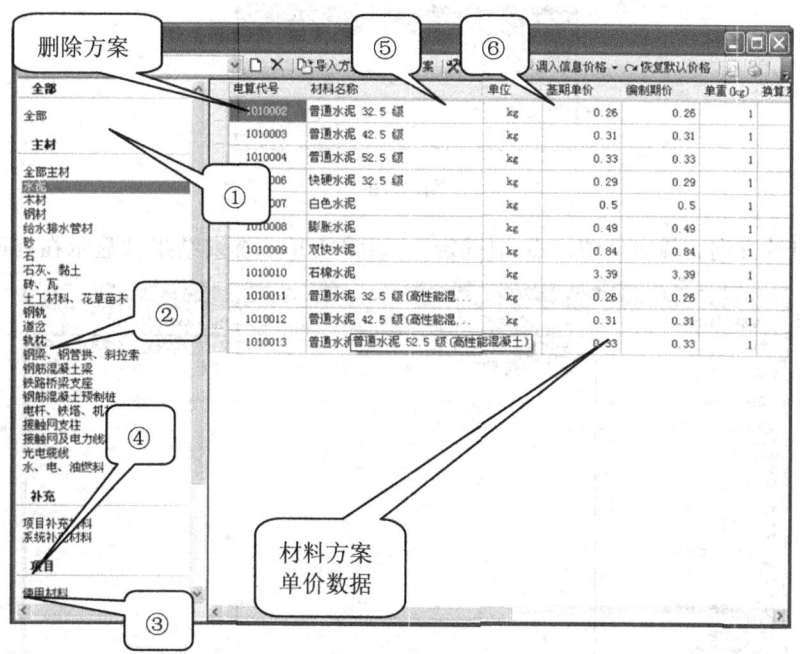

图7.17

注：
① 显示当前料费方案名称，或者切换到其他材料方案。
② 主要材料：其中包括水泥、木材、钢材、砖、瓦、砂、石、石灰、黏土、粉煤灰、土工材料、隧道防水板、花草苗木、钢轨、钢轨扣件（混凝土）、道岔、轨枕、钢梁、钢管拱、斜拉索、钢筋混凝土梁、铁路桥梁支座、钢筋混凝土管桩、电杆、铁塔、机柱、接触网支柱、接触网及电力线材、光电缆线、给水排水管材等。
③ 修改材料：被修改过基期、编制期单价的材料。
④ 价差材料：编制期单价与基期单价不同的材料。
⑤ 此按钮控制基期单价的修改状态。按钮为按下状态时表示基期单价可以修改。
⑥ 调入价格：两种方式导入调查价格，下面将详细介绍。

操作说明：

（1）创建方案：点击[添加方案]，系统弹出添加方案窗口（图7.18），正确输入料费方案名称，选择方案模板（新建一个方案，或者复制一个已创建的方案），点击[确定]保存。

（2）删除方案：删除当前显示的材料方案。

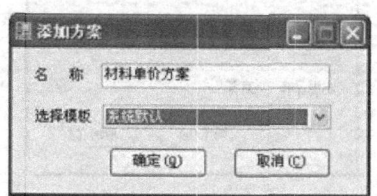

图7.18

(3)导出方案：将当前料费方案以 Excel 文件形式导出。
(4)导入方案：将 Excel 形式的料费方案文件导入本项目。
(5)打印方案：打印当前显示的材料方案。
(6)查询材料：点击[材料查询]可以看到三种查询方式（图 7.19），分别可以按照电算代号、材料名称、旧电算代号三种方式进行查询，查询结果直接显示在[查询结果]中。

图 7.19

如按照旧号查询，输入 157，点击[确定]，如图 7.20，查询结果被显示在查询结果中。

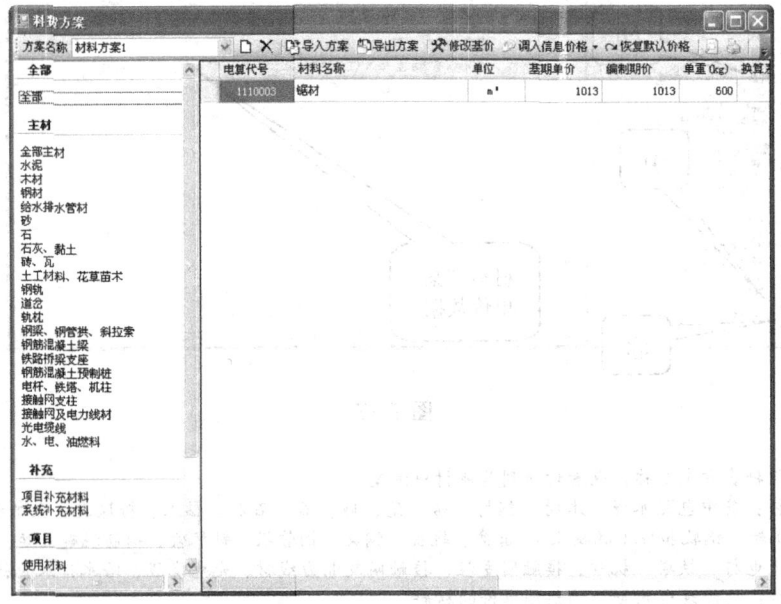

图 7.20

(7)调入信息价格。
① 采用部颁信息价格，即按季度发布的材料信息价格。如图 7.21，选择日期、地区以及水泥的品牌，点击[确定]，系统即将该季度的信息价格修改到当前的料费方案中。

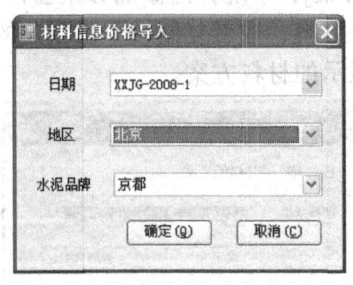

图 7.21

② Excel 调入信息价格。首先在 Excel 报表中输入需要调入信息价格的材料电算代号以及信息价格，然后导入 Excel 文件，数据覆盖到当前料费方案。注意：Excel 的格式要求，第 1 列是新电算代号，第 4 列是材料调查价格，sheet 的名称为"材料信息价格"，见图 7.22。具体操作如下：

图 7.22

打开料费方案，点击[调入信息价格]→[Excel 文件]按钮，如图 7.23，选中 Excel 源文件，点击[打开]，系统将数据导入到当前方案中。

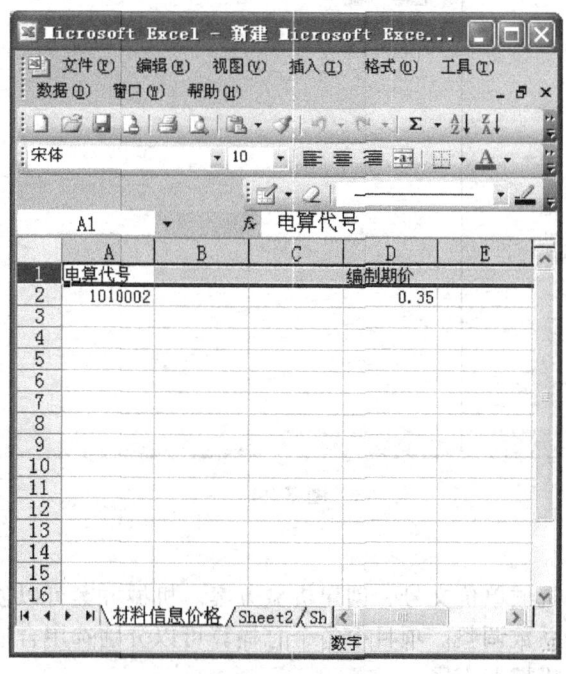

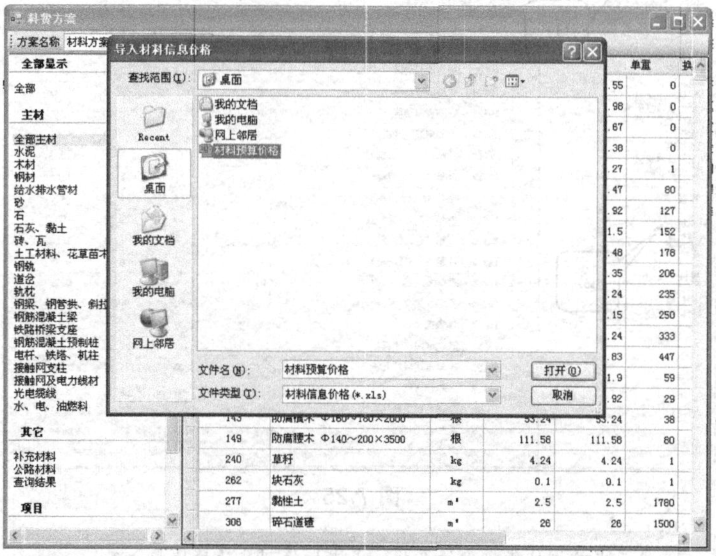

图 7.23

导入成功后，导入的材料编制期价将被新的调查价格覆盖，如图 7.24。红字显示的编制期价即是导入的新调查价格。

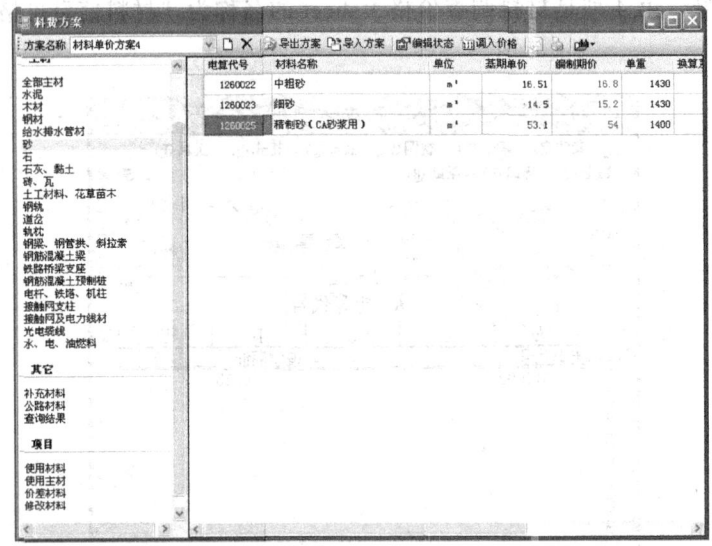

图 7.24

3. 机械费方案

根据项目设置中的机械单价文号，创建机械方案。机械方案可以创建多个。机械方案的各项基本费用可以根据系数调整。项目中各个总概算可以分别选用合适的机械费方案，但每个总概算只能使用一种机械费方案。

点击菜单[数据准备]→[单价方案]中→[机械费方案]，系统进入工费方案窗口（图 7.25）。

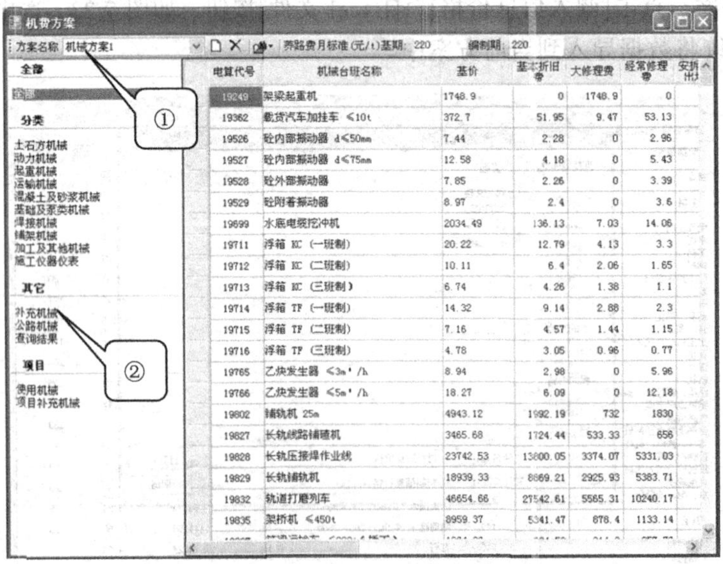

图 7.25

注：
① 显示当前机械费方案的名称，或者切换到其他机械费方案。
② 用户补充的机械台班。

操作说明：

（1）创建方案：点击[添加方案]，系统弹出添加方案窗口（图7.26），正确输入机械费方案名称，选择方案模板（新建一个方案，或者复制一个已创建的方案），点击[确定]，保存机械费方案。

（2）删除方案：删除当前机械费方案。

（3）机械查询：点击[机械查询]可以看到三种查询方式，分别可以按照电算代号、机械台班名称、旧电算代号三种方式进行查询，且查询结果直接显示在[查询结果]中。

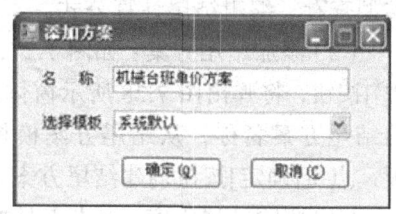

图 7.26

4. 设备费方案

根据项目设置中的设备单价文号，创建设备方案。设备方案可以创建多个，可以修改编制期单价。项目中各个总概算可以分别选用合适的设备费方案，每个总概算只能使用一种设备费方案。

点击菜单[数据准备]→[单价方案]→[设备方案]，系统进入设备费方案窗口。操作方法类似料费方案与机械费方案。

5. 结尾方案

"结尾方案"是根据编制办法设定的用于计算小计结尾各项费用的算法公式。每个结尾方案一般包括建安、设备两套结尾类型。

软件默认的结尾方案都是按照编制办法事先设定好的标准算法，一般不需要用户进行修改。只有当确实需要用到非标准算法时，才有必要改动结尾方案。

点击菜单[数据准备]→[结尾方案]或点击主窗口工具条[结尾]，打开窗体，见图7.27。

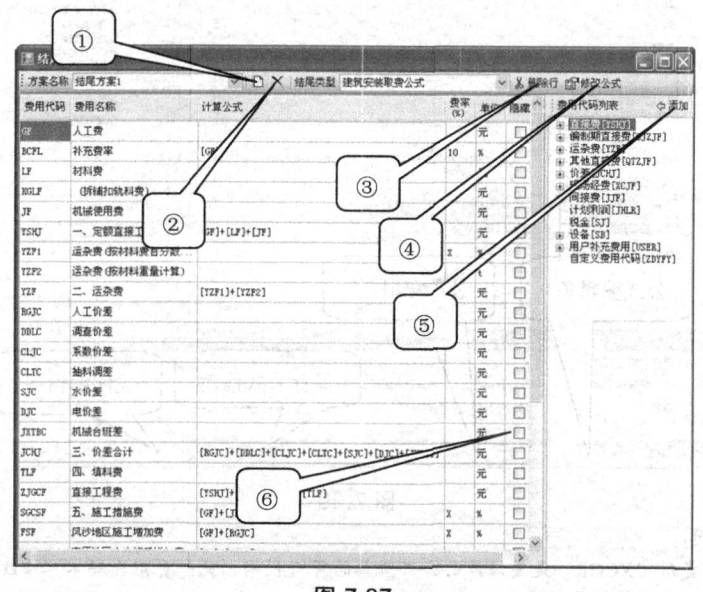

图 7.27

注：

① 添加结尾方案。
② 删除当前结尾方案。
③ 删除当前公式行。
④ 显示公式编辑。
⑤ 添加其他公式代码。
⑥ 在"隐藏"列打钩，表示单项概算表中不显示该行。例如，用户可能只关心价差合计，而不希望打印各个单项价差，就可以在单项价差的"隐藏"列打钩。

操作说明：

（1）结尾方案及结尾类型选择：如图 7.27，在方案名称下拉列表中选择本项目所存在所有结尾方案；结尾类型下拉列表中是当前结尾方案中包含的结尾类型。改变结尾方案及结尾类型查看、编辑结尾计算公式。

（2）添加结尾方案：如图 7.27，点击"新建方案"[①]按钮，将弹出图 7.28 所示窗体，在名称中输入新的结尾方案名称，从结尾方案模板中选择所需的模板，点击[确定]按钮创建结尾方案。

（3）删除结尾方案：点击工具栏"删除方案"[②]按钮，删除当前显示的结尾方案。默认结尾方案"结尾方案 1"不能被删除。

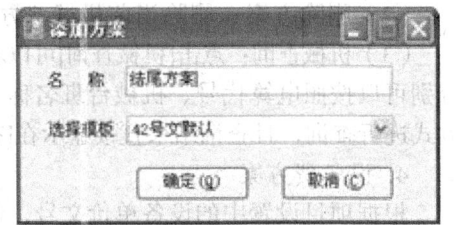

图 7.28

（4）删除结尾公式行：点击工具栏[删除行][③]按钮，将当前在结尾公式焦点所在行的公式行删除。

（5）编辑公式：点击工具栏[修改公式][④]按钮或双击要编辑的计算公式单元格，显示公式工具条（图 7.29）。

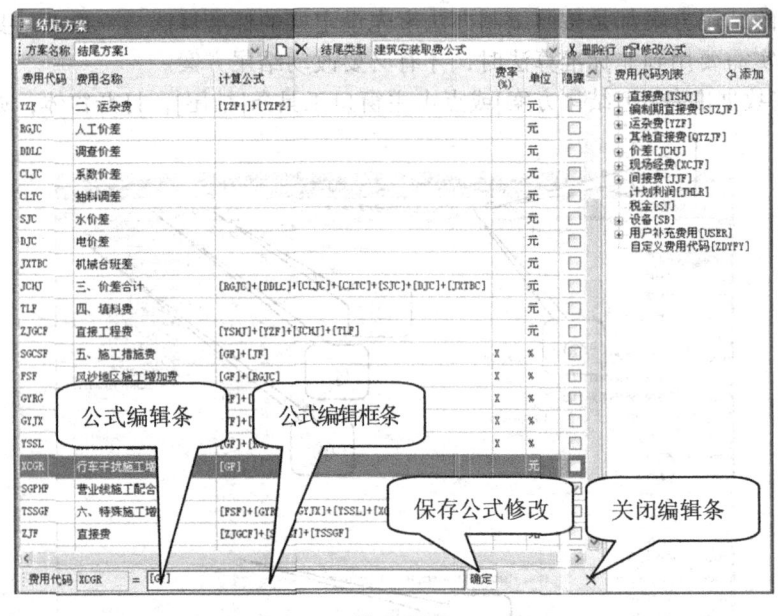

图 7.29

说明：
① 费用"XCGR"是要修改的公式所属的费用代码，此时费用代码不可修改。
② 公式编辑框是费用代码"XCGR"的计算公式。
③ 按钮[确定]保存费用代码"XCGR"计算公式的修改，并关闭公式编辑条。
④ 按钮[X]关闭公式编辑条，不保存结果。
⑤ 公式中的费用格式：[费用代码]在公式中不允许有常数。

（6）修改费用代码：进入费用代码单元格修改，修改后系统自动将使用到的此费用代码修改为新的费用代码。

（7）修改费率：费率单元格只能输入两种类型数据——阿拉伯数字或英文字母 X。阿拉伯数字表示该数字即作为本项费用的费率；字母 X 表示此费用的费用不确定，需要在计算过程中即时到费率方案中去查找。

（8）添加费用代码：点击右侧工具栏[添加][⑤]或双击结尾窗体右侧的费用代码，费用代码列表中选中的费用代码将会被添加到左侧计算公式网格当前位置下一行处的新行中。如果此费用代码已经存在，则不允许添加。当用户添加的是[自定义费用代码]时，用户除编辑计算公式外，还需更改费用代码、输入费用名称。

6. 费率方案

费率方案用于设定小计结尾计算公式中各项费用所对应的费率。费率方案可创建多个，不同的章节、子目下的小计可以使用不同的费率方案。

点击菜单 [数据准备]→[费率方案]或主窗口工具栏[费率]打开窗体（图 7.30）。

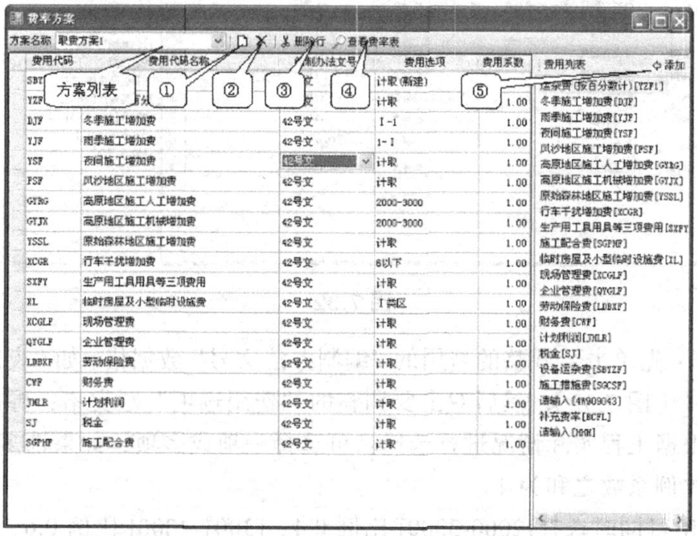

图 7.30

注：① 添加费率方案；② 删除费率方案；③ 删除一种费率；④ 查看费率表；⑤ 添加一种费率。

操作说明：

（1）选择方案：从方案下拉列表中选择所需要查看或编辑的费率方案。

（2）添加费率方案：如图 7.30，单击"添加费率方案"[①]按钮，在名称输入框（图 7.31）中输入要添加的费率方案名称，点击[确定]按钮增加费率方案。

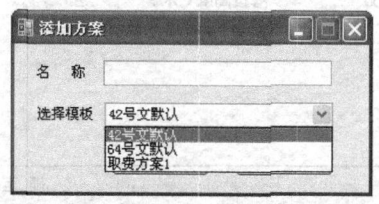

图 7.31

（3）删除费率方案：删除当前显示的费率方案。

（4）添加费率：窗体右侧列出了一些常用费率，选择一种费率并单击[添加][⑤]按钮，可将该费率添加到当前的费率方案中，见图 7.32。如果该费率已经存在于当前费率方案中，则不会被重复加入。另外，还可以利用[补充费率]功能添加自定义费率。

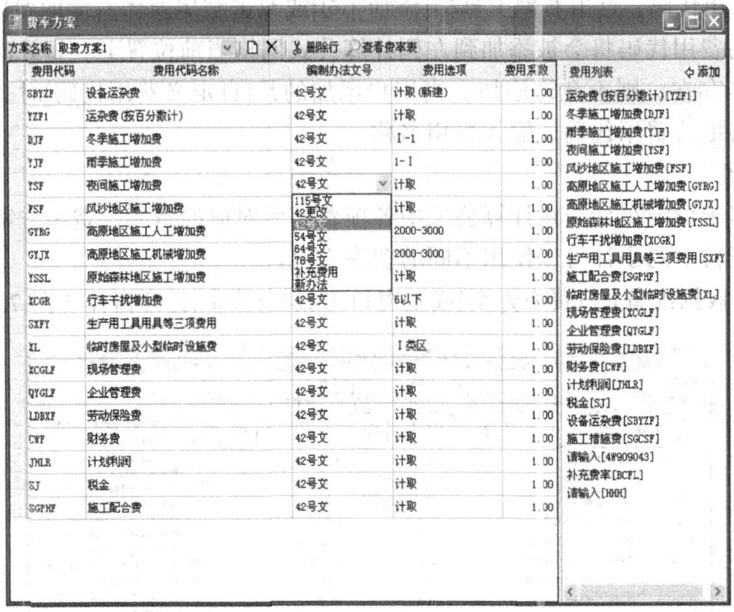

图 7.32

（5）调整费率：先单击要调整的费用的"编制办法文号"数据格，如"夜间施工费"[YSF]选择编制办法文号（图 7.32）；然后双击要调整的"费用选项"数据格，弹出图 7.33 所示的费用选项界面，根据工程实际情况进行选择。可选择一项或多项，如果选多项，必须填写各项的比例系数，比例系数之和为 1。

例：图 7.33 中可同时选择[2000-3000] 比例 0.4、[3001-4000] 比例 0.6，表示该工程跨海拔 2000-3000 和 3001-4000 两个高度段，其中 40% 的工作量在 2000-3000 高度范围内，60% 工作量在 3001-4000 高度范围内。

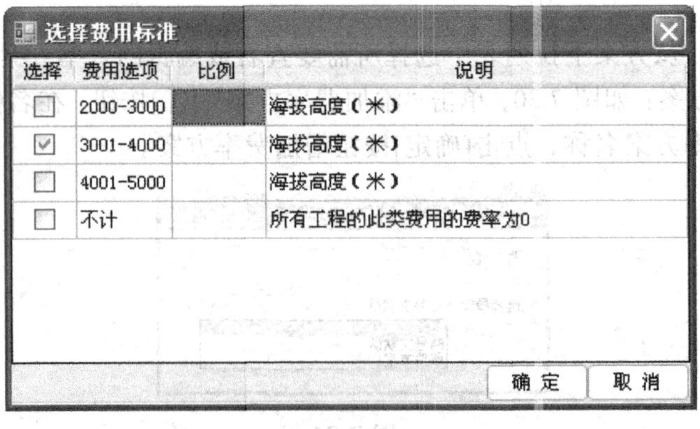

图 7.33

（6）删除费率：单击工具栏按钮[删除行][③]，删除当前费用方案的当前单元格所在行费用的费率。

（7）查看费率表：完成各项费用的选择之后，软件已自动完成费率表。可以单击工具栏按钮[查看费率表][④]，弹出当前方案生成的费率（图 7.34）。

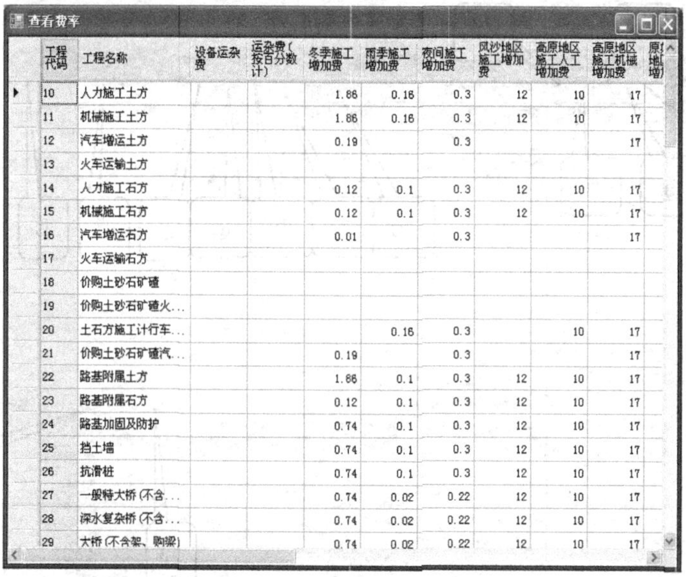

工程代码	工程名称	设备运杂费	运杂费(按百分数计)	冬季施工增加费	雨季施工增加费	夜间施工增加费	风沙地区施工增加费	高原地区施工人工增加费	高原地区施工机械增加费	原[illegible]地[illegible]增)
10	人力施工土方			1.86	0.16	0.3	12	10	17	
11	机械施工土方			1.86	0.16	0.3	12	10	17	
12	汽车增运土方			0.19		0.3			17	
13	火车运输土方									
14	人力施工石方			0.12	0.1	0.3	12	10	17	
15	机械施工石方			0.12	0.1	0.3	12	10	17	
16	汽车增运石方			0.01		0.3			17	
17	火车运输石方									
18	价购土砂石矿碴									
19	价购土砂石矿碴火...									
20	土石方施工计行车...				0.16	0.3		10	17	
21	价购土砂石矿碴汽...			0.19		0.3			17	
22	路基附属土方			1.86	0.1	0.3	12	10	17	
23	路基附属石方			0.12	0.1	0.3	12	10	17	
24	路基加固及防护			0.74	0.1	0.3	12	10	17	
25	挡土墙			0.74	0.1	0.3	12	10	17	
26	抗滑桩			0.74	0.1	0.3	12	10	17	
27	一般特大桥(不含...			0.74	0.02	0.22	12	10	17	
28	深水复杂桥(不含...			0.74	0.02	0.22	12	10	17	
29	大桥(不含架、购梁)			0.74	0.02	0.22	12	10	17	

图 7.34

在这个费率表中显示了各种费用在不同工程类型中的费率，可根据实际修改某项费用的某一种工程类型的费率。也可修改某项费用整列费率（图 7.35）——鼠标右键打开菜单，单击[修改整列数据]，弹出新费率输入框（图 7.36），输入费率后，单击[确定]进行修改，[取消]放弃修改。（说明：如果此列中单元格数据为空或 0，将不会得到更改。）

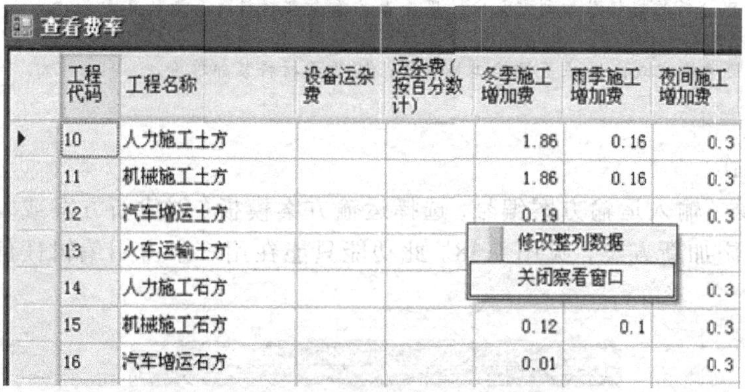

工程代码	工程名称	设备运杂费	运杂费(按百分数计)	冬季施工增加费	雨季施工增加费	夜间施工增加费
10	人力施工土方			1.86	0.16	0.3
11	机械施工土方			1.86	0.16	0.3
12	汽车增运土方			0.19		0.3
13	火车运输土方					
14	人力施工石方					0.3
15	机械施工石方			0.12	0.1	0.3
16	汽车增运石方			0.01		0.3

图 7.35

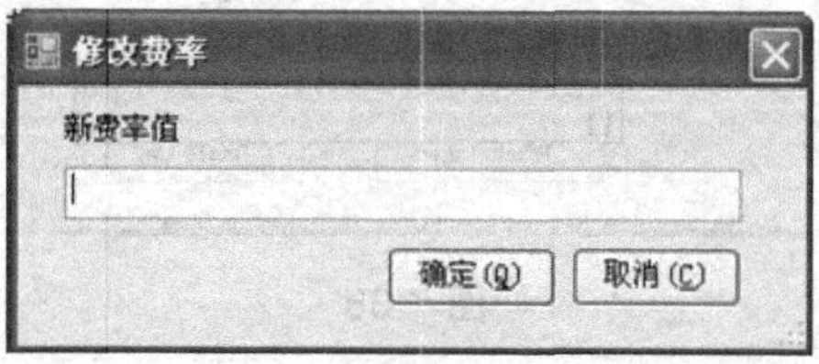

图 7.36

7. 运输方案

点击菜单[数据准备]→[运输方案]或工具栏[运输]按钮,打开运输方案窗体(图7.37)。

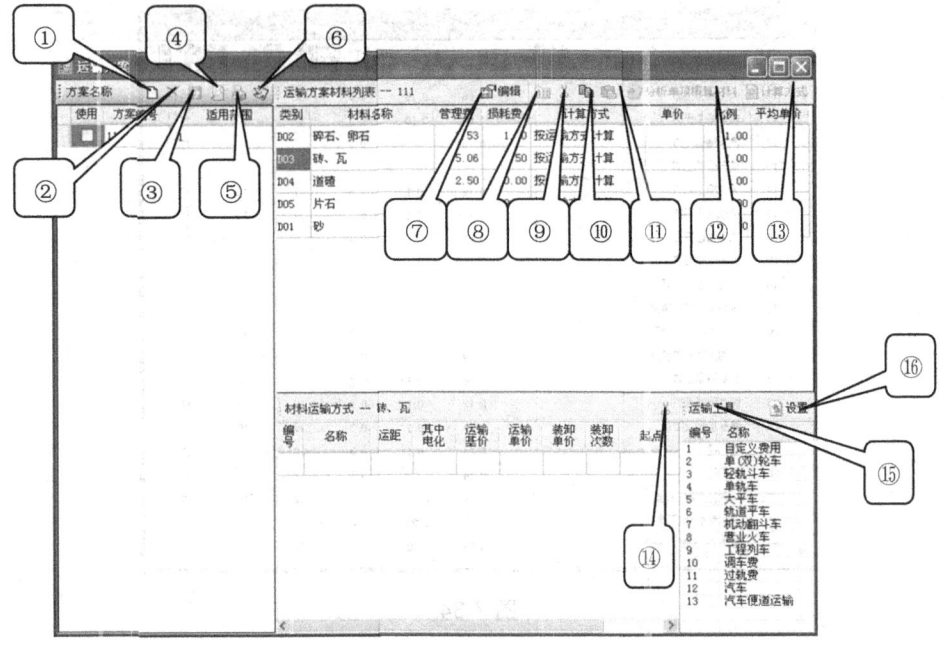

图 7.37

注:① 添加材料运输方案;② 删除材料运输方案;③ 计算当前材料运送方案;④ 预览当前材料方案的计算明细;⑤ 打印选中的材料运输方案计算明细;⑥ 将选中材料运输方案的计算明细输出到 Excel 文件中。

运输方案材料列表工具栏:

⑦ 编辑当前运输方案;⑧ 添加材料;⑨ 删除当前材料;⑩ 复制材料运输方式;⑪ 粘贴材料运输方式;⑫ 将单项材料中分析的材料添加到方案中;⑬ 更改方案全部材料运杂费计算方式。

材料运输方式工具栏:

⑭ 删除当前运输方式;⑮ 设置运输工具参数;⑯ 设置材料装卸单价。

相关说明:

(1)方案操作。

① 添加方案:输入运输方案编号,选择运输方案模板(创建新方案或复制现有方案),单击[确定]按钮添加新方案,见图 7.38。此功能只能在用户未占用编辑任何方案的情况下使用。

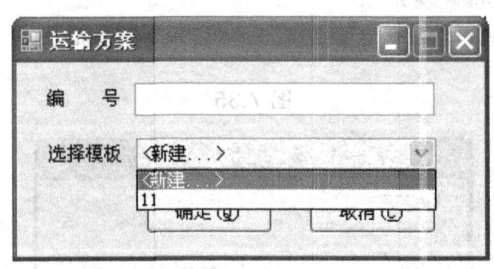

图 7.38

② 删除方案:删除方案列表中当前选中的方案。

③ 计算运输方案：计算选中的运输方案。任意一个运输方案相关数据修改后，都必须重新计算该方案，其计算结果将在单项概算的计算过程中被调用。

④ 预览及打印：对选中的运输方案计算结果进行预览或打印。

⑤ 输出到 Excel：对选中的运输方案计算结果发送成 Excel 文件形式。

（2）运输方案材料操作。

① 占用运输方案：单击"编辑"[⑦]按钮，占用当前方案，占用成功后按钮呈按下状态，用户方可对方案作修改操作。

② 从材料分类表中添加材料：从所有的材料运输分类中选择并添加到材料方案内。

③ 从单项概算中分析材料："单项概算列表"（图 7.39）列出了本项目所有总概算的单项概算，用户选择相应的单项概算后单击[确定]按钮，软件将分析出其用到的材料类别并添加进当前运输方案。前提是，该单项概算必须计算过，才能使用本功能。

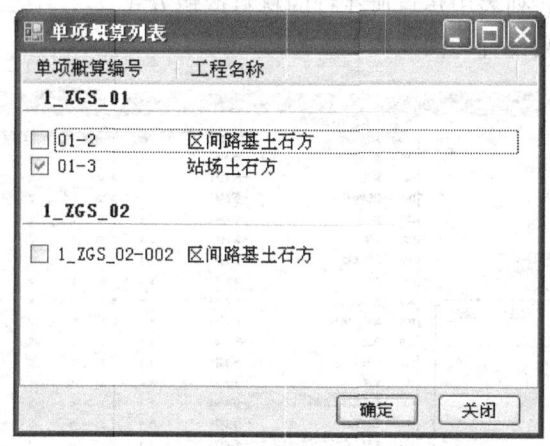

图 7.39

④ 更改材料运杂费计算方式：材料运杂费计算方式（图 7.40）有以下四种，可根据实际情况选择使用。

按材料运输方式计算：输入该类材料的运输工具、运输里程、装卸次数等来分析其运输单价；

按材料费百分数计算：在"平均单价"栏输入一个数字（例如 3），那么软件将按该材料费用的 3%计取运杂费；

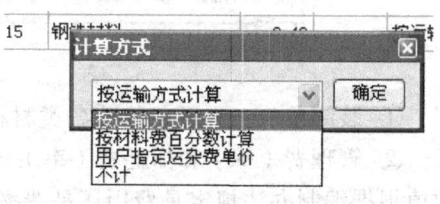

图 7.40

用户指定运杂费单价：在"平均单价"栏输入一个数字（例如 15），那么软件将按该材料重量（吨）乘以 15 元/吨来计取运杂费；

不计：对该类材料，软件不计其运杂费。

⑤ 删除某项材料：删除当前行的材料类别。

⑥ 复制、粘贴材料的运输方法：单击"复制"[⑩]按钮，复制材料列表焦点所在行材料的运输方法；单击"粘贴"[⑪]按钮，将刚才复制的运输方法以追加的方式粘贴到现在材料列表焦点所在的材料的运输方法中，见图 7.41。

⑦ 材料供应比例：当某类材料有两个或多个来源地时，我们可在方案中对该类材料罗列

两遍或多遍，分别编写运输方法，同时填写各来源地的供应量比例系数（如 A 来源地 0.4，B 来源地 0.6），比例系数之和为 1，软件将加权平均得出一个运输单价。

⑧ 未作运杂费分析的主材（外来料）按 W28 的平均单价计算运杂费。

（3）材料运输方法操作。

① 添加材料的运输方式：在编号中直接输入运输工具的工具号或者双击右侧的运输工具列表中的工具，系统自动带出采用此种工具的相关参数（如果在此期间修改了相关参数，只有在重新计算后才会在运输方式列表中刷新数据）。

② 删除材料的运输方式：单击材料运输方式工具栏的"删除"按钮，删除运输方式列表中焦点所在行的材料运输方式。

（4）运杂费计算参数设置（图 7.42）。

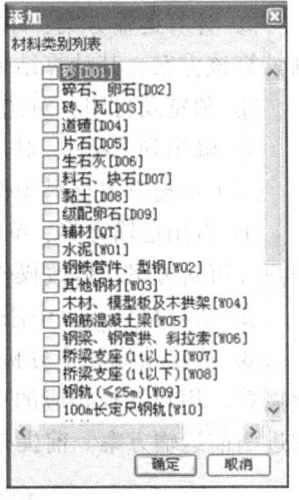

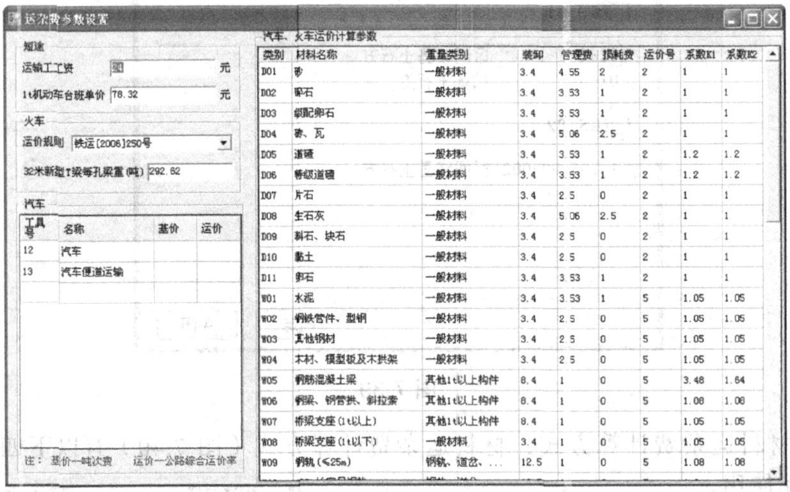

图 7.41

图 7.42

① 装卸单价：查看或修改各类材料的装卸单价。

② 管理费（率）和损耗费（率）：修改各类材料的管理费（率）和损耗费（率）（此处的数值根据编制办法规定是费用还是费率）。

③ 短途运输工资设置：修改短途运输工及 1 t 机动车台班单价。

④ 汽车运价设置：在汽车视图输入汽车的基价及运价，同时可增加汽车类运输工具。（注：汽车运输基价是吨次费，运价是公路的综合运价率。）

⑤ 调整火车运价号、综合系数 K_1 和综合系数 K_2、材料总量类别。

⑥ 火车运价设置：选择火车货物运价规则的文号。

⑦ 32 m T 梁每孔梁重：32 m 新型 T 梁的火车运杂费算法特殊，根据实际情况输入单孔梁重，软件能自动计算其运杂费。

⑧ 旧轨利用：在旧轨利用中的新轨料按 W11、W12、W13、W14 计算运杂费，利用的旧轨料按 W33、W34、W35、W36 计算运杂费。

注：软件提供的 32 m 新型 T 梁运杂费算法虽有据可查，但软件本身仅为一种计算工具，不能作为依据，仍需要用户在报送设计概算时提供详细的计算依据及过程。

以上为 113 号文界面，42、64 号文的汽车、火车的计算参数略有不同。

8. 补充数据

（1）补充材料、补充机械、补充设备。

注：请不要任意修改导出文件的 Sheet 表名以及交换数据列位置。

点击菜单[数据准备]→[补充单价]→[补充材料]，如图 7.43。

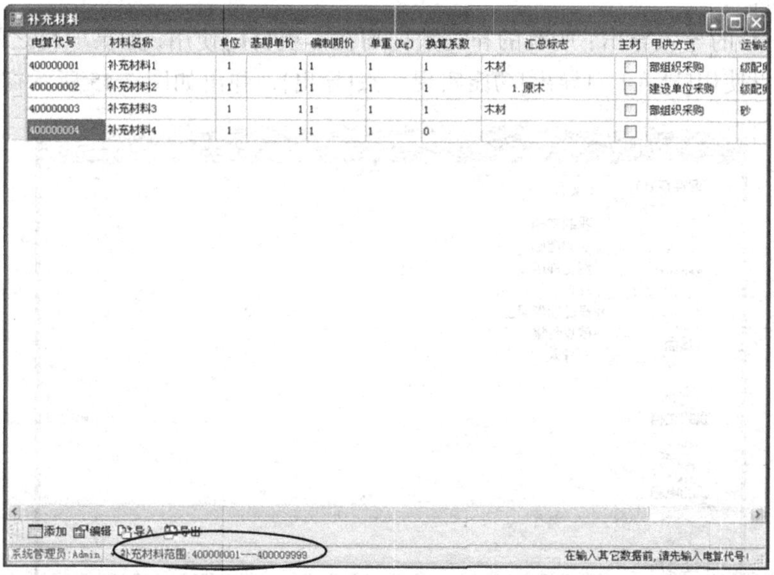

图 7.43

① 添加：点击[添加]，系统将弹出如图 7.44 所示的窗体。

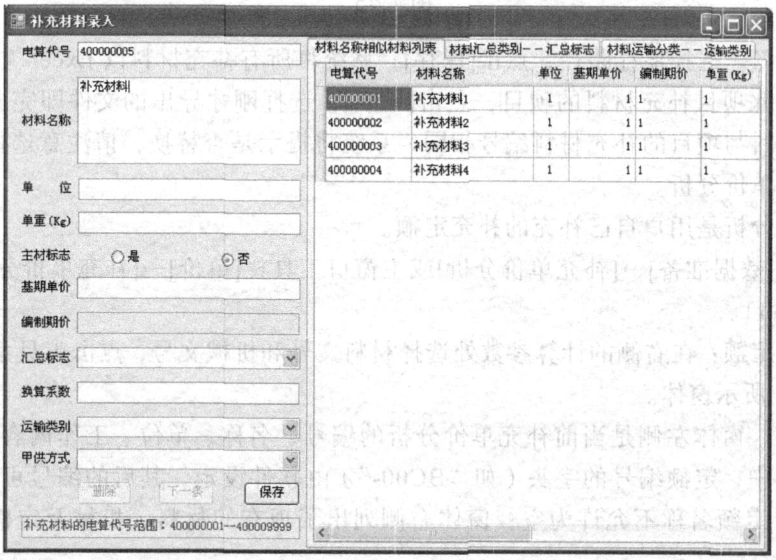

图 7.44

系统给出一个默认编号，用户可以修改（电算代号 400000001～400009999），在[材料名称]中，每输入一个字，系统将在右边[材料名称相似材料列表]列出所有名称相似的材料，完成输入后，请点击[保存]。

汇总标志是为了生成主劳材汇总表而设置的，在旁边的汇总类别可以查询到；换算系数是汇总标志相同而单位不同的材料之间单重的换算系数；材料运输类别是为了方便计算运杂费而对所有主材进行的分类（详见附表）。

② 删除材料：选中某条材料，点击[编辑]按钮，进入录入窗体（图7.44），点击[删除]即可选中该材料。

③ 补充材料的导入导出：所有的补充数据均在本项目内使用，如果项目之间需要互用补充的数据，可以使用[导入]、[导出]功能实现。点[导出]，弹出如图7.45所示窗体。

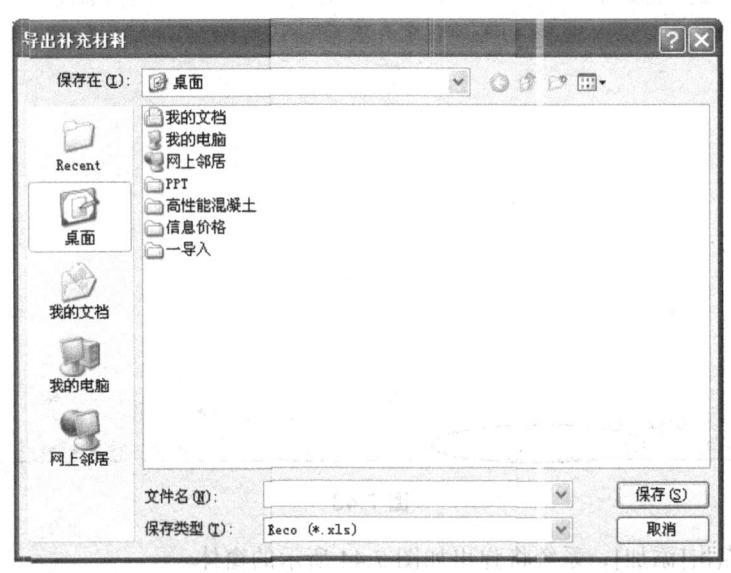

图 7.45

输入文件名，选择保存路径，点击[保存]，系统将所有补充材料以 Excel 文件形式导出；打开需要加入此项目补充材料的项目，点击[导入]，选择刚才导出的文件即完成导入。如果导入的补充材料与项目的补充材料编号相同，系统将提示是否替换，请注意选择。

（2）补充单价分析。

补充单价分析是用户自己补充的补充定额。

点击菜单[数据准备]→[补充单价分析]或主窗口工具栏[单价]→[补充单价分析]，弹出如图7.46所示窗口。

添加补充定额：在右侧的计算参数处选择材料文号和机械文号，点击工具条上的[添加]，打开如图7.47所示窗体。

如图7.47，窗体左侧是当前补充单价分析的编号、名称、单位、工作内容和消耗列表，见图7.48。其中，定额编号的字头（如"BC00-"）由软件设定，其后的编号可以自由修改，不重复即可；定额名称不允许为空；窗体右侧列出了现有的材料、机械及定额，提供参考调用。

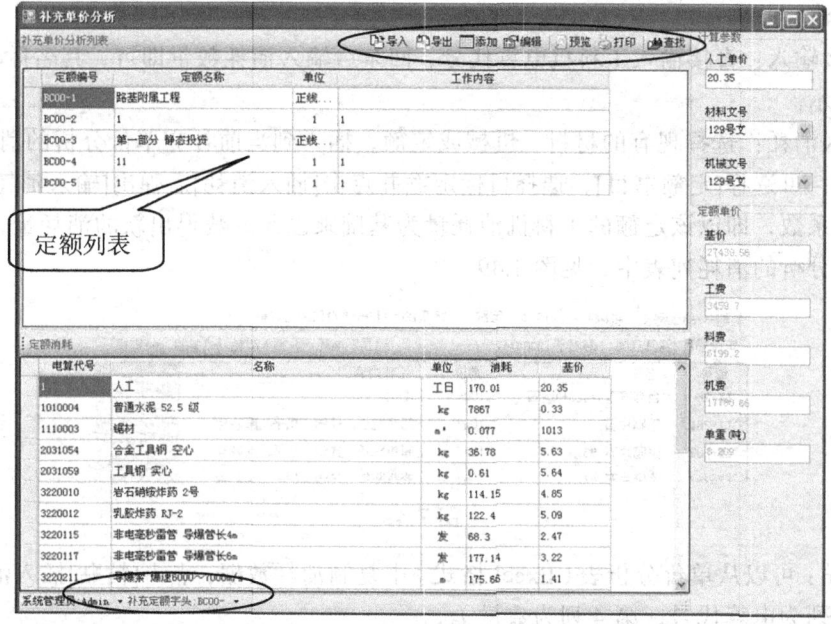

图 7.46

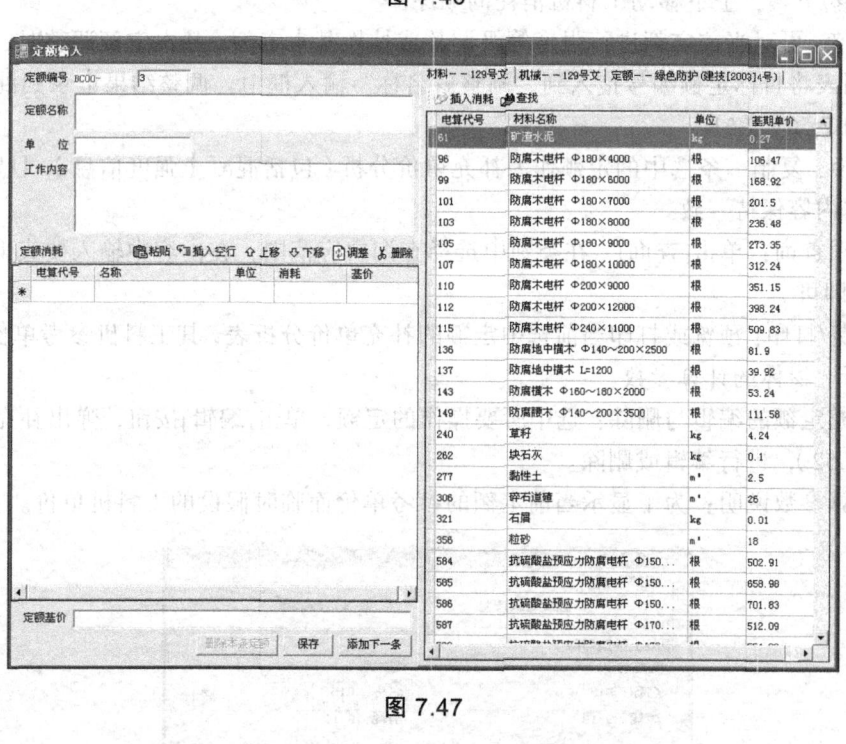

图 7.47

图 7.48

输入方法：

① 直接输入：直接输入工料机电算代号，回车后输入消耗数量即可，其名称、单位、基价会自动显示。

② 插入消耗：选择现有的材料、机械或定额，插入到当前补充单价分析的消耗列表中。在定额页面，可选择[定额书目]，选择目标定额并点击[插入消耗]后弹出[输入消耗量]窗口，此数值表示系数，即以该定额的工料机消耗量为基础乘以此系数得出新的消耗量，追加到当前补充单价分析的消耗列表中，见图7.49。

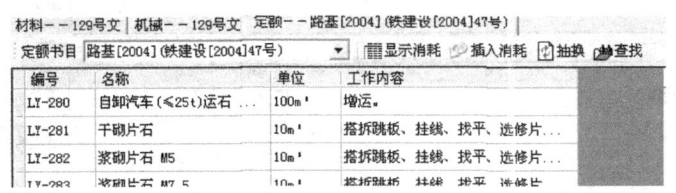

图7.49

③ 粘贴：可以从单价分析表（Excel格式）中复制消耗数据，点击[粘贴]插入消耗（Excel格式：第1列为电算代号，第4列为数量）。

④ 上移/下移：上下移动工料机消耗的顺序。

⑤ 调整：可对当前定额进行强度等级调整或抽换基本定额。基本定额调整时，可从右侧基本定额列表将目标定额编号拖入到"调整后名称"输入框中。调整结果记录到混凝土强度信息，见图7.50、7.51。

⑥ 抽换：复制一条选中的定额作为补充单价分析（包括混凝土强度信息），且定额名称、单位、工作内容保持一致。

⑦ 定额查询：单击[查询]，在类别中选择查询内容范围，在内容中输入要查询的内容，单击[确定]即可。

⑧ 预览/打印：预览或打印当前选中定额的补充单价分析表，其工料机参考单价取自"补充单价分析"窗体的计算参数。

⑨ 补充定额的编辑与删除：选中所要操作的定额，单击[编辑]按钮，弹出补充定额输入界面（图7.52），进行编辑或删除。

⑩ 计算参数说明：为了显示当前定额的参考单价而临时假设的工料机单价。

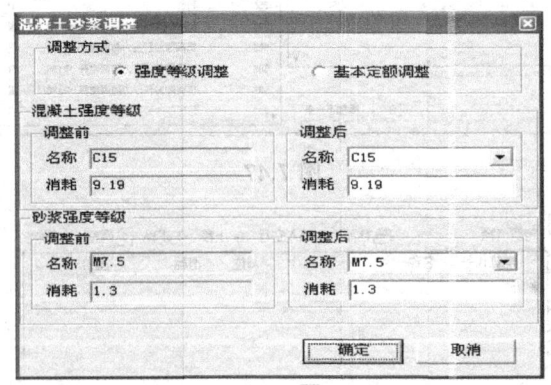

图7.50

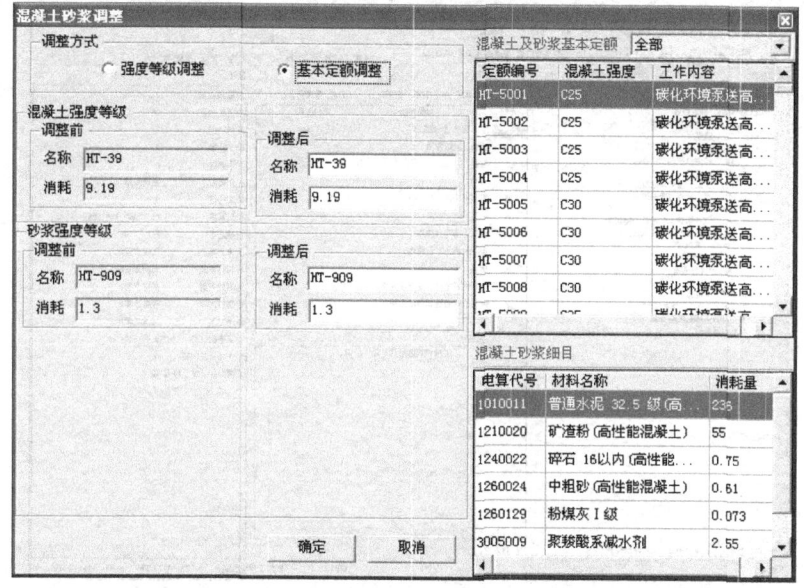

图 7.51

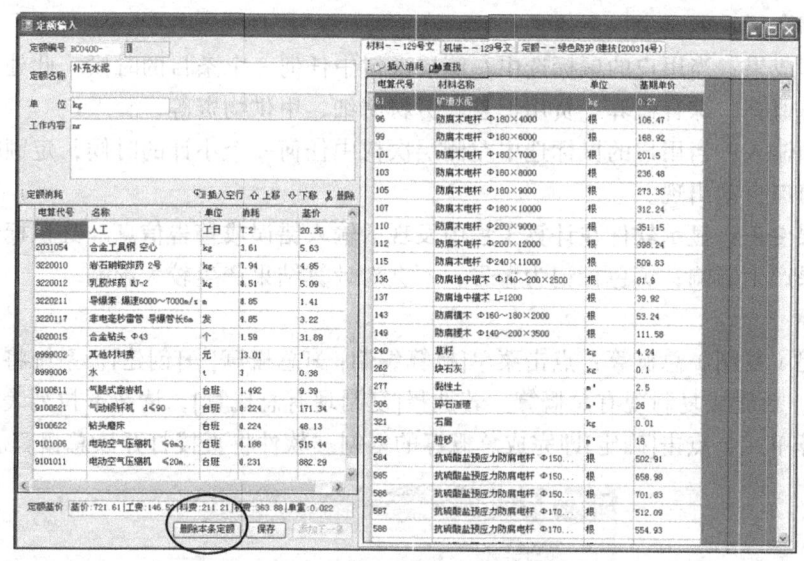

图 7.52

7.2.2.3 工程数量输入

1. 主窗体结构

软件的主窗体分左、中、右三部分（图 7.53）。

左侧为章节条目区，以层次树的形式显示综合概算章节表，从最高层至最低层依次展开为：总概算→部分→章→节→子目→小计或指标。

右侧为属性区，当用户的鼠标选中左侧层次树中任何一个条目的时候，本属性区将显示该条目的相关信息，供查看或修改（本区可隐藏或打开）。

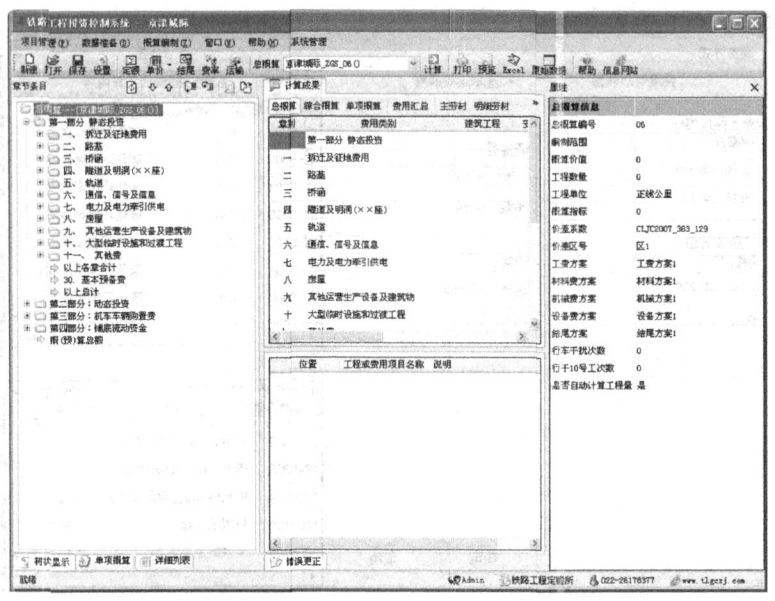

图 7.53

中间为综合区，能显示以下信息：

（1）计算成果：当用户的鼠标选中左侧层次树中任何一个条目的时候，此处将显示该条目范围内的总概算、综合概算、费用汇总、劳材明细、甲供物资等。

（2）定额输入：当用户的鼠标选中左侧层次树中任何一个小计的时候，定额输入、辅助输入两个子窗口自动出现。

（3）错误更正：显示软件在计算工程中发现的输入错误或警告信息。红色标记为错误，会对计算结果产生影响；黄色标记为警告，不会对计算结果产生较大影响。

2. 总概算

（1）新建（复制）总概算：点击菜单[概算编制]→[总概算]→[创建]，系统将提示用户如图 7.54 所示，新建或复制现有总概算。若选择[复制现有总概算]，请在下拉列表中选择需要复制的总概算单元，点击[确定]即完成总概算的复制。软件将直接打开该总概算。

图 7.54

（2）删除总概算：点击[概算编制]→[总概算]→[删除]，系统将删除当前显示的总概算，包括其下所有定额及工程量。注意，一旦删除，在该总概算下做的所有工作都将丢失，务必谨慎使用本功能。

（3）总概算信息：选中左边章节表的顶层条目[总概算]，右侧属性列表将显示总概算信息，包括编制阶段、工程单位、工程数量以及价差系数、工、料、机、设备单价方案、结尾方案等，这些信息对计算结果有直接影响，请认真填写。

3. 章节条目数量输入

（1）章/节/子目。

在主窗口左边的章节树中选中某条条目［图标为 ▣（有数据）或 ▢（无数据）］，在右边属性列表中输入[工程数量]，也可以修改[工程或费用项目名称]、[单位]、[工程数量2]或[单位2]（某些条目有两套单位、工程数量和指标），如图7.55。

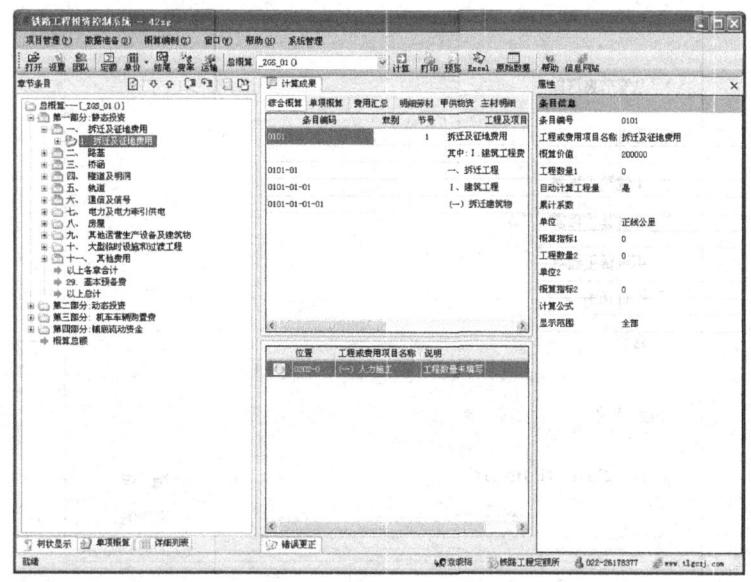

图 7.55

（2）指标。

在主窗口左边的章节树中选中某条指标［图标为 ➡（暗红，有数据）或 ➡（黄，无数据）］，在右边属性列表中输入[工程数量]、[概算指标]，或者设置[计算公式]，如图7.56。

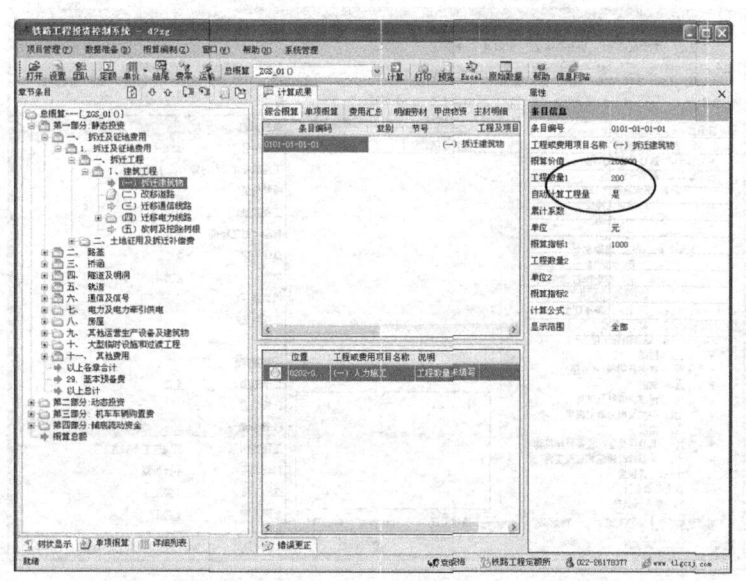

图 7.56

237

在第一章（拆迁）、第十一章（其他费用）中，有些指标需要设置计算公式来计算。例如工程定额测定费，假设要求以 2~9 章建安费为基数，按 0.01% 计取，那么在本软件中的公式设为：（2~9）[Ⅰ+Ⅱ]*0.01%，图 7.57 为公式编辑器。

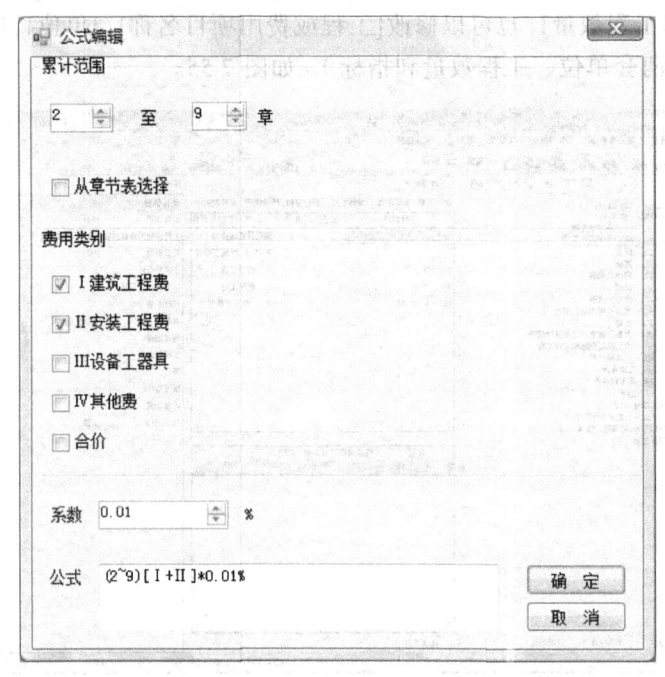

图 7.57

（3）小计。

在主窗口左边的章节树中选中某条小计 [图标为 ➡（黑灰，有数据）或 ➡（绿，无数据）]，如图 7.58。在右边属性列表中输入[工程数量]和计算参数，包括：

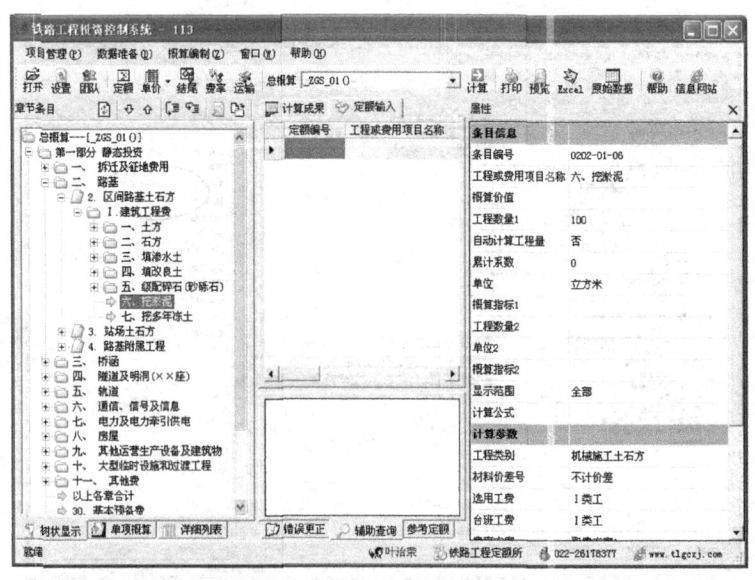

图 7.58

① 工程类别：为计取措施费、间接费而对各类工程进行的分类。
② 配合费类别：为计取施工配合费而对各类工程进行的分类。
③ 材料价差号：对应于部颁年度辅材价差系数上的分类。
④ 选用工费：选择本小计下定额工的工资标准。
⑤ 台班工费：选择本小计下机械台班工的工资标准。
⑥ 参数调整：对本小计的计算设置参数，作用范围为本小计下的所有定额。有以下几种调整方式：

- 工料机系数：分别对工费、料费、料重、机械费给出系数，默认值全为 1，见图 7.59。

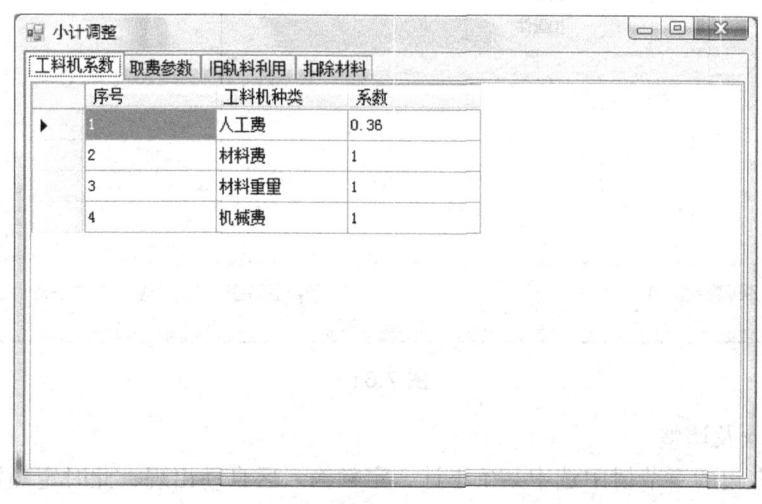

图 7.59

- 取费参数调整：本小计工作内容的计费比例。例如：行车干扰费系数 0.7，表示本小计的工作内容 70% 进入了行车干扰范围；默认为 0 表示不计行车干扰费；行车干扰次数"−1"表示继承上级（总概算信息）的设置。也可以在这里输入一个不同的数字，仅对本小计计算行车干扰费生效，见图 7.60。

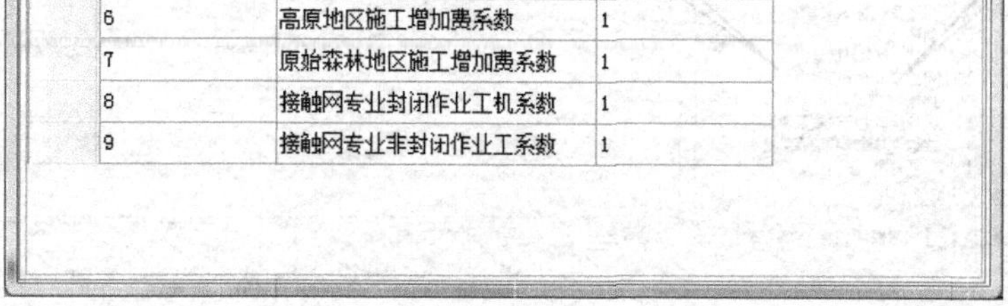

图 7.60

• 旧轨料利用：设置本小计内各类轨料的旧料利用比例系数。如：钢轨 100% 利旧，则填 1，轨枕 60% 利旧，填 0.6；如果旧料有整修费，则填写整修费系数，如 0.1；另外，可设置旧料是否计算运杂费，见图 7.61。

注：如果计算旧料运杂费，需要在运输方案中分析旧料的运输单价。

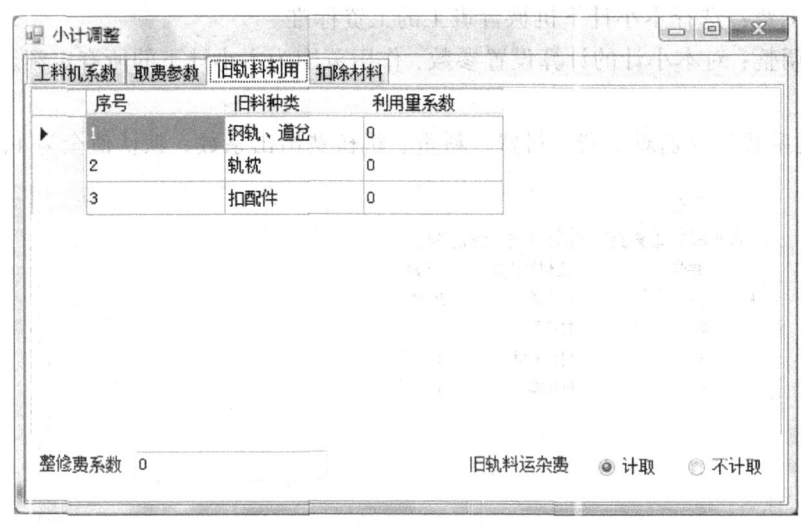

图 7.61

4. 定额输入及调整

在主窗口左边的章节树中选中某条小计，定额输入区自动出现，此时定额输入表格的背景色为灰色（只读状态），光标进入定额输入表，定额输入表的背景色变为白色（编辑状态），用户可以输入定额、工料机以及各种费用，见图 7.62。

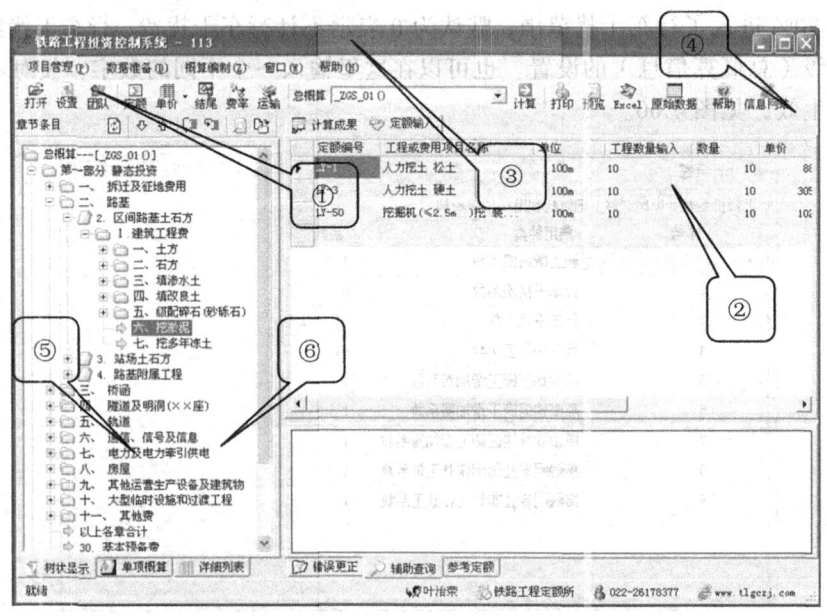

图 7.62

(1)定额输入。

① 直接输入法:光标进入定额编号的单元格,直接输入定额编号或工料机的电算代号并回车,软件自动显示其名称、单位、单价、单重等。继续输入工程数量时,可以输入数字或数学表达式,软件会自动计算出表达式结果填入[数量]列中。在[工程数量输入]回车能产生新行,为方便操作,新行的定额编号将自动提示上一行定额的字头(如"LY-")。

② 选择输入法:打开下方的[定额输入]窗口,如图7.63,用户可以查询定位到所有工、料、机、设备、定额,直接双击数据行即完成输入。

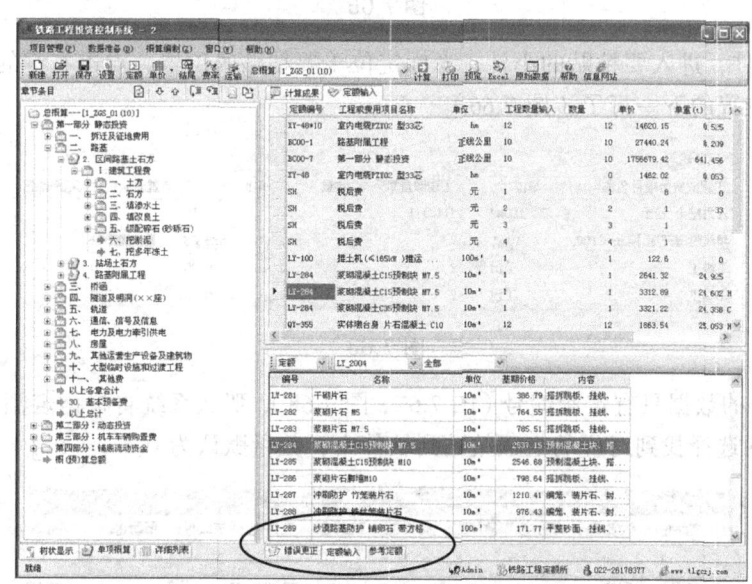

图 7.63

(2)费用输入。

系统还可以直接输入人工费 GF、主料费 ZLF、辅料费 LF、机械费 JF、设备费 SF、运杂费 YF、税前费 SQ、税后费 SH、填料费 TLF(113号文)、土石方行车干扰(113号文)。用户可以直接输入这些费用代码,也可以在右键菜单或者下方的输入窗口找到这些费用代码。费用单价和数量由用户填写。

(3)右键菜单操作。

[复制/粘贴]:复制一行或多行定额。可以在本总概算内进行,也可以在不同总概算间进行,甚至可以在两个打开的项目间进行复制。另外,可以将这些选中的定额直接粘贴到 Excel 中,也可以从 Excel 文件中粘贴回软件(图7.64)。例如:从 Excel 中将定额粘贴到软件中的某条小计之下,步骤如下:

① 在 Excel 中选中数据,数据列要求有固定的顺序,依次是定额编号、定额名称、单位、工程数量表达式、工程数量、单价、单重、定额调整,其中定额编号不能为空。如图7.65,在 Excel 中选中数据后,按 Ctrl+C 或点击右键的[复制]。

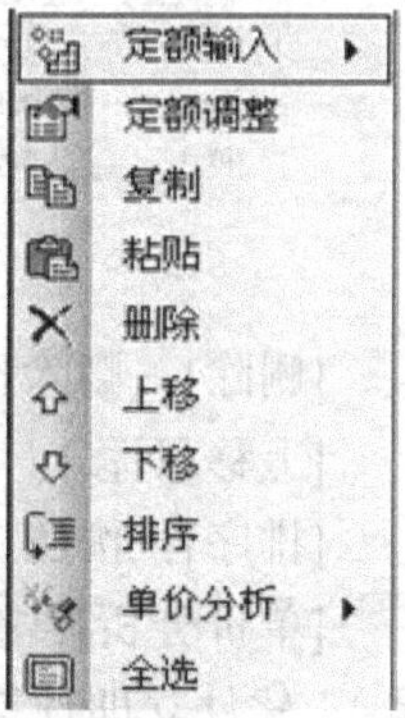

图 7.64

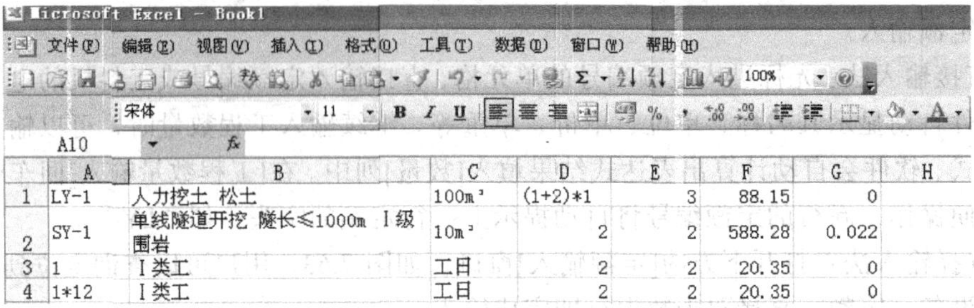

	A	B	C	D	E	F	G
1	LY-1	人力挖土 松土	100m³	(1+2)*1	3	88.15	0
2	SY-1	单线隧道开挖 隧长≤1000m Ⅰ级围岩	10m³	2	2	588.28	0.022
3	1	Ⅰ类工	工日	2	2	20.35	0
4	1*12	Ⅰ类工	工日	2	2	20.35	0

图 7.65

② 打开软件，进入要粘贴的小计，光标定位于要粘贴的位置，点击右键的[粘贴]，数据便粘贴到指定位置的下一行了（图 7.66）。

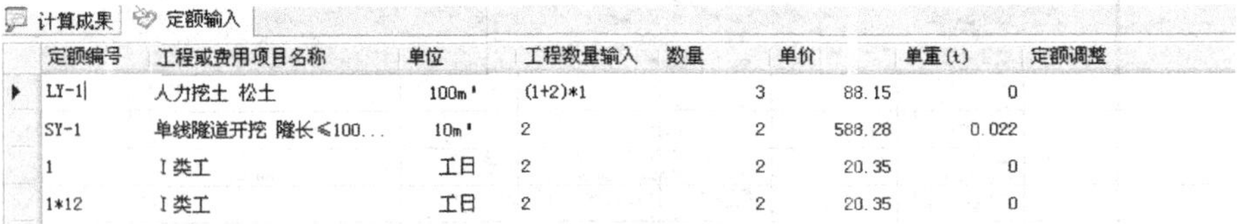

定额编号	工程或费用项目名称	单位	工程数量输入	数量	单价	单重(t)	定额调整
LY-1	人力挖土 松土	100m³	(1+2)*1	3	88.15	0	
SY-1	单线隧道开挖 隧长≤100...	10m³	2	2	588.28	0.022	
1	Ⅰ类工	工日	2	2	20.35	0	
1*12	Ⅰ类工	工日	2	2	20.35	0	

图 7.66

如果 Excel 的数据只有定额编号（图 7.67、图 7.68），那么系统将根据定额编号和项目信息中定额书号的选择找到对应的定额粘贴到软件中，数量默认为 0。

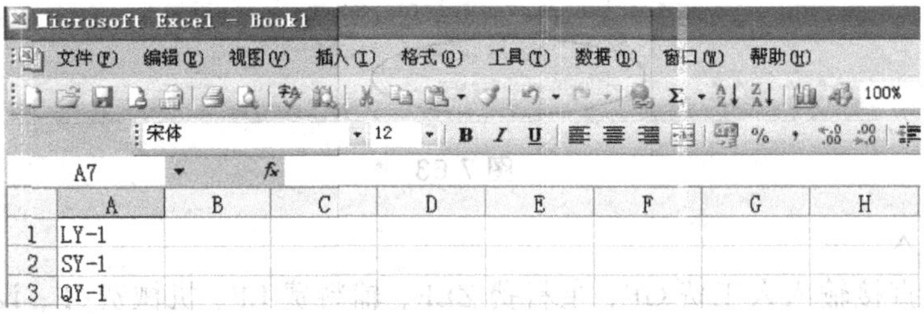

	A
1	LY-1
2	SY-1
3	QY-1

图 7.67

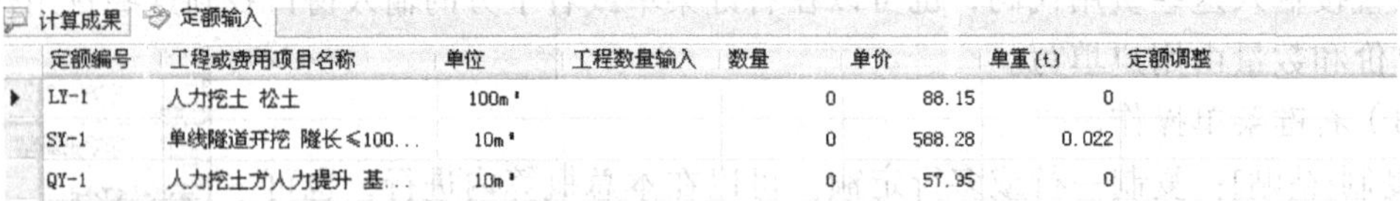

定额编号	工程或费用项目名称	单位	工程数量输入	数量	单价	单重(t)	定额调整
LY-1	人力挖土 松土	100m³		0	88.15	0	
SY-1	单线隧道开挖 隧长≤100...	10m³		0	588.28	0.022	
QY-1	人力挖土方人力提升 基...	10m³		0	57.95	0	

图 7.68

[删除]：删除选中的单行或多行定额。

[上移/下移]：将选中的当前行上移一行或下移一行。

[排序]：按照工、料、机、定额、补充定额、费用的顺序，对本小计内的定额重新排序。

[单价分析]：选中要进行单价分析的定额，点击右键[单价分析]（可带结尾、也可不带结尾），软件立即计算并显示该定额的单价分析表。

[全选]：选中所有行数据。

[复制到参考定额]：在某些项目中，某条调整后的定额需要多次使用，为了避免多次调

整同一条定额,特设计此功能。使用方法:选中调整好的定额点击右键菜单[复制到参考定额],该定额即添加到下方的[参考定额]表中,用户可以在[备注]字段输入一些说明信息。下次需要使用该定额时,只需从下方找到并双击即可。参考定额只能用于本项目(图7.69)。

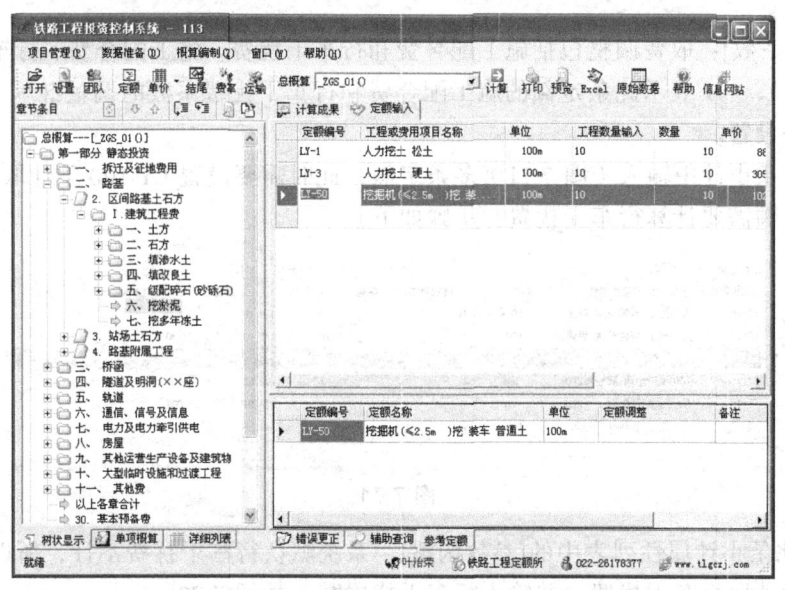

图 7.69

(4)定额调整。

定额调整窗体用来对定额中工料机进行工料机系数、取费系数调整,对定额进行工料机系数、取费系数、消耗以及砂浆混凝土调整。

选中需要调整的定额,点击右键[定额调整]弹出定额调整的窗体,或是直接双击定额调整单元格(图7.70)。

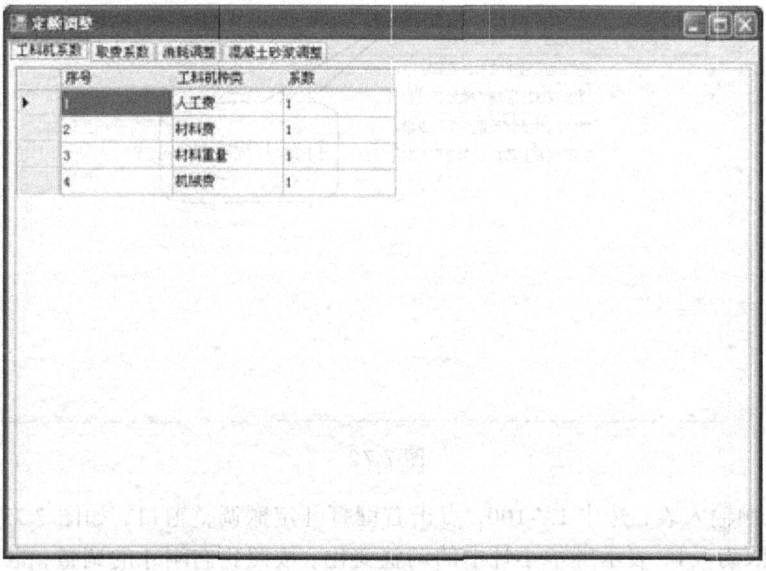

图 7.70

操作说明：

① [工料机系数]：选择工料机系数的标签，用户可以看到如图 7.70 所示的窗体。在工料机系数表中，系统默认工料机系数为 1，用户直接在[系数]列填写数值，表示将其对应项直接乘以此系数。

② [取费系数]：取费调整包括施工配合费和行车干扰费。施工配合费、行车干扰费系数的默认值为 - 1，- 1 表示此条定额的施工配合费和行车干扰费系数的调整继承上级设置，即小计中的相关设置。

举例：某条小计中输入（图 7.71）多条定额，此时需要设置 LY-100 不计取行车干扰费，而其他几条定额需要计算行车干扰费。步骤如下：

计算成果 | 定额输入

定额编号	工程或费用项目名称	单位	工程数量输入	数量	单价	单重	定额调整
LY-10	人力挖土 双轮车运 松土...	100m	10	10	300.45	0	
LY-12	人力挖土 双轮车运 普通...	100m	10	10	435.99	0	
LY-100	推土机(≤165kW)推运	100m	10	10	116.38	0	
SY-100	双线隧道出碴 隧长≤200...	10m	1	1	103.56	0	
SY-10	单线隧道开挖 隧长≤200...	10m	1	1	398.91	0.007	
LY-19	人力挖土 轻轨斗(平)车...	100m	1	1	45.06	0	
				0			

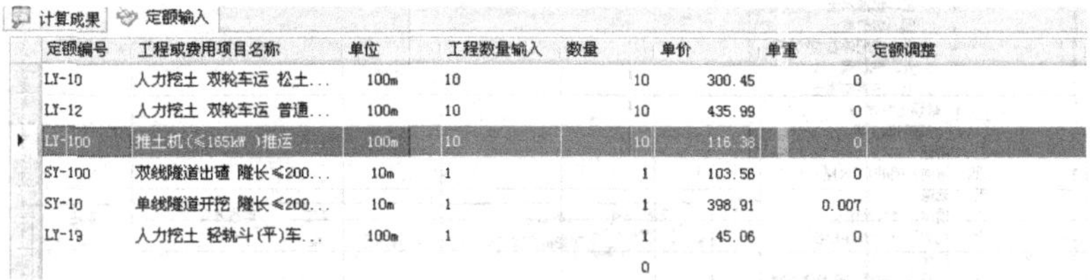

图 7.71

a. 设置此条小计属性列表中的[参数调整]，系统默认行车干扰费不计，所以先修改其系数使这条小计计取行车干扰费，并输入行车干扰次数，如图 7.72。

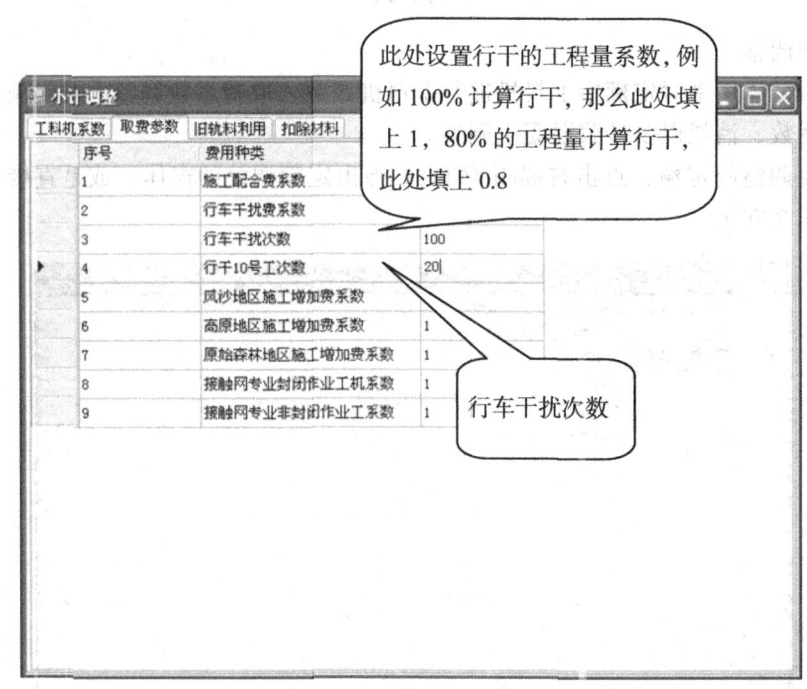

图 7.72

b. 打开定额输入表，选中 LY-100，点击右键打开定额调整窗口，如图 7.73。系统默认行车干扰费的系数为 - 1，表示继承小计中的调整变化。按照我们刚才的调整，也就是现在所有定额均计行车干扰费，而此条定额不需要计取行车干扰费，那么我们将其系数改为 0，即不计取行车干扰费,而其他定额都需要计取行车干扰费,其系数仍为-1,也就是依据小计中的计取而计取,不需要再修改了。(注意:"-1"表示继承的关系,并非实际数据。)

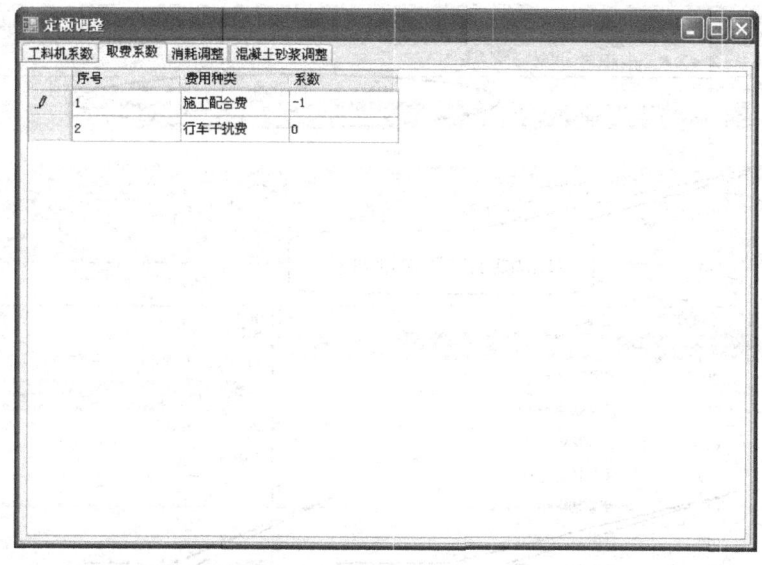

图 7.73

③ [消耗调整]:当选择[消耗调整]的标签时,系统将列出该条定额的所有消耗量,用户可以进行调整。调整方法:直接在空白的[电算号 T]单元格中输入电算代号并回车,系统将调出对应的名称与单位,用户只需填写消耗量(调整后的数据以红色显示)。如果消耗量为空,系统默认其消耗量为原消耗量的值,即不调整消耗量;如果只输入消耗量而未输入电算代号,那么系统默认其电算代号未调整,调整的只是消耗量,如图 7.74。

注:如果想删除某条消耗,用户可以直接在新消耗量处输入 0 即可;如果想追加新的工料机,点[追加消耗]。

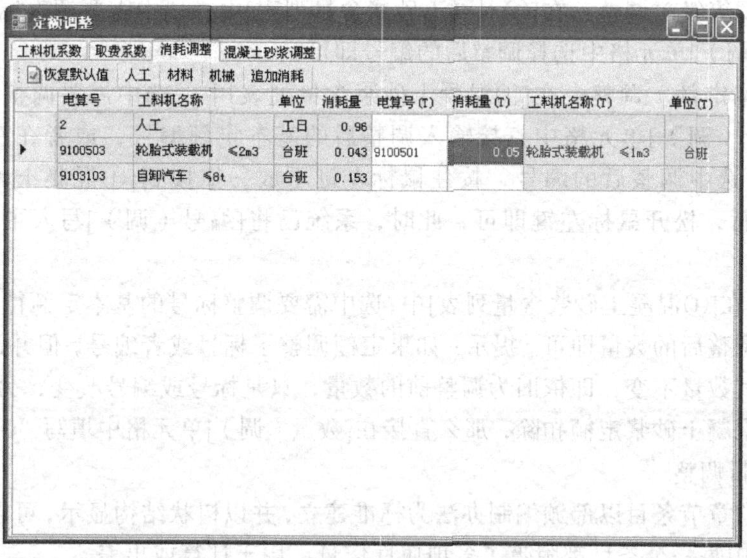

图 7.74

④ [混凝土砂浆调整]：只对含有混凝土（砂浆）强度等级信息的定额有效（旧定额都没有强度等级信息，不能使用此功能），如图 7.75。

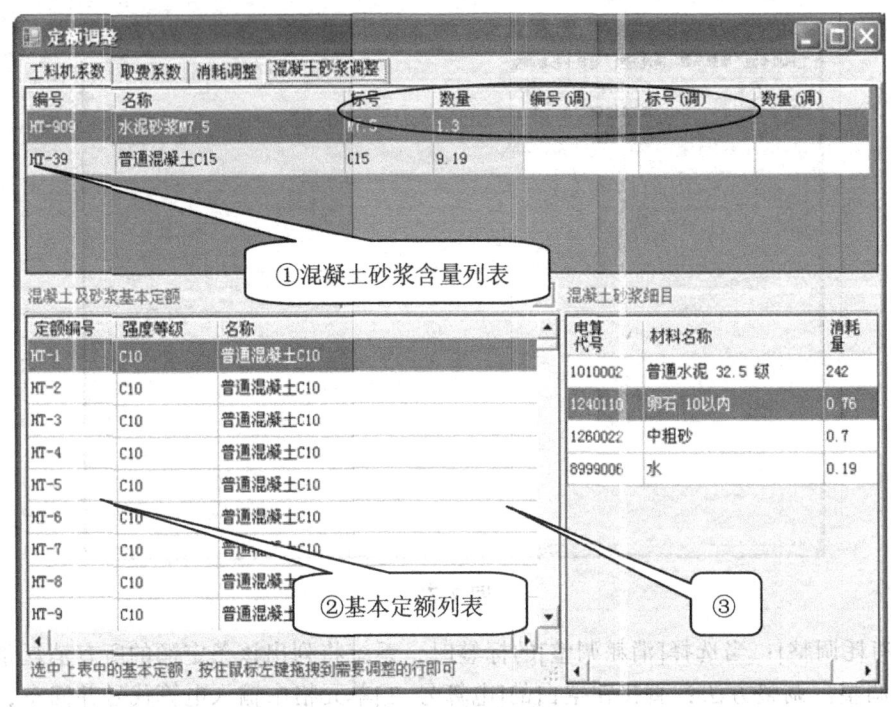

图 7.75

说明：
① 混凝土砂浆含量列表：列出当前需要调整的定额中所包含的混凝土砂浆定额及其数量。
② 基本定额列表。
③ 基本定额消耗量：显示左边基本定额列表中选中定额的消耗量。

操作说明：

标号（强度等级）调整：在[①混凝土砂浆含量列表]中，选中需要调整标号的基本定额行，在[标号（调）]单元格中选择调整后的编号即可。

编号（基本定额）调整：在[①混凝土砂浆含量列表]中，选中需要调整标号的基本定额行，在[编号（调）]单元格中直接输入调整后的基本定额编号，或者在左下方的[②基本定额列表]中选中调整后的编号，按住鼠标左键不放，拖拽到[①混凝土砂浆含量列表]中需要调整的行，松开鼠标左键即可，此时，系统已将[编号（调）]写入了调整后的基本定额编号。

数量调整：在[①混凝土砂浆含量列表]中，选中需要调整标号的基本定额行，在[数量（调）]单元格中输入调整后的数量即可。提示：如果定额调整了标号或者编号，但并没有调整数量，那么系统认为其数量不变，即依旧为调整前的数量，只是标号或编号改变；另外，如果用户想要把其中的混凝土砂浆定额扣除，那么直接在[数量（调）]单元格中填写"0"即表示扣除。

5. 章节条目调整

软件默认的章节条目以部颁编制办法为标准建立，并以树状结构显示，可以层层展开（图7.76），而且其中每一个条目都附带了多项属性信息，用于计算或出表。

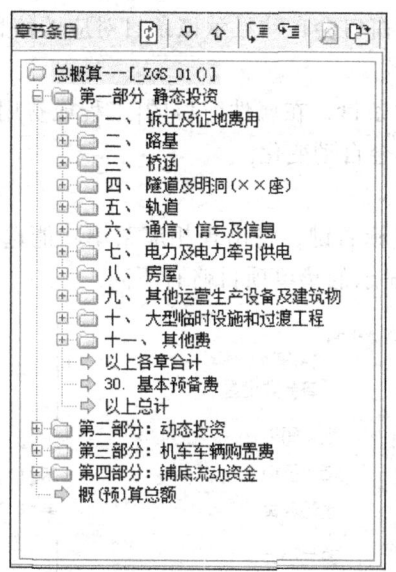

图 7.76

(1) 图标说明 (表 7.3)。

表 7.3

条目种类	图标 (有计算结果)	图标 (无计算结果)	属性显示
总概算			总概算信息
章、节和条目			条目信息
单项概算			条目信息、表头信息
小计			条目信息、计算参数
指标			条目信息

(2) 属性修改 (图 7.77)。

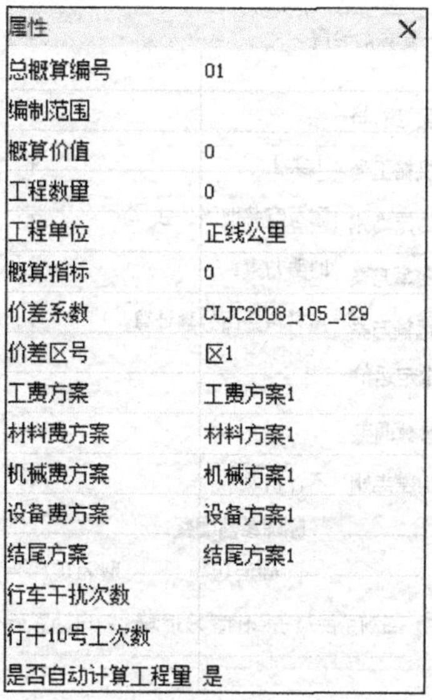

图 7.77

选择任何章节条目,属性窗口会自动显示该条目对应的信息内容,可根据实际项目进行填写或修改。

例如修改条目名称:选中条目,在属性窗口的[工程或费用项目名称]栏修改成想要的名称,该条目在章节树上的显示会自动变化。

(3)右键菜单功能。

在任何章节条目上点击鼠标右键,将出现相应菜单功能选项(图 7.78)。对于不同种类的条目(如子目、小计),其显示的菜单项目略有不同。

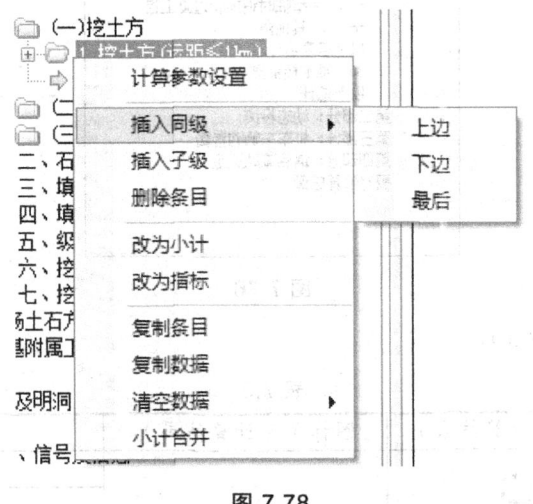

图 7.78

① 计算参数设置:批量填写当前子目下所有小计的计算参数(图 7.79)。本软件的计算信息是包含在每一条小计上的,当需要对多条小计的计算参数进行修改时,如果对每一条都操作一遍,那就会产生大量的重复劳动,为此,特设置此功能。

注:不需要修改的参数选择空白选项。

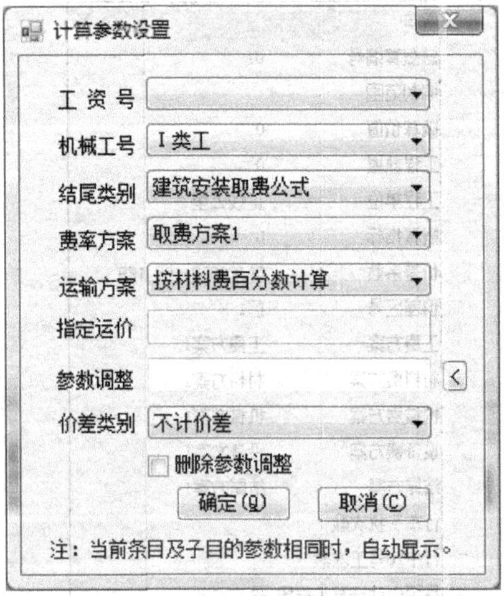

图 7.79

② 插入同级：插入一个新条目，与当前条目同级（并列），并可以选择其相对当前条目的位置（上边、下边或最后）。新条目的属性信息与当前条目信息相同，可在属性窗口进行修改。

③ 插入子级：插入一个新条目，放在当前条目之内（子级）。如果当前条目内已经有子条目，则新条目与现有子条目并列并位于最后。新条目类型默认为小计。

④ 删除条目：删除当前条目及其所有子级。

⑤ 刷新：重新显示章节表（一般用于[恢复章节]功能之后）。

⑥ 恢复章节：对于一些被误删除的章节，可使用此功能进行恢复。如图 7.80，选择要恢复的部分、章或节，点击恢复。此功能只提供到节的恢复，不支持节以下的子目。

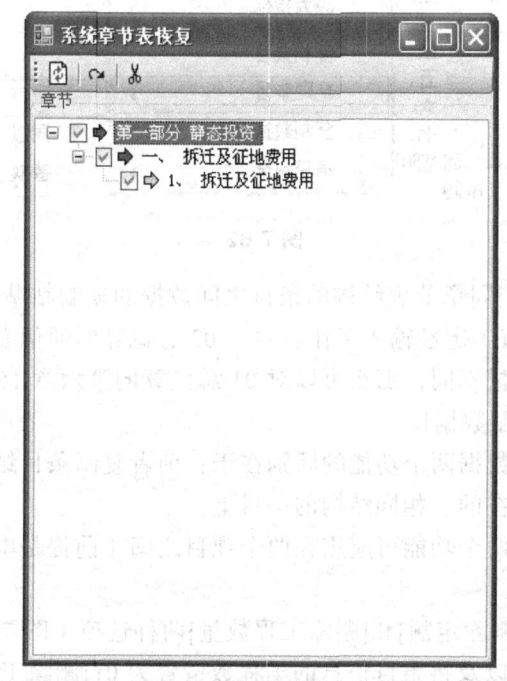

图 7.80

注：图中红色图标表示项目中已有的章节；绿色图标表示项目中已经删除的，允许进行恢复的章节。

⑦ 改小计到指标：将条目类型由小计改为指标。该小计下的定额输入数据将全部消失（图 7.81）。

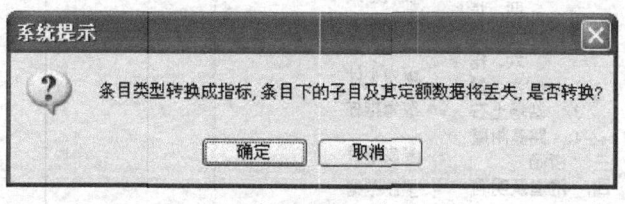

图 7.81

⑧ 改小计到条目：将条目类型由小计改为条目。该小计下的定额输入数据将全部消失。

⑨ 改条目到小计：将条目类型由条目改为小计。该条目下的所有子目将消失。

249

⑩ 改条目到指标：将条目类型由条目改为指标。该条目下的所有子目将消失。
⑪ 改指标到条目：将条目类型由指标改为条目。
⑫ 改指标到小计：将条目类型由指标改为小计。
⑬ 复制/粘贴条目：用于复制当前条目及其下的所有数据（包括子目、定额等），如图7.82。例如，复制一个已完成的特大桥，粘贴成并列的多个特大桥。

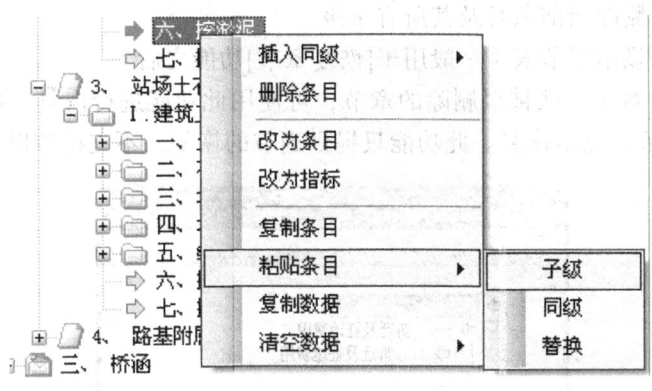

图 7.82

⑭ 复制/粘贴数据：相同章节表结构的条目之间数据的复制粘贴。例如以完成01总概算的通信专业（第六章15节）定额输入工作，对于02总概算的通信专业（第六章15节），定额编号基本一样，仅仅数量不同，那么可以对01总概算的第六章15节[复制数据]，再到02总概算的第六章15节[粘贴数据]。

注：复制条目、复制数据两个功能的区别在于：前者复制条目结构和定额；后者只复制数据，且必须粘贴到已存在的、相同结构的条目上。

复制条目、复制数据两个功能可应用在两个项目之间（前提是电脑同时打开两遍软件，分别显示两个项目）。

⑮ 清空数据：包括[删除定额]和[删除工程数量]两种选项（图7.83）。[删除定额]即删除此条目下所有小计的定额以及将条目信息的工程数量置为0；[删除工程数量]即将定额的工程数量以及条目的工程数量均置为0。

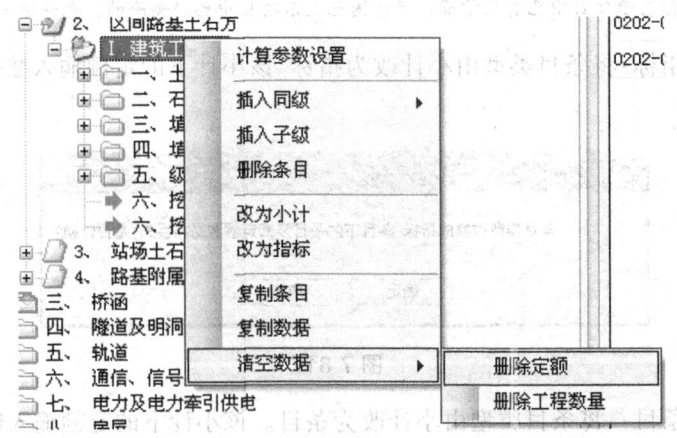

图 7.83

7.2.2.4 计算及成果

1. 计算

选中章节树顶层的总概算,点击工具条上的[计算],软件将重新计算所有定额并汇总结果(图 7.84)。

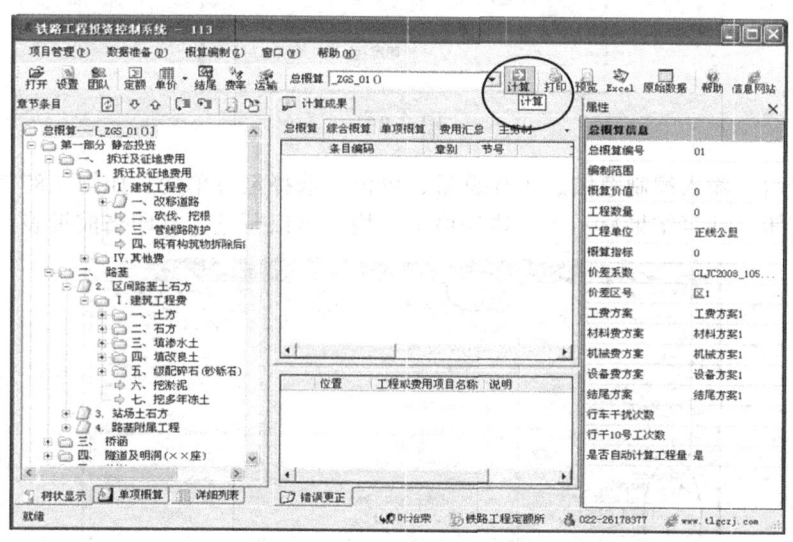

图 7.84

选中章节树上的条目,点击工具条上的[计算],系统将计算当前条目下的定额。

若要批量计算所有总概算,点菜单[概算编制]→[计算所有总概算]。

2. 汇总

点击菜单[概算编制]→[总概算汇总],打开如图 7.85 所示窗体,汇总内容包括总概算、综合概算、主劳材、明细劳材、设备、甲供材料、甲供设备汇总。用户可以选择任意个总概算进行汇总,并以方案的形式保存结果;同时,还可以选择几个方案之间的汇总。

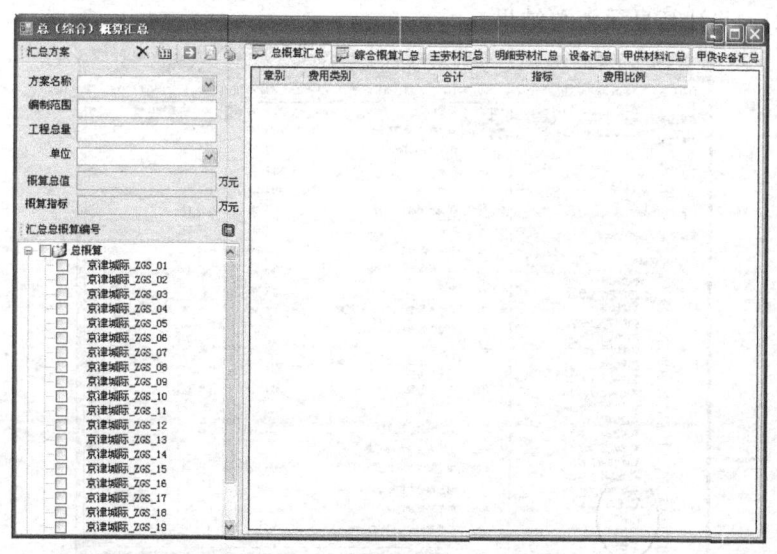

图 7.85

操作步骤：

点击工具栏的[新建方案名称]图标，打开如图7.86所示窗体，输入汇总方案名称，点击[确定]。

图 7.86

建立方案后，输入编制范围、工程总量、单位，选择汇总单元，如图7.87，点击工具栏的计算图标按钮，计算结果显示于右边表格中。用户可以预览、打印当前报表。

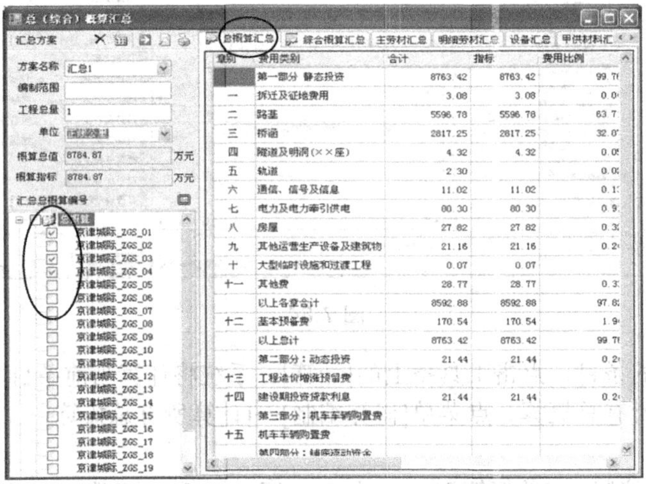

图 7.87

此外，用户也可以进行各汇总方案之间的汇总，如图7.88，新建汇总方案，选择方案[汇总1]和[汇总2]，并计算显示汇总结果。

图 7.88

3. 对照

点击菜单[概算编制]→[项目对照]，如图 7.89。项目对照可以完成 2 个项目之间的总概算、总概算汇总、综合概算、综合概算汇总对照。

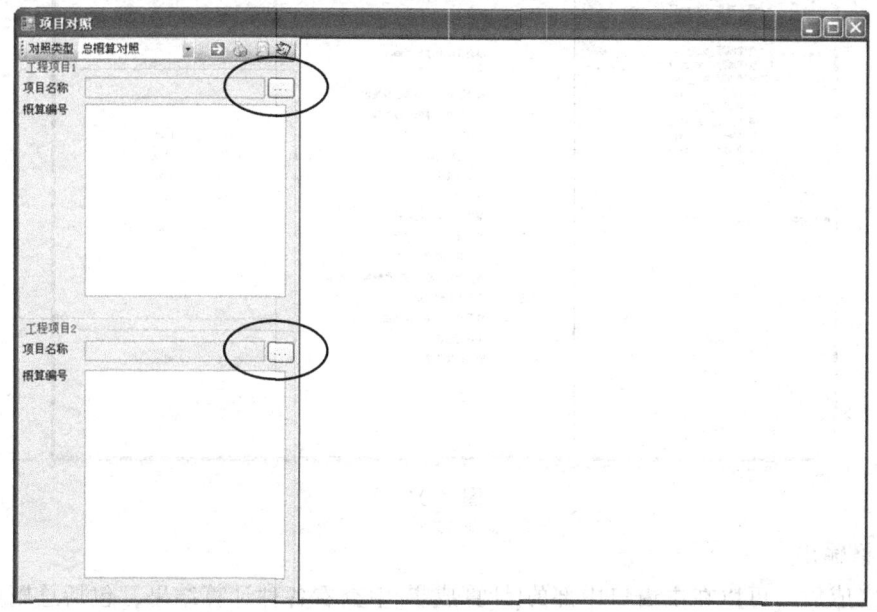

图 7.89

点击图 7.89 所示的按钮，打开如图 7.90 所示窗体，选择对照的项目文件。

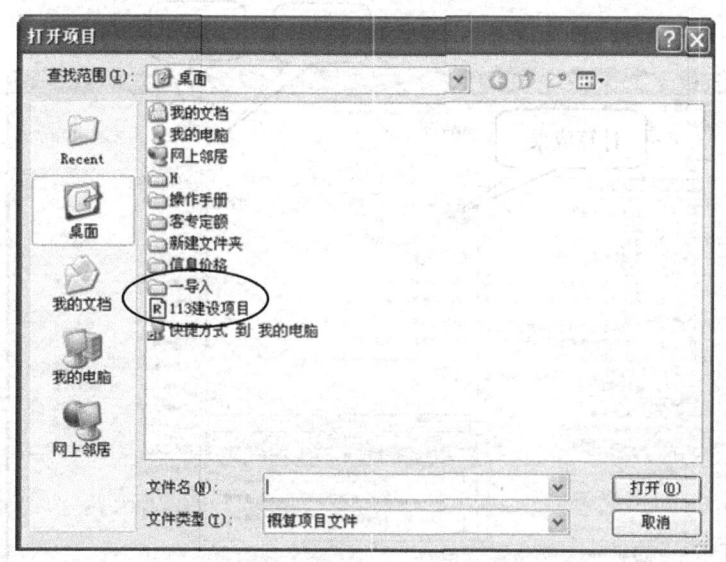

图 7.90

选择对照项目后，分别选择需要的对照单元，然后点击工具栏上的[计算]按钮完成项目对照（图 7.91）。

图 7.91

4. 表格输出

计算完成后，可以在主窗口中部的[计算成果]中查看各种计算结果，包括总概算、综合概算、单项概算、费用汇总、主劳材、明细劳材、甲供物资、主材明细和机械台班消耗（图 7.92）。

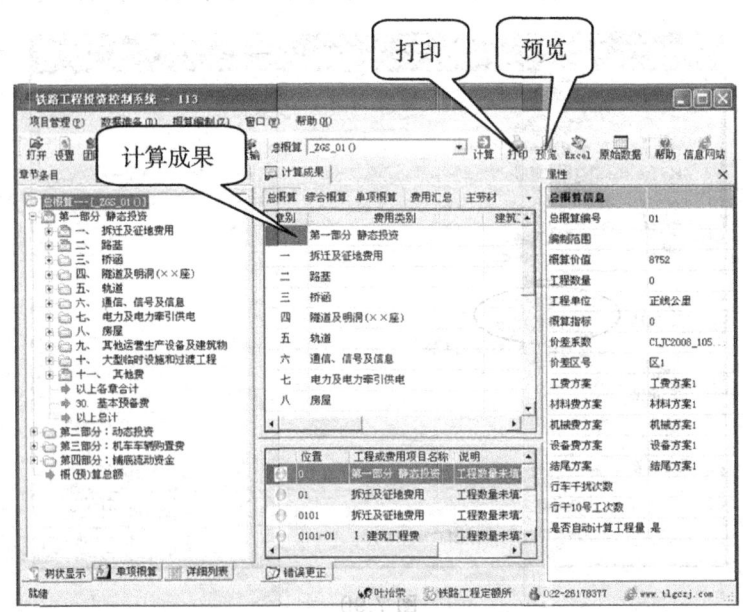

图 7.92

菜单说明：

打印：打印计算成果中当前显示的数据表格。

预览：预览计算成果中当前显示的数据表格。例如，计算当前总概算之后，点击计算成果中的[总概算]，将生成总概算表。点击[预览]，出现图7.93所示的报表，在此报表中也可以进行打印等操作。

显示数据：计算成果中的数据显示当前选中章节表条目所对应的数据。

图 7.93

Excel：将计算成果中选中的数据表发送到 Excel 中，在 Excel 中用户可以根据需要进行调整。例如：计算总概算之后，点击计算成果中的[总概算]，将生成总概算表；点击[Excel]，弹出图 7.94，双击 Excel 文件[总概算]即可看到总概算表的 Excel 表。

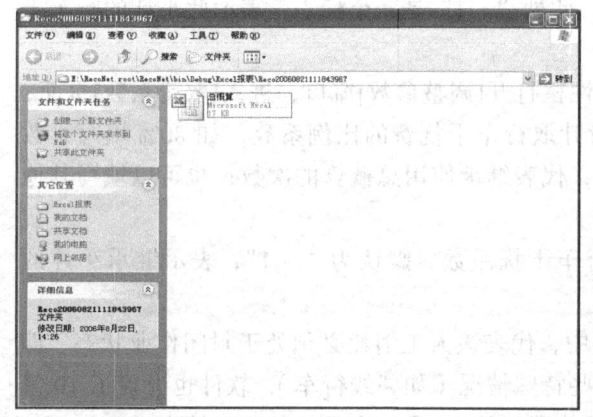
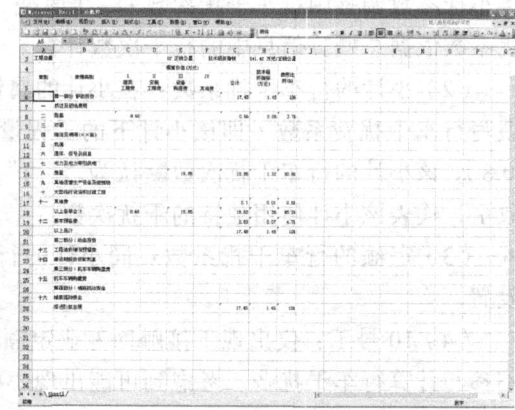

图 7.94

上面介绍的是部分常用报表，更多详细的报表在菜单[概算编制]→[报表输出]中查阅。

点击左边的表格名称，右边将显示整个项目对应的报表，用户可以选择报表直接打印或发送 Excel 表（图 7.95）。

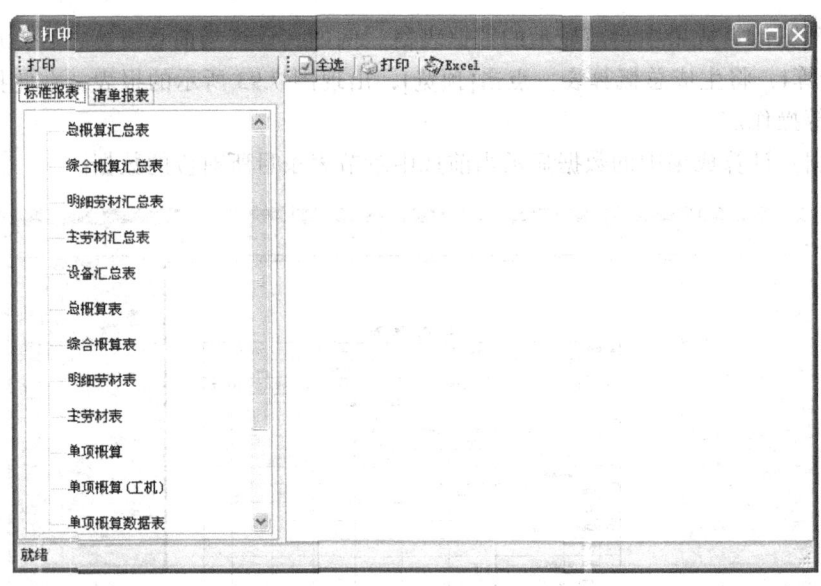

图 7.95

清单报表及其他报表：此类报表基本是 excel 表格，请查看[概算编制]→[清单报表]→[清单报表]和[其它报表]。

7.2.2.5 特殊算法费用详解

1. 行车干扰增加费

系统默认状态下，行车干扰费不计取。若需要计取行车干扰费，务必调整参数。

行车干扰费调整包含以下几个参数：

（1）行车干扰次数：在总概算信息中填写[行车干扰次数]，表示此总概算单元的行车干扰次数都是用户所填的那个数值，如果某条小计的行车干扰次数不是此数值，那么用户可以将小计参数调整中行车干扰次数的-1改变，此处"-1"是一个标志，表示此小计的行车干扰系数依据总概算信息中的行干次数计算。

（2）小计的行车干扰系数：在小计的属性栏打开[调整参数]窗口，进入[取费系数]页面，填写行车干扰费系数（即该小计下的工程量计取行车干扰费的比例系数，如80%填写系数0.8）。该小计的行车干扰次数默认为"-1"，代表继承使用总概算的次数；也可以填写其他数字，代表该小计使用独特的干扰次数。

（3）定额的行车干扰系数：同小计的行车干扰系数，默认为"-1"，表示继承小计的设置。

（4）10号工：仅出现于接触网专业定额中，代表该人工消耗必须处于封闭作业状态，即不参与计算行车干扰费。考虑到可能出现一些特殊情况（如邻线行车），软件也设置了10号工行干次数，可以专门为10号工计算行车干扰费。该10号工次数一般应保持为0。

（5）土石方行干：113号文对土石方的行车干扰费规定了新的算法，以受干扰的土石方数量作为计算基数，乘以"土石方施工及跨股道运输计行车干扰的工日"定额来计算。软件设计了 XGT1～XGT5、XGS1～XGS5 分别代表土方和石方的施工方法。例如受干扰土方 5 000 m^3，挖装卸都在干扰范围内，共跨越5股道，那么按照表7.4所示方法输入定额：

表 7.4

定额编号	定额名称	单 位	工程数量
XGT3	土方行干（挖装卸）	100 m³	50
XGT4	跨越第一股道	100 m³	50
XGT5×4	增跨 4 股道	100 m³	50

注：小计、定额的调整参数对以上土石方行干不起作用。

2. 营业线施工配合费

系统默认状态下，不计取营业线施工配合费，若需要计取，请将[费率方案]中施工配合费的费用选项改为[计取]，此项费用（条目编号为 1129-04-01-10）是所有单项概算中各项营业线施工配合费之和。

3. 建设单位管理费

在 113 号文的概算项目中，总概算计算时，建设单位管理费自动为 0，所有总概算都计算完成之后，按照以下步骤计算建设单位管理费：

点击菜单[概算编制]→[计算建设单位管理费]，打开如图 7.96 所示窗口。

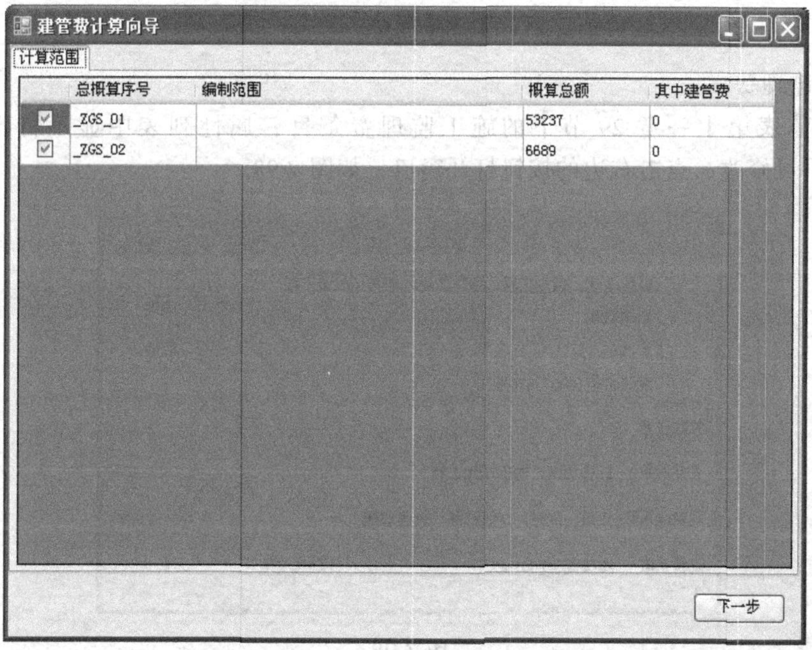

图 7.96

窗口中列出了所有总概算及其概算总额，其中提示的各总概算的建设单位管理费必须为零，否则软件不进行下一步。点击[下一步]，如图 7.97 所示。

软件按照标准算法计算出本项目的建设单位管理费，并将计算结果按照费用比例分配到各总概算中（可自行修改如何分配）。点击[完成]，软件自动将各总概算的建管费金额分别插入到相应总概算的第十一章下，然后自动重算综合概算表。

图 7.97

4. 施工监理费

选中章节表第十一章 29 节下的施工监理费条目,属性列表中显示特殊算法标记 {SGJLF},不可修改,点击右边的按钮打开窗口,如图 7.98。

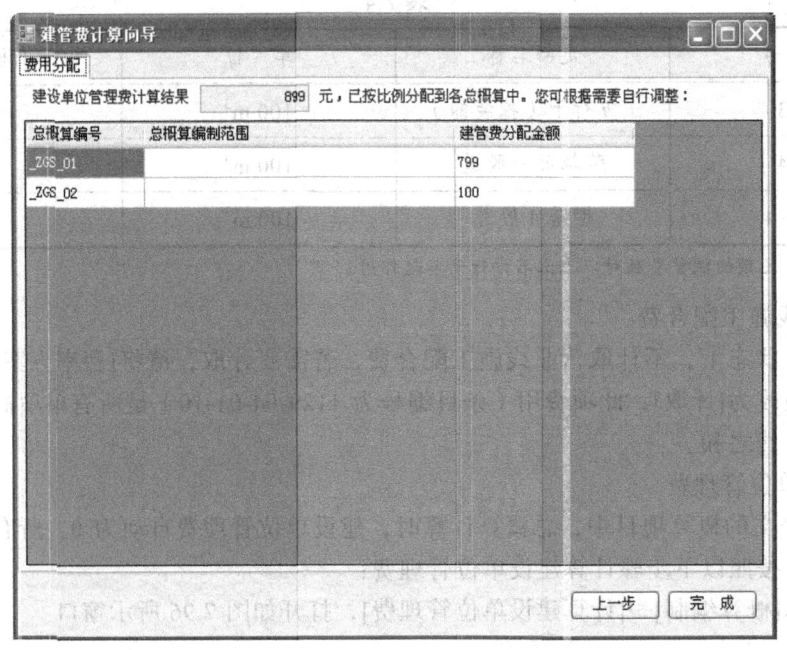

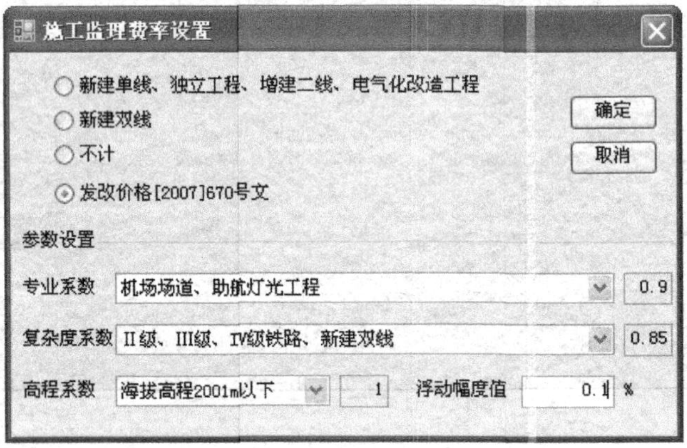

图 7.98

软件默认选项为不计;[新建单线、独立工程、增建二线、电气化改造工程]、[新建双线]两个选项为 113 号文算法(以第二~九章建筑安装工程费用总额为基数);[发改价格〔2007〕670 号文]是发改委 670 号文件算法(以第一~十章建筑安装工程费用总额为基数)。113 号文编制办法费率如表 7.5 所列。

表 7.5

第 2~9 章建筑安装工程 费用总额 M（万元）	费率 b（%）	
	新建单线、独立工程、增建二线、 电气化改造工程	新建双线
$M \leqslant 500$	2.5	0.7
$500 < M \leqslant 1\,000$	$2.5 > b \geqslant 2.0$	0.7
$1\,000 < M \leqslant 5\,000$	$2.0 > b \geqslant 1.7$	0.7
$5\,000 < M \leqslant 10\,000$	$1.7 > b \geqslant 1.4$	0.7
$10\,000 < M \leqslant 50\,000$	$1.4 > b \geqslant 1.1$	0.7
$50\,000 < M \leqslant 100\,000$	$1.1 > b \geqslant 0.8$	0.7
$M > 100\,000$	0.8	0.7

[发改价格〔2007〕670号文]计算参数如表7.6所列。

表 7.6

	参数名称	费率
专业系数	机场场道、助航灯光工程	0.9
	铁路、公路、城市道路、轻轨及机场空管工程	1.0
	水运、地铁、桥梁、隧道、索道工程	1.1
复杂度系数	Ⅱ级、Ⅲ级、Ⅳ级铁路、新建铁路	0.85
	客运专线、技术特别复杂的工程	0.95
	200 km/h 客货共线、Ⅰ级铁路、货专、独立特大桥、独立隧道	1.0
高程系数	海拔 2 001 m 以下	1
	海拔 2 001~3 000 m	1.1
	海拔 3 001~3 500 m	1.2
	海拔 3 501~4 000 m	1.3
	海拔 4 001 m 以上	自行给定

7.2.3 任务实施

根据软件上机步骤输入本任务中的任务介绍，编制依据见情境四任务一。

7.2.4 课业评价

任务完成后，采用教师检查，学生自评、互评的方式，进行完成任务情况检查。应检查如下任务：

输入情境四任务一中的数据，用软件计算单项概预算。

附录

附录一 桥墩身顶帽托盘定额

电算代号	定额编号 / 项目	单位	QY-354 片石混凝土 c15 墩身	QY-481 陆上顶帽钢筋墩高（m）	QY-461 陆上顶帽 C30 墩高（m）≤30	QY-491 托盘及台顶混凝土非泵送 C30
	基价		2 020.14	4 061.71	2 965.22	3 248.9
其中	人工费	元	595.92	408.24	871.92	973.68
	材料费		1 220.14	3 484.94	1 824.13	1 846.32
	机械使用费		204.08	168.53	269.17	428.90
	重量	t	25.045	1.041	24.029	24.241
2	人工	工日	24.83	17.01	36.33	40.57
	混凝土	m³	（8.67）		（10.20）	（10.20）
1010002	普通水泥 32.5 级	kg	2 349.57			
1010003	普通水泥 42.5	m³			4 233.00	3 855.60
1230006	片石	m³	2.22			
1240014	碎石 40 以内	m³	7.54			
1260022	中粗砂	m³	5.12			5.41
2810023	组合钢模板	kg				
2810024	组合钢支撑	kg	4.38			
2810025	组合钢配件	kg	5.57			
8999002	其他材料费	元	21.48	0.90	11.75	9.22
8999006	水	t	7.8		10.10	9.41
1110003	锯才	kg	0.026		0.01	0.120
2100005	钢丝绳	kg	5.97			
2220016	焊接钢管	kg	5.400			
3623510	铁线钉	kg	1.00			
2811011	铁拉杆	kg	16.54			10.38
2810027	大钢模板	kg	11.90			
1900012	圆钢 Q235-A φ10~18	kg		1 030.00		
2130012	镀锌低碳钢丝 φ0.7~5	kg		4.54		

续表

电算代号	定额编号 项目	单位	QY-354 片石混凝土c15墩身	QY-481 陆上顶帽钢筋墩高（m）	QY-461 陆上顶帽C30墩高（m）≤30	QY-491 托盘及台顶混凝土非泵送C30
1240012	碎石 25 以内	m³			7.24	8.36
1950101	槽钢 Q235-A	kg			10.40	
1960025	角钢 Q235-A	kg			7.01	
2000007	钢板 Q235-A δ=7～40	kg			11.30	16.76
3440016	安全网 锦纶	m²			2.18	2.18
3617914	普通螺栓带帽	kg			2.90	2.40
3710015	电焊条结 707φ3.2～4	kg		5.51	0.50	0.60
1962001	型钢	kg				3.11
2811012	铁件	kg				0.94
9102102	汽车起重机≤8 t	台班	0.400			0.760
9104203	混凝土泵≤30 m³/h	台班			0.100	
9104002	混凝土搅拌机≤400 L	台班	0.320		0.320	0.320
9199999	其他机械使用费	元	7.90	1.42	18.11	18.11
9102614	筒慢速卷扬机≤50 kN	台班			0.760	0.630
9102632	双筒慢速卷扬机≤30 kN	台班			0.760	0.630
9102642	单笼升降机 12人-1 t ≤100 m	台班				
9106003	交流弧焊机≤42 kV·A	台班		0.100	0.120	0.200
9108411	钢筋切断机 d≤40	台班		0.140		
9108421	钢筋弯曲机 d≤40	台班		0.190		
9105322	多级离心清水泵≤32 m³/h-125 m	台班			0.500	0.500

附录二 铁建设〔2006〕129号文《铁路工程建设材料基期价格》（2005年度）（部分材料）

电算代号	工料机名称	单位	单价（元）	单位重（t）
1010002	普通水泥32.5级	kg	0.26	0.001 000
1260022	中粗砂	m3	16.51	1.430 000
1240014	碎石40以内	m3	26.00	1.500 000
1230006	片石	m³	15.00	1.800 000
2810023	组合钢模板	kg	4.46	0.001 000
2810024	组合钢支撑	kg	4.46	0.001 000
2810025	组合钢配件	kg	5.85	0.001 000
2810027	大钢模板	kg	5.65	0.001 000
8999006	水	t	0.38	—
2100005	钢丝绳	kg	7.23	0.001 000
2220016	焊接钢管	kg	3.87	0.001 000
3623510	铁丝钉	kg	3.30	0.001 000
2811011	铁拉杆	kg	3.50	0.001 000
1010003	普通水泥42.5级	kg	0.31	0.001 000
1110003	锯材	m3	1 013.00	0.600 000
1240012	碎石25以内	m3	30.00	1.500 000
1950101	槽钢 Q235-A	kg	3.43	0.001 000
1960025	角钢 Q235-A	kg	3.19	0.001 000
2000007	钢板 Q235-A $\delta=7\sim40$	kg	3.90	0.001 000
3440016	安全网 锦纶	m²	17.88	0.001 150
3617914	普通螺栓带帽	kg	7.63	0.001 000
3710015	电焊条结707 $\phi 3.2\sim 4$	kg	6.15	0.001 000
1900012	圆钢 Q235-A $\phi 10\sim 18$	kg	3.33	0.001 000
1962001	型钢	kg	3.27	0.001 000
2811012	铁件	kg	4.00	0.001 000
2130012	镀锌低碳钢丝 $\phi 0.7\sim 5$	kg	4.46	0.001 000

附录三 铁建设〔2006〕129号文《铁路工程施工机械台班费用定额》(2005年度)(部分机械)

电算代号	机械规格名称	台班单价	折旧费(元)	大修费(元)	经常修理费(元)	安装拆卸费(元)	人工(24元/工日)			柴油(3.67元/kg)		电[0.55元/(kW·h)]		其他费
							定额	系数	费用	定额	费用	定额	费用	
9102102	汽车起重机 ≤8 t	418.55	81.97	40.3	83.42	—	2.00	1.05	50.4	28.43	28.43	—	—	58.12
9104002	混凝土搅拌机 ≤400 L	89.89	11.22	4.82	12.72	6.17	1.00	1.26	30.24	—	—	44.94	24.72	—
9102614	单筒慢速卷扬机 ≤50 kN	82.47	8.21	5.27	14.07	7.64	1.00	1.20	28.80	—	—	33.60	18.48	—
9102632	双筒慢速卷扬机 ≤30 kN	97.65	16.99	6.94	19.36	6.20	1.00	1.20	28.80	—	—	35.20	19.36	—
9104203	混凝土泵 ≤30 m³/h	541.88	231.02	64.31	89.39	12.90	1.00	1.26	30.23	—	—	207.30	114.02	—
9105322	多级离心清水泵 ≤30 m³/h-125 m	114.73	5.82	1.93	4.98	3.16	0.7	1.67	28.08	—	—	68.00	37.40	—
9106003	交流弧焊机 ≤42 kV·A	116.18	2.79	0.67	2.23		1.00	1.48	35.52	—	—	136.30	74.97	—
9102642	单笼升降机 12人-1 t≤100 m	249.27	104.67	28.33	56.66	9.30	1	1.05	25.20	—	—	45.66	25.11	—
9108411	钢筋切断机 d≤40	64.40	4.10	2.28	10.12	—	1	1.26	30.24	—	—	32.10	17.66	—
9108421	钢筋弯曲机 d≤40	50.40	2.98	1.66	8.48	—	1	1.26	30.24	—	—	12.08	7.04	—

附录四 学生成绩评价表

序号	考核点及权重	学生自评 30%	学生互评 40%	教师评价 30%	小计
1	专业能力 50%				
1.1	理论知识掌握情况 20%				
1.2	操作能力 30%				
2	方法能力 30%				
2.1	信息收集、利用 10%				
2.2	学习计划编制、执行能力 10%				
2.3	资料整理能力 10%				
3	社会能力 20%				
3.1	出勤 5%				
3.2	沟通能力 5%				
3.3	协调能力 5%				
3.4	组织管理能力 5%				

参考文献

[1] 中华人民共和国铁道部. 铁建设〔2006〕113号文 铁路基本建设工程设计概（预）算编制办法.

[2] 中华人民共和国铁道部. 铁建设〔2007〕77号文 关于调整铁路工程建设单位管理费标准的通知.

[3] 中华人民共和国铁道部. 铁建设〔2006〕129号文 铁路工程建设材料基期价格（2005年度）.

[4] 中华人民共和国铁道部. 铁建设〔2006〕129号文 铁路工程施工机械台班费用定额（2005年度）.

[5] 中华人民共和国铁道部. 铁路工程基本定额. 天津：天津科学技术出版社，2003.

[6] 中华人民共和国铁道部. 铁路路基工程预算定额. 北京：中国标准出版社，2008.

[7] 中华人民共和国铁道部. 铁路桥涵工程预算定额. 北京：中国标准出版社，2006.

[8] 中华人民共和国铁道部. 铁路隧道工程预算定额. 北京：中国标准出版社，2006.

[9] 中华人民共和国铁道部. 铁路轨道工程预算定额. 北京：中国标准出版社，2008.

[10] 中华人民共和国铁道部. 铁路工程工程量清单计价指南（土建部分）. 北京：中国标准出版社，2007.

[11] 施工员编委会. 铁路建设工程施工现场十大员技术操作标准规范——施工员. 长春：银声音像出版社，2005.

[12] 预算员编委会. 铁路建设工程施工现场十大员技术操作标准规范——预算员. 长春：银声音像出版社，2005.

[13] 邵国霞，等. 铁路工程定额与概预算造价. 北京：中国铁道出版社，2007.

[14] 周世生，等. 公路工程造价. 北京：中国铁道出版社，2007.

[15] 周国藩，等. 公路、铁路工程概预算编制简明手册. 北京：机械工业出版社，2002.

[14] 赵君鑫，等. 铁路工程施工组织设计. 成都：西南交通大学出版社，2004.

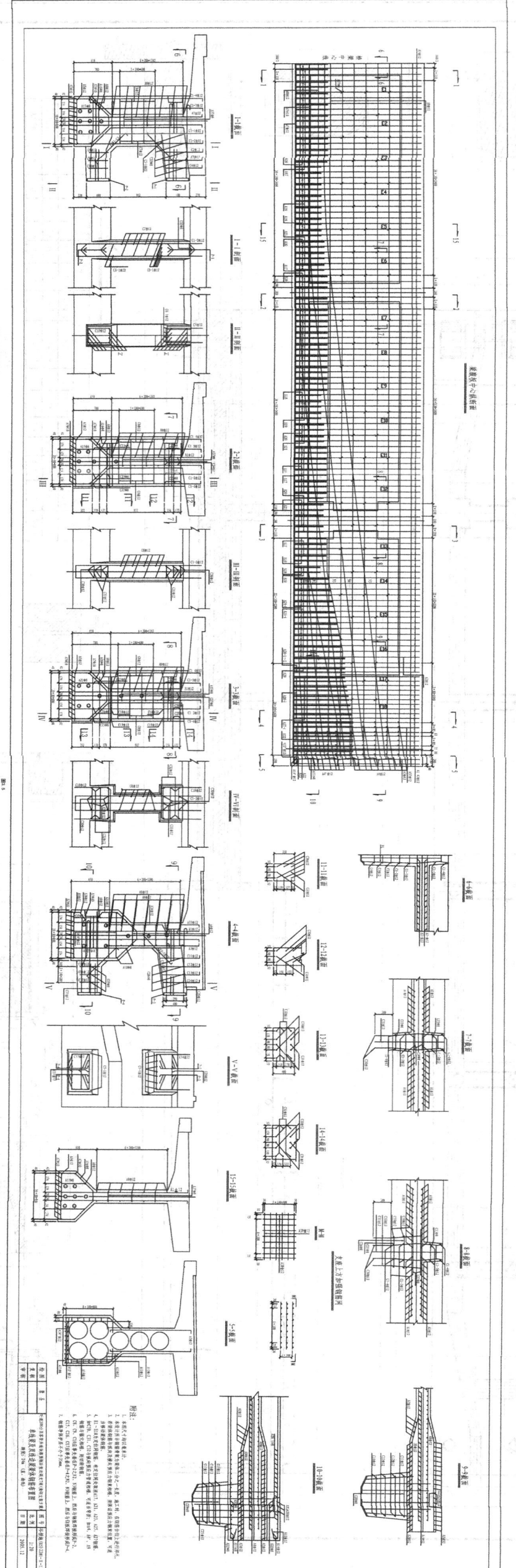